1+X 职业技术 · 职业资格培训教材

SHUKONGCHEGONG
数控车工
（四级）

主　　编　　徐卫东

副 主 编　　张慧英

编　　者　　王永清　吴彩君　郁　威　沈俊英　路　娟

主　　审　　程奕鸣

中国劳动社会保障出版社

图书在版编目(CIP)数据

数控车工：四级/人力资源和社会保障部教材办公室等组织编写. —北京：中国劳动社会保障出版社，2015

1 + X 职业技术·职业资格培训教材

ISBN 978 - 7 - 5167 - 1583 - 3

I.①数… II.①人… III.①数控机床-车床-车削-技术培训-教材 IV.①TG519.1

中国版本图书馆 CIP 数据核字(2015)第 016030 号

中国劳动社会保障出版社出版发行

(北京市惠新东街 1 号　邮政编码：100029)

*

三河市华骏印务包装有限公司印刷装订　新华书店经销

787 毫米×1092 毫米　16 开本　25 印张　471 千字

2015 年 1 月第 1 版　　2015 年 1 月第 1 次印刷

定价：56. 00 元

读者服务部电话：(010) 64929211/64921644/84643933

发行部电话：(010) 64961894

出版社网址：http://www.class.com.cn

内 容 简 介

本教材由人力资源和社会保障部教材办公室、中国就业培训技术指导中心上海分中心、上海市职业技能鉴定中心依据上海 1 + X 数控车工（四级）职业技能鉴定细目组织编写。教材从强化培养操作技能，掌握实用技术的角度出发，较好地体现了当前最新的实用知识与操作技术，对于提高从业人员基本素质，掌握数控车工（四级）的核心知识与技能有直接的帮助和指导作用。

本教材根据本职业的工作特点，以能力培养为根本出发点，采用模块化的编写方式。全书共分为 6 章，内容包括辨别数控机床及认识数控车床、数控车削加工工艺、数控车床编程、数控车床仿真操作加工、数控车床实际操作加工、零件测量与数控车床维护等。

本教材第 1 章、第 3 章由张慧英编写，第 2 章由王永清编写，第 4 章第 1 节由郁威编写，第 4 章第 2 节由沈俊英编写，第 4 章第 3 节由路娟编写，第 5 章由徐卫东编写，第 6 章由吴彩君编写。全书由徐卫东修改统稿，郁威对全书文字进行了校对，全书由程奕鸣主审。

本教材可作为数控车工（四级）职业技能培训与鉴定考核教材，也可供全国中、高等职业院校相关专业师生参考使用，以及本职业从业人员培训使用。

前　言

　　职业培训制度的积极推进，尤其是职业资格证书制度的推行，为广大劳动者系统地学习相关职业的知识和技能，提高就业能力、工作能力和职业转换能力提供了可能，同时也为企业选择适应生产需要的合格劳动者提供了依据。

　　随着我国科学技术的飞速发展和产业结构的不断调整，各种新兴职业应运而生，传统职业中也越来越多、越来越快地融进了各种新知识、新技术和新工艺。因此，加快培养合格的、适应现代化建设要求的高技能人才就显得尤为迫切。近年来，上海市在加快高技能人才建设方面进行了有益的探索，积累了丰富而宝贵的经验。为优化人力资源结构，加快高技能人才队伍建设，上海市人力资源和社会保障局在提升职业标准、完善技能鉴定方面做了积极的探索和尝试，推出了1＋X培训与鉴定模式。1＋X中的1代表国家职业标准，X是为适应经济发展的需要，对职业的部分知识和技能要求进行的扩充和更新。随着经济发展和技术进步，X将不断被赋予新的内涵，不断得到深化和提升。

　　上海市1＋X培训与鉴定模式，得到了国家人力资源和社会保障部的支持和肯定。为配合1＋X培训与鉴定的需要，人力资源和社会保障部教材办公室、中国就业培训技术指导中心上海分中心、上海市职业技能鉴定中心联合组织有关方面的专家、技术人员共同编写了职业技术·职业资格培训系列教材。

　　职业技术·职业资格培训教材严格按照1＋X鉴定考核细目进行编写，教材内容充分反映了当前从事职业活动所需要的核心知识与技能，较好地体现了适用性、先进性与前瞻性。聘请编写1＋X鉴定考核细目的专家，以及相关行业的专家参与教材的编审工作，保证了教材内容的科学性及与鉴定考核细目以及题库的紧密衔接。

　　职业技术·职业资格培训教材突出了适应职业技能培训的特色，使读者通过学习与培训，不仅有助于通过鉴定考核，而且能够有针对性地进行系统学习，真正掌握本职业的核心技术与操作技能，从而实现从懂得了什么到会做什么的飞跃。

职业技术·职业资格培训教材立足于国家职业标准，也可为全国其他省市开展新职业、新技术职业培训和鉴定考核，以及高技能人才培养提供借鉴或参考。

新教材的编写是一项探索性工作，由于时间紧迫，不足之处在所难免，欢迎各使用单位及个人对教材提出宝贵意见和建议，以便教材修订时补充更正。

人力资源和社会保障部教材办公室

中国就业培训技术指导中心上海分中心

上海市职业技能鉴定中心

目　录

1

第1章

辨别数控机床及认识数控车床

第1节 认识数控机床

 **学习单元1 数控机床简介**

 学习目标

1. 认知数控机床
2. 了解数控机床的基本工作过程
3. 了解数控机床的组成

 知识要求

一、数控机床的定义

数控（NC）是数字控制（Numerical Control）的简称，国家标准《机床数字控制术语》（GB 8129—1987）将"数控"定义为用数字化信息对机床运动及其加工过程进行控制的一种方法。

数控机床是数字控制机床（computer numerical control machine tools）的简称，是一种装有程序控制系统的自动化机床，又称 NC 机床。该控制系统能够逻辑地处理具有控制编码或其他符号指令的程序，并将其译码，从而使机床动作并加工零件。而现代的数控机床由于是通过计算机进行控制的，因而又称 CNC 机床。

二、数控机床的工作过程

数控机床的工作原理如图 1—1 所示。根据零件的图样，将工件的几何数据和工艺数据等加工信息按规定的代码和格式手工或用计算机编制成零件的数控加工程序，通过手动输入方式或用计算机和数控机床的接口直接进行通信等方法，将所编写的零件加工程序输入数控装置，数控装置就依照其数码指令进行一系列的处理和运算，变成脉冲信号，并输入驱动装置,带动机床传动机构。这样,机床工作部件即有次序地按要求的程序自动进行工作,加工出符合图样要求的零件。

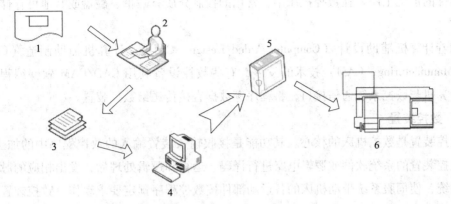

图 1—1 数控机床的工作原理

1—零件图样 2—程序设计 3—程序单 4—计算机 5—数控装置 6—机床

数控机床的基本工作过程如图 1—2 所示。

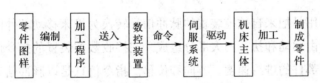

图 1—2 数控机床的基本工作过程

三、数控机床的组成

一台完整的数控机床主要由控制介质(如磁盘等)、数控装置、伺服系统、反馈装置、机床本体及辅助装置组成,如图 1—3 所示为其基本框图。

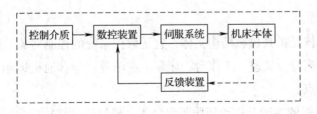

图 1—3 数控机床的组成

1. 控制介质

数控机床工作时,不用人去直接操作机床,但又要执行人的意图,这就必须在各个数控机床之间建立某种联系，这种联系的中间媒介物称为控制介质。在数控机床加工时，控制介质是存储数控加工所需要的全部动作和刀具相对于工件位置等信息的信息载体，它记载着零件的加工工序。在数控机床中，常用的控制介质有磁带、磁盘或其他可存储代码的载体。

随着计算机辅助设计（Computer Aided Design，CAD）、计算机辅助制造（Computer Aided Manufacturing，CAM）技术的发展，有些数控设备利用 CAD/CAM 软件编程，然后通过计算机与数控系统通信接口，将程序等数据直接传送给数控装置。

2. 数控装置

数控装置是数控机床的核心。其功能是接收输入装置输入的数控程序中的加工信息，经过数控装置的系统软件或逻辑电路进行译码、运算和逻辑处理后，发出相应的脉冲送给伺服系统，使伺服系统带动机床的各运动部件按数控程序预定要求动作。数控装置主要由输入装置、运算控制器（CPU）、输出装置组成。数控装置作为数控机床的"指挥系统"，能完成信息的输入、存储、变换、插补运算以及实现各种控制功能。

目前均采用微型计算机作为数控装置。

3. 伺服系统

伺服系统的作用是把来自数控装置的脉冲信号转换为机床移动部件的运动，它是数控机床的执行机构，由驱动和执行两大部分组成。它接收数控装置的指令信息，并按指令信息的要求控制执行部件的进给速度、方向和位移。指令信息是以脉冲信息体现的，每一脉冲使机床移动部件产生的位移量称为脉冲当量。常用的脉冲当量为 $0.001 \sim 0.01$ mm。

伺服系统由伺服驱动电动机和伺服驱动装置组成，包括主轴驱动单元（主要是速度控制）、进给驱动单元（主要有速度控制和位置控制）、主轴电动机、进给电动机等。目前，在数控机床的伺服机构中，常用的位移执行机构有步进电动机、直流伺服电动机、交流伺服电动机。数控装置的指令主要依靠伺服系统付诸实施，所以，伺服系统是数控机床的重要组成部分。

4. 机床本体

数控机床的本体是指其机械结构实体，它是数控系统的控制对象，是实现零件加工的执行部件，它包括床身、底座、工作台、床鞍、主轴等。与普通机床相比，数控机床的机床本体具有以下特点：

（1）采用高性能的主轴及进给伺服驱动装置，机械传动结构简化，传动链较短。

（2）机械结构具有较高的动态特性、动态刚度、阻尼精度、耐磨性及抗热变形性能，适应连续加工。

（3）采用高效传动件，如精密滚珠丝杠、直线滚动导轨副等。

5. 反馈装置

测量元件将数控机床各坐标轴的位移指令值检测出来并经反馈系统输入机床的数控系统中，数控系统将反馈回来的实际位移值与设定值进行比较，并向伺服系统输出达到设定值所需的位移量指令。

6. 辅助装置

辅助装置主要包括换刀机构、工件自动交换机构、工件夹紧机构、润滑装置、冷却装置、照明装置、排屑装置、液压及气动系统、过载保护与限位保护装置等。

 学习单元 2 数控机床的分类

 学习目标

1. 了解数控机床的主要分类
2. 熟悉各分类的特点

 知识要求

一、按工艺用途分类

1. 金属切削类

（1）普通数控机床。普通数控机床一般是指在加工工艺过程中的一个工序上实现数字控制的自动化机床，如数控铣床、数控车床、数控钻床、数控磨床与数控齿轮加工机床等。

（2）加工中心。加工中心是指带有刀库和自动换刀装置的数控机床，零件在一次装夹后，可以将其大部分加工面进行铣削、镗削、钻孔、扩孔、铰孔及攻螺纹等多工序加工，如镗铣加工中心、车削中心、钻削中心等。

2. 板材加工类

板材加工类数控机床是指采用挤、冲、压、拉等成形工艺的数控机床，常用的有数控压力机、数控折弯机、数控弯管机等。

3. 特种加工类

特种加工类数控机床主要有数控电火花线切割机、数控电火花成形机、数控火焰切割机、数控激光加工机等。

4. 测量绘图类

测量绘图类数控机床主要有三坐标测量仪、数控对刀仪、数控绘图仪等。

二、按运动方式分类

1. 点位控制

如图1—4所示，点位控制是指数控系统只控制刀具或工作台从一点移至另一点的准确定位，然后进行定点加工，而点与点之间的路径不需控制。在移动和定位过程中刀具不进行切削加工。采用这类控制的机床有数控钻床、数控镗床和数控坐标镗床等。

2. 直线控制

如图1—5所示，直线控制是指数控系统除控制直线轨迹的起点和终点的准确定位外，还要控制在这两点之间以指定的进给速度进行直线切削。采用这类控制的机床有数控铣床、数控车床和数控磨床等。

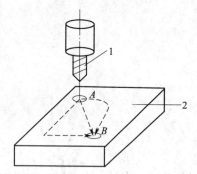

图1—4　点位控制数控机床加工方式

1—刀具　2—工件

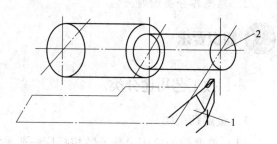

图1—5　直线控制数控机床加工方式

1—刀具　2—工件

3. 轮廓控制

如图1—6所示，大部分机床具有轮廓控制切削功能，这类机床能够对两个或两个以上运动坐标的位移及速度进行连续相关的控制，因而可以进行曲线或曲面的加工。采用轮廓控制功能的数控机床有数控车床、数控铣床、加工中心等。

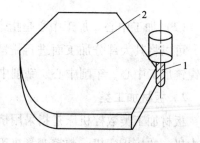

图1—6　轮廓控制数控机床加工方式

1—刀具　2—工件

三、按伺服类型分类

1. 开环控制

如图1—7所示，开环控制数控机床通常为经济型、中小型机床。其结构简单，伺服系统没有位置反馈装置，数控装置发出的指令信号是单向的，没有检测运动部件实际位移量的反馈装置，不能进行运动误差的校正，因而精度不高，其精度主要取决于伺服驱动系统与机械传动机构的性能和精度。

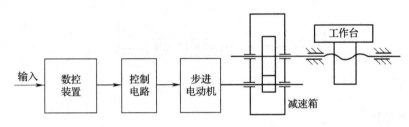

图1—7 开环控制系统框图

2. 半闭环控制

半闭环控制系统在开环控制系统的伺服机构中装有角位移检测装置，通过检测伺服机构的滚珠丝杠转角间接检测移动部件的位移，从而间接地检测出运动部件的位移。如图1—8所示，该控制方式只对伺服电动机或滚珠丝杠的角位移进行反馈控制，直线移动部件还在控制环节之外，故称半闭环控制。

这种伺服机构所能达到的精度、速度和动态特性优于开环伺服机构，为大多数中、小型数控机床所采用。

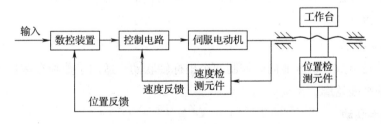

图1—8 半闭环控制系统框图

3. 闭环控制

如图1—9所示，闭环控制系统是在机床移动部件位置上直接装有直线位置检测装置，将检测到的实际位移反馈到数控装置的比较器中，与输入的原指令位移值进行比较，用比较后的差值控制移动部件做补充位移，直到差值消除时才停止移动，达到精确定位的控制系统。

闭环控制系统的定位精度高于半闭环控制系统，但结构比较复杂，调试及维修的难度较大，常用于高精度和大型数控机床。

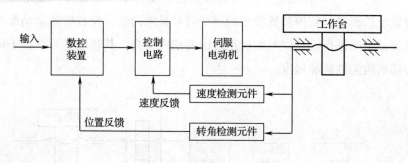

图1—9 闭环控制系统框图

4. 混合控制

将上述控制方式的特点有选择地集中，可以组成混合控制的方案，特别适用于大型数控机床，因为大型数控机床需要较高的进给速度和返回速度。如前所述，由于开环控制方式稳定性好、成本低、精度差，而全闭环控制方式稳定性差，所以为了互为弥补，以满足某些机床的控制要求，宜采用混合控制方式。采用较多的有开环补偿型和半闭环补偿型两种方式。

四、按联动轴数分类

数控机床实现了对多个坐标轴的控制，并不等于就可以加工出任何形状的零件。数控系统按加工要求控制同时运动的坐标轴数称为联动轴数。如图1—10所示，按照联动轴数不同可以分为以下几种。

1. 两轴联动

两轴联动是指数控机床能同时控制两个坐标轴联动，适用于数控车床加工旋转曲面或数控铣床铣削平面轮廓。

2. 两轴半联动

两轴半联动是指三个坐标轴中有两个联动，另一个坐标轴做周期性进给。两轴半联动可以实现分层加工。

3. 三轴联动

三轴联动是指数控机床能同时控制三个坐标轴的联动，用于一般曲面的加工，一般的型腔模具均可以用三轴加工完成。

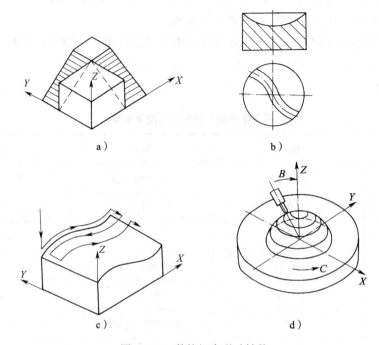

图 1—10　数控机床联动轴数

a）两轴联动　b）两轴半联动　c）三轴联动　d）多轴联动（五轴）

4. 多轴联动

多轴联动数控机床能同时控制四个或四个以上坐标轴的联动。多坐标数控机床的结构复杂，精度要求高，程序编制复杂，适用于加工形状复杂的零件，如叶轮、叶片类零件等。

五、按功能水平分类

1. 经济型

经济型数控系统又称简易数控系统，通常仅能满足一般精度要求的加工，能加工形状较简单的直线、斜线、圆弧及带螺纹类的零件，采用单片机系统，如经济型数控线切割机床、数控钻床、数控车床、数控铣床及数控磨床等。

2. 普及型

普及型数控系统通常称为全功能数控系统，这类数控系统功能较多，但不追求过多，以实用为准。

3. 高档型

高档型数控系统是指加工复杂形状工件的多轴控制数控系统，且其工序集中，自动化程度高，功能强，具有高度柔性，用于具有5轴及5轴以上的数控铣床，大、中型数控机床，五面加工中心，车削中心和柔性加工单元等。

数控机床按数控装置功能水平分为高档、中档（普及型）、低档（经济型）三种。这种分类方法没有明确的分类依据，比较笼统，随时间而变化。不同档次数控机床的功能及指标见表1—1。

表1—1　　　　　　　　　　　不同档次数控机床的功能及指标

功能	低档	中档	高档
主轴功能	不能自动变速	自动无级变速	有C轴功能
系统分辨率（μm）	10	1	0.1
进给速度（m/min）	8～15	15～24	24～100
伺服进给类型	开环及步进电动机系统	半闭环及直流、交流伺服	闭环及直流、交流伺服
联动轴数	2～3轴	2～4轴	5轴或5轴以上
通信功能	无	RS－232C或DNC	RS－232C、DNC、MAP
显示功能	数码管显示	CRT：图形、人机对话	CRT：三维图形、自诊断
内装PLC	无	有	增强型PLC
主CPU	8位CPU	16位、32位CPU	32位、64位CPU

 **学习单元3　数控机床的应用特点及其发展**

 学习目标

1. 了解数控机床的加工特点
2. 了解数控机床的发展趋势

 **知识要求**

一、数控机床的加工特点

1. 加工适应性强

加工零件改变时，一般只需要更改数控程序，可节省生产准备时间。因此，生产准备周期短，有利于机械产品的迅速更新换代。

2. 加工精度高，质量稳定

数控机床的定位精度和重复定位精度都很高，容易保证一批零件尺寸的一致性，可以使零件获得较高的加工精度，也便于对加工过程实行质量控制。

3. 生产效率高

机床本身的精度、刚度高，可选择有利的切削用量，生产效率高（一般为普通机床的3~5倍）。

4. 减轻劳动强度，改善劳动条件和劳动环境

用数控机床加工，除了装卸零件、操作键盘、观察机床运行外，其余步骤都是按加工程序要求自动、连续地进行切削加工，操作者不需要进行繁重的手工操作，大大减轻了工人劳动强度，改善劳动条件。

5. 有利于生产管理的现代化

采用数控机床加工零件，能准确地计算零件的加工工时，并有效地简化了检验工作及工艺装备和半成品的管理工作，这些都有利于使生产向计算机控制与管理方面发展，为实现生产过程自动化创造了条件。

6. 投资大，维修困难

数控机床是一种高度自动化机床，必须配有数控装置或电子计算机，机床加工精度因受切削用量大、连续加工发热多等影响，使其设计要求比普通机床更加严格，制造要求更精密，因此数控机床的制造成本比较高。此外，数控机床属于典型的机电一体化产品，控制系统比较复杂，技术含量高，一些元器件、部件精密度较高；同时，一些进口机床的技术开发受到条件的限制，所以对数控机床的调试和维修比较困难。

二、数控机床的应用范围

1. 多品种、中小批量零件

随着数控机床制造成本的逐步下降，加工大批量零件的情况已很难出现。加工很小批量和单件生产时，如能缩短程序的调试时间和工艺装备的准备时间是可以选用的。

2．精度要求高的零件

由于数控机床的刚度和制造精度高，对刀精确，能方便地进行尺寸补偿，所以能加工尺寸精度要求高的零件。

3．轮廓形状复杂的零件

任意平面曲线都可以用直线或圆弧来逼近，数控机床具有圆弧插补功能，可以加工各种复杂轮廓的零件。

4．多工序零件

利用数控机床可以在一次装夹中完成铣削、镗削、铰孔或加工螺纹等零件的多个加工工序。

5．试制零件

在产品需要频繁改型或试制阶段，数控机床可以随时适应产品的变化。

6．关键零件

价格昂贵、不允许报废的关键零件可以由数控机床来保证加工精度。

7．生产周期短的零件

对于需要最短生产周期的急需零件，数控机床可以缩短加工时间。

三、数控机床的发展趋势

随着社会的多样化需求及其相关技术的不断进步，数控机床也向着更广的领域和更深的层次发展。当前，数控机床的发展主要呈现出以下趋势：

1．高速化

速度和精度是数控机床的两个重要指标，它直接关系到加工效率和产品质量。高速切削可以减小背吃刀量，有利于克服机床振动、降低传入零件的热量及减小热变形，从而提高加工精度，改善加工表面质量。

2．高柔性化

数控机床在提高单机柔性化的同时，正朝着单元柔性化和系统柔性化方向发展。为了适应柔性制造系统和计算机集成系统的要求，数控系统具有远距离串行接口，甚至可以联网，实现了数控机床之间的数据通信，也可以直接对多台数控机床进行控制。

3．复合化

复合化包含工序复合化和功能复合化。数控机床的发展是尽可能在同一台机床上同时实现铣削、镗削、钻削、车削、铰孔、扩孔、攻螺纹等多种工序加工。一是提升工件的加工精度；二是为了减少机床和夹具数量，达到缩短零件加工周期的目的。

4. 智能化

智能化是21世纪制造技术发展的一个总方向,智能加工是为了在加工过程中模拟人类智能的活动,以解决加工过程中许多不确定性因素,并利用人类智能进行预见及干预这些不确定性,使加工过程实现高速安全化。智能化的内容包括数控系统中的各个方面:追求加工效率和加工质量的智能化;提高驱动性能及使用、连接方便的智能化;简化编程和操作的智能化;智能诊断,智能监控,方便系统的诊断及维修等。

四、自动化生产系统

从1952年世界上第一台数控机床诞生以来,数控技术经过几十年的发展已日趋完善,但传统的数控系统是一种专用封闭式系统,它越来越不能满足市场发展的需要。现在的数控机床进一步向开放式控制系统转化。

1. 计算机直接数控系统

计算机直接数控(Distributed Numerical Control,DNC)又称群控,是指用电子计算机对具有数控装置的机床群直接进行联机控制和管理。根据不同的机械加工要求,直接数控系统中所应用的计算机可以是大型、中型或小型的,控制的机床由几台至几十台。直接数控是在数控(Numerical Control,NC)和计算机数控(Computerized Numerical Control,CNC)基础上发展起来的。

2. 柔性制造单元与柔性制造系统

(1)柔性制造单元(Flexible Manufacturing Cell,FMC)。一台数控机床或加工中心装上自动装卸工件的装置,即可构成柔性制造单元。它适合加工形状复杂、加工工序简单、加工工时较长、批量小的零件。

(2)柔性制造系统(Flexible Manufacturing System,FMS)。柔性制造系统是以数控机床或加工中心为基础,配以物料传送装置组成的生产系统。它由电子计算机实现自动控制,能在不停机的情况下满足多品种的加工。柔性制造系统适合加工形状复杂、加工工序多、批量大的零件。

3. 计算机集成制造系统

计算机集成制造系统(Computer Integrated Manufacturing System,CIMS)是随着计算机辅助设计与制造的发展而产生的。它是在信息技术、自动化技术与制造的基础上,通过计算机技术把分散在产品设计、制造过程中各种孤立的自动化子系统有机地集成起来,形成适用于多品种、小批量生产,实现整体效益的集成化和智能化制造系统。

第 2 节 数控车床结构

学习单元 1 数控车床的结构布局

学习目标

1. 了解数控车床的布局
2. 熟悉数控车床的结构特点

知识要求

数控车床主要用于加工轴类、盘套类等回转体零件，能够通过程序控制自动完成内、外圆柱面，内、外圆锥面，圆弧，螺纹等的切削加工，并进行切槽、钻孔、扩孔、铰孔等工作，而近年来研制出的数控车削中心和数控车铣中心使得在一次装夹中可以完成更多的加工工序，提高了加工质量和生产效率，因此特别适宜形状复杂的回转体零件的加工。

一、床身导轨的布局

数控车床床身导轨的四种不同布局方案如图 1—11 所示。图 1—11a 所示为水平床身—水平滑板，床身工艺性好，便于导轨面的加工，下部空间小，故排屑困难，刀架水平放置加大了机床宽度方向的结构尺寸；图 1—11b 所示为倾斜床身—倾斜滑板，排屑也较方便，中、小规格数控车床的床身倾斜度以 60° 为宜；图 1—11c 所示为水平床身—倾斜滑板，水平床身工艺性好，宽度方向的尺寸小，且排屑方便，是卧式数控车床的最佳布局形式；图 1—11d 所示为立式床身—立滑板，床身倾斜角度大，导轨的导向性差，受力情况也差。

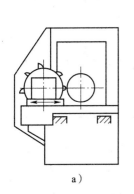 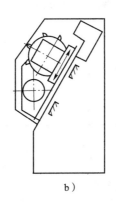 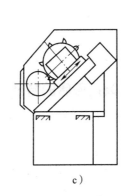 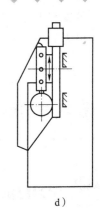

a)　　　　　　　b)　　　　　　　c)　　　　　　　d)

图 1—11　数控车床床身导轨的布局方案

二、刀架的布局

刀架是数控车床的重要部件，用于夹持切削刀具，因此其结构直接影响机床的切削性能和切削效率。数控车床的刀架可分为排式刀架、回转刀架和动力刀架。

1. 排式刀架

排式刀架一般用于小型数控车床，各种刀具排列并夹持在可移动的滑板上，换刀时可实现自动定位。

2. 回转刀架

回转刀架又称转塔式刀架，是数控车床最常用的一种典型换刀刀架。回转刀架有立式和卧式两种结构形式，它通过刀架的旋转分度定位来实现机床的自动换刀动作。目前，两轴联动数控车床多采用 12 工位的回转刀架，也有采用 4 工位、6 工位、8 工位、10 工位回转刀架的。

回转刀架在机床上的布局形式有两种，一种是用于加工盘类零件的回转刀架，其回转轴垂直于主轴；另一种是用于加工轴类和盘类零件的回转刀架，其回转轴平行于主轴。

3. 动力刀架

动力刀架是数控车床应用最普遍的一种辅助装置，它可使数控车床在工件一次装夹中完成多道甚至所有的加工工序，以缩短加工的辅助时间，减小加工过程中由于多次装夹工件而引起的误差，从而提高机床的加工效率和加工精度。动力刀架的性能和结构往往直接影响到机床的切削性能、切削效率，体现了机床的设计和制造技术水平。根据加工的复杂程度，有很多种工位数量的动力刀架供选择，卧式刀架常有 8、10、12 等工位。它通过回转分度实现刀具自动交换及动力的传递。动力刀架既可安放刀具，又可直接参与切削，承受极大的切削力。

 学习单元2　数控车床的特征

 学习目标

1. 了解数控车床的主要特征
2. 了解数控车床的基本术语

 知识要求

一、数控车床的加工特点

与普通车床相比，数控车床具有以下特点：

1. 全封闭或半封闭防护装置

数控车床采用封闭防护装置可防止切屑或切削液飞出，以免给操作者带来意外伤害。

2. 采用自动排屑装置

数控车床大都采用斜床身结构布局，排屑方便，便于采用自动排屑机。

3. 工件装夹安全、可靠

数控车床大都采用液压卡盘，夹紧力调整方便、可靠，同时也降低了操作工人的劳动强度。

4. 采用自动回转刀架

可自动换刀数控车床都采用了自动回转刀架，在加工过程中可自动换刀，连续完成多道工序的加工。

5. 主运动和进给运动分离

数控车床的主运动与进给运动采用各自独立的伺服电动机驱动，使传动链变得简单、可靠；同时，各电动机既可单独运动，也可实现多轴联动。

二、数控车床的基本术语

数控车床的常用术语见表1—2，主要参考国家标准及国际标准化组织（ISO）的提法。

表 1—2　　　　　　　　　　　　　　　数控车床的常用术语

名称	英语名称	注解
代码	Code	数据处理机能接受的用符号表示的数据和程序
指令	Instruction	规定操作及其运算数的数值或地址的语句
命令	Command	使运动或功能开始操作的控制信号
手动数据输入	Manual data input	用手工把加工程序送入数控装置的一种方法
格式	Format	信息的规定安排形式
地址	Address	位于字头的字符或字符组，以识别其后的数据
程序段	Block	作为一个单元处理的一组数字，在控制带上各个程序段通常用"程序段结束"字符来分隔
轴	Axis	机床部件直线运动或旋转运动的方向
插补	Interpolation	根据给定的数学函数，在理想的轨迹或轮廓上的已知点之间确定一些中间点的一种方法
准备功能	Preparatory function	（G 功能）建立机床或控制系统工作方式的命令，用地址 G 和其后数字来指定控制方式
刀具功能	Tool function	（T 功能）识别或调入刀具和有关功能的说明，用地址 T 和它后面的代码数来表示
辅助功能	Miscellaneous function	（M 功能）控制机床或控制系统的开、关功能的命令，用地址 M 和它后面的代码数来指定
进给功能	Feed function	（F 功能）定义进给率技术规范的指令。用地址 F 和它后面的代码数来表示
数控系统	Numerical control system	一种控制系统，自动阅读输入载体上给定的代码和数字值，将其译码，使机床移动和加工零件
计算机数控	Computerized numerical control	即 CNC，一种数控系统，采用存储程序的专用计算机实现部分或全部基本数控功能
直接控制	Direct numerical control	即 DNC，一种控制系统，使一群数控机床与公用零件程序或程序存储器发生联系。一旦提出请求，立即把数据分配给机床。直接数控又称群控
伺服机构	Servo mechanism	用机床上的位置或速度等作为控制量的反馈系统（伺服回路）。这种伺服系统中受控变量为机械位置或机械位置对时间的导数
加工程序	Machine program	是指用自动控制语言和格式表示一套指令，被记载在适当的输入载体上，实现自动控制系统直接操作
刀具半径偏置	Tool Radius Offset	刀具在两个坐标方向的刀具偏置

续表

名称	英语名称	注解
分辨率	Resolution	两个相邻的分散细节间可以分辨的最小间隔。就测量系统而言，它是可以测量的最小增量。就控制系统而言，它是可以控制的最小位移增量
精确度	Accuracy	误差自由度的评价或符合理论程度的评价，误差越小，评价越高。在机床上，用实际的位置与要求的位置之间的一致程度来表示
误差	Error	计算值、观察值或实测值、给定值或理论值之差

 学习单元3　数控车床的选用

 学习目标

1. 了解数控车床的加工对象
2. 了解数控车床的类型
3. 了解典型的数控车床
4. 了解数控车床的选用

 知识要求

一、数控车床的加工对象

根据数控车床的特点，适合数控车削的主要加工对象有以下几类：

1. 精度要求高的零件

由于数控车床的刚度高，制造和对刀精度高，以及能方便和精确地进行人工补偿甚至自动补偿，因此，它能够加工尺寸精度要求高的零件。此外，由于数控车削时刀具运动是通过高精度插补运算和伺服驱动来实现的，再加上机床的刚度高和制造精度高，所以它能加工直线度、圆度、圆柱度要求高的零件。

2. 表面质量要求高的零件

数控车床能加工出表面粗糙度值小的零件，不但是由于机床的刚度高和制造精度高，还由于它具有恒线速度切削功能。在材质、精车余量和刀具已定的情况下，表面粗糙度取决于进给量和切削速度。使用数控车床的恒线速度切削功能，就可选用最佳线速度来切削锥面和端面，这样车出的工件表面粗糙度值既小又一致。数控车床还适用于车削各部位表面粗糙度要求不同的零件。表面粗糙度值小的部位可以选用小的进给量进行加工来达到要求，而这在传统车床上是做不到的。

3. 轮廓外形复杂的零件

数控车床具有圆弧插补功能，所以可直接使用圆弧指令来加工圆弧轮廓。数控车床也可加工由任意直线和平面曲线所组成的回转轮廓零件，既能加工可用方程描述的曲线，也能加工列表曲线。假如说车削圆柱零件和圆锥零件既可选用传统车床又可选用数控车床，那么车削复杂回转体零件就只能使用数控车床。

4. 带一些特殊类型螺纹的零件

数控车床还配有精密螺纹切削功能，再加上一般采用硬质合金成形刀片，以及可以使用较高的转速，所以车削出来的螺纹精度高、表面粗糙度值小。可以说，包括丝杠在内的螺纹零件很适合在数控车床上加工。

5. 超精密、超低表面粗糙度的零件

磁盘、录像机磁头、激光打印机的多面反射体、复印机的回转鼓、照相机等光学设备的透镜及其模具和隐形眼镜等要求超高的轮廓精度与超低的表面粗糙度值，它们适合在高精度、高功能的数控车床上加工。以往很难加工的塑料散光用的透镜，现在也可以用数控车床来加工。超精加工的轮廓精度可达 $0.1~\mu m$，表面粗糙度 Ra 值为 $0.02~\mu m$。超精车削零件的材质以前主要是金属，现已扩大到塑料和陶瓷。

二、数控车床的类型

1. 按主轴布局形式分类

（1）立式数控车床（见图 1—12a）。其车床主轴垂直于水平面，一个直径很大的圆形工作台用来装夹工件。这类机床主要用于加工径向尺寸大、轴向尺寸相对较小的大型复杂零件。

（2）卧式数控车床（见图 1—12b）。分为数控水平导轨卧式车床和数控倾斜导轨卧式车床。其中倾斜导轨结构可以使车床具有更高的刚度，并易于排除切屑。

2. 按控制轴数分类

（1）两轴控制的数控车床。机床只有一个回转刀架，可实现两坐标轴的控制。

（2）四轴控制的数控车床。机床上有两个独立的回转刀架，可实现四坐标轴的控制。

a)

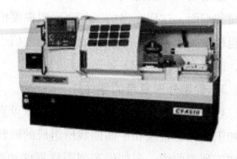
b)

图1—12　数控车床的类型

a）立式数控车床　b）卧式数控车床

三、典型数控车床

下面以一种普及型数控车床为例进行简要介绍。

1. 总体布局

FA – 32T CNC 为简易型小规格卧式卡盘数控车床，其基本布局为平床身导轨、全封闭形式。数控车床型号 FA – 32T CNC 的含义如下：

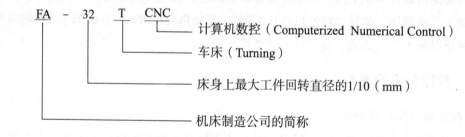

如图 1—13 所示为该机床的外形图。FA – 32T CNC 数控车床总体布局为操作者面对主轴卡盘，这种布局在纵向行程较短的卡盘车床中应用较多。

（1）床身部件。包括床身与床身底座。底座为整台机床的支承与基础，所有机床部件均安装于其上，主电动机与冷却箱置于床身底座内部。

（2）主轴箱。主轴箱用于固定机床主轴。主电动机通过 V 带将主运动直接传给主轴。

（3）床鞍部件。包括床鞍与床鞍滑板，床鞍位于床身的直线导轨上，可实现纵向（Z轴）运动；床鞍滑板位于床鞍的直线导轨上，可实现横向（X轴）运动。

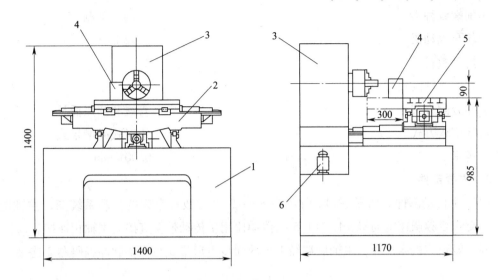

图 1—13   FA－32T CNC 数控车床的外形图

1—床身   2—床鞍   3—主轴箱   4—刀架   5—床鞍滑板   6—冷却泵

（4）排刀式刀架。排刀式刀架有若干的刀夹用于安装加工刀具，固定于床鞍滑板的 T 形导轨上。

（5）工业控制计算机。工业控制计算机内部安装数控系统操作软件。作为数控系统与外界信息输入的媒介，可进行机床的各种操作。

（6）电气控制箱。电气控制箱内部安装各种机床电气控制元件、数控伺服控制单元及部分控制芯片等。

2. 主要技术参数

床身上最大工件回转直径	320 mm
床鞍上最大工件回转直径	180 mm
主轴孔径	18 mm
主轴端锥孔的锥度	莫氏 4 号
主轴转速（无级变速）	75～2 400 r/min
主电动机（三相异步变频调速电动机）	3.7 kW
最大进给行程	X：400 mm
	Z：300 mm
快速移动速度	X、Z：10 m/min
进给速度范围	X、Z：1～5 000 m/min
进给电动机（交流伺服电动机）	X、Z：0.75 kW

车削螺纹种类	公制、英制
冷却泵电动机	0.12 kW
数控轴数目	2
同时控制轴的数目	2
脉冲分配方式	直线和圆弧插补
数字记入方式	绝对式或增量式
分辨率	0.001 mm

3. 主要部件

（1）主传动部件。如图 1—14 所示为 FA－32T 型数控车床的传动系统图，主轴电动机 5 为交流变频调速电动机，以 1∶1.5 的传动比用主传动带 4 直接与主轴相连接。

同一般数控机床一样，主轴后端经 1∶1 的同步齿形带 3 与主轴脉冲编码器 2 连接。

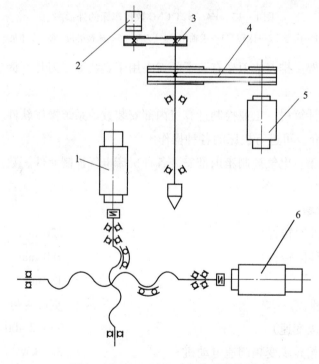

图 1—14 FA－32T CNC 传动系统图

1—纵向（Z）伺服电动机 2—主轴编码器 3—同步齿形带

4—主传动带 5—主轴电动机 6—横向（X）伺服电动机

（2）进给传动部件。FA－32T 型数控车床的纵向（Z）、横向（X）进给传动均由进给交流伺服电动机 1、6 与滚珠丝杠直接相连。要注意此数控车床的纵向、横向方位与普通 CK6140 型车床同操作者的相对位置有所不同，但坐标轴的位置与方向定义是相同的，即与主轴轴线平行的是 Z 轴，与主轴轴线垂直的是 X 轴，远离卡盘的方向为正。

FA–32T 型数控车床的进给控制系统采用半闭环控制的方式，其检测装置为内置式增量脉冲编码器，机床进行任何操作前必须先返回机床参考点。

该数控车床的 X、Z 轴进给运动导轨副采用单元式直线滚动导轨，具有高的运动灵敏度及低速稳定性，易于实现精确定位。

（3）排刀式刀架。排刀式刀架也是数控车床常用的一种类型，其结构形式为夹持着不同刀具的刀夹沿着数控车床的横向排列在床鞍滑板上，如图 1—15 所示为排刀式刀架的刀夹布置形式。

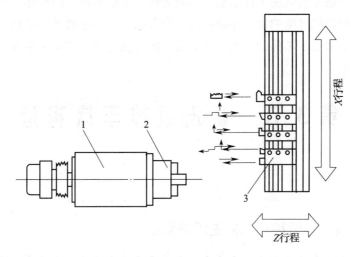

图 1—15　排刀式刀架的刀夹布置形式

1—主轴箱　2—卡盘　3—刀夹

四、数控车床的选用

选用数控车床要根据加工对象的工艺要求、企业经济环境和使用环境等诸多因素进行具体分析，具体可考虑以下几个原则：

1. 生产上适用

生产上适用主要指所选用数控车床的功能必须适应被加工零件的形状和尺寸、加工精度和生产节拍等要求。

（1）形状和尺寸适应性。所选用的数控机床必须能适应被加工零件合理群组的形状和尺寸要求。卧式车床适合轴向尺寸较长的轴类零件和小型盘类零件的车削加工；立式数控车床适合回转直径较大的盘类零件的加工。

（2）加工精度适应性。一般数控车床即可满足大多数零件的加工需要。对于精度要求比较高的零件，则应考虑选用精密型的数控车床。

（3）生产节拍适应性。应根据加工对象的批量和节拍要求来选择数控机床，并注意上下工序间的节拍协调一致，以及外部机床的配置、编程、操作、维修等支持环境。

2. 技术上先进

在选用数控机床时，应充分考虑到技术的发展，具有适当的前瞻性，保证设备在技术水平上的先进性，不一味追求低价格，避免出现新购设备在使用不长时间后即面临淘汰的尴尬境地。

3. 经济上合理

数控机床的价格主要取决于技术水平的先进性、质量和精度的好坏、配置的高低及质量保证费用等。对数控机床的价格必须进行综合考虑，不一味追求低价格，坚持最高性价比原则，即在满足被加工零件的功能要求和保证质量稳定可靠的前提下做到经济合理。

第 3 节　认识数控车床构造

 学习单元 1　数控车床的主传动系统

 学习目标

1. 了解数控机床主传动的特点
2. 了解数控机床主轴的变速方式
3. 认知数控车床的主传动系统

 知识要求

一、数控机床主传动的特点

数控车床主传动要求速度在一定范围内可调，有足够的驱动功率，主轴回转轴线的位置准确、稳定，并有足够的刚度与抗振性。

数控车床的主轴变速是按照加工程序指令自动进行的。为了确保机床主传动的精度，降低噪声，减小振动，主传动链要尽可能地缩短；为了保证满足不同的加工工艺要求并能获得最佳切削速度，主传动系统应能无级地大范围变速；为了提高生产效率和加工质量，还应能实现恒切削速度控制。主轴应能配合其他构件实现工件自动装夹。

数控机床与普通机床主传动系统相比具有以下特点：

1. 转速高，功率大

能使数控机床进行大功率切削和高速切削，实现高效率加工。

2. 变速范围宽

数控机床的主传动系统有较宽的调速范围，以保证加工时能选用合理的切削用量，从而获得最佳的生产效率、加工精度和表面质量。

3. 主轴变速迅速、可靠

数控机床的变速是按照控制指令自动进行的，因此，变速机构必须适应自动操作的要求。由于直流和交流主轴电动机的调速系统日趋完善，因此，不仅能够方便地实现宽范围无级变速，而且减少了中间传递环节，提高了变速控制的可靠性。

4. 主轴组件的耐磨性高

使传动系统具有良好的精度保持性。凡有机械摩擦的部位，如轴承、锥孔等都有足够的硬度，轴承处还有良好的润滑。

二、数控机床主轴的变速方式

数控机床的主传动系统要求有较宽的调速范围，以保证加工时能选用合理的切削用量，从而获得最佳的生产效率和加工质量。数控机床主传动系统主要有以下四种配置方式：

1. 带有变速齿轮的主传动

如图 1—16 所示，带有变速齿轮的配置方式大、中型数控机床采用较多。

它通过少数几对齿轮降速，使之成为分段无级变速，确保低速时的转矩，以满足主轴输出转矩特性的要求。但有一部分小型数控机床也采用这种传动方式，以获得强力切削时所需要的转矩。

滑移齿轮的移位大都采用液压拨叉或直接由液压缸带动齿轮来实现。

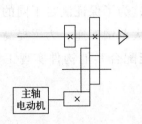

图1—16 变速齿轮

2. 同步带传动的主传动

如图1—17所示，同步带传动主要应用在小型数控机床上，可以避免齿轮传动时引起的振动和噪声，但它只能适用于低转矩特性要求的主轴。

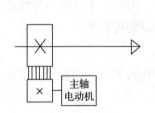

图1—17 带传动

同步带传动是一种综合了带传动和链传动优点的新型传动。同步带的结构和传动如图1—18所示。带的工作面及带轮外圆上均制成齿形，通过带轮与轮齿相嵌合，做无滑动的啮合传动。带内采用了承载后无弹性伸长的材料作为强力层，以保持带的节距不变，使主、从动带轮可做无相对滑动的同步传动。

与一般带传动相比，同步带传动具有以下优点：

（1）无滑动，传动比准确。

（2）传动效率高，可达98%以上。

（3）传动平稳，噪声小。

（4）使用范围较广，速度可达50 m/s，传动比可达10左右，传递功率由几瓦至数千瓦。

（5）维修及保养方便，不需要润滑。

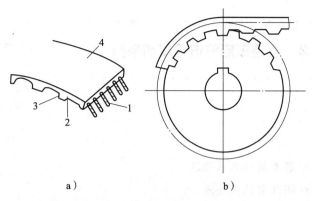

图1—18　同步带的结构和传动

a）同步带结构　b）同步带传动

1—强力层　2—带齿　3—包布层　4—带背

但是，同步带传动也确有许多不足之处，其安装时中心距要求严格，带与带轮制造工艺较复杂，成本高。

3. 两个电动机分别驱动主轴

如图1—19所示，这种方式是图1—16、图1—17两种方式的混合传动，具有上述两种传动方式的性能。高速时，电动机通过带轮直接驱动主轴旋转；低速时，另一个电动机通过两级齿轮传动驱动主轴旋转，齿轮起到减速和扩大变速范围的作用。但两个电动机不能同时工作。

4. 调速电动机直接驱动的主传动

如图1—20所示，主轴内装电动机主传动方式大大简化了主轴箱体与主轴的结构，有效地提高了主轴部件的刚度，但主轴输出转矩小，电动机发热对主轴的精度影响较大。

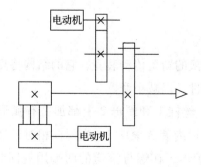

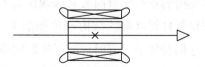

图1—19　两个电动机分别驱动主轴　　　图1—20　内装电动机主轴传动

学习单元 2　数控车床的进给传动系统

 学习目标

1. 了解滚珠丝杠螺母副的工作原理
2. 了解滚珠丝杠螺母副的优缺点
3. 掌握传动齿轮间隙的消除方法
4. 了解数控车床常见导轨形式

 知识要求

一、数控车床进给传动系统的特点

进给运动传动是指车床上驱动刀架实现纵向（Z 向）和横向（X 向）运动的进给传动。工件最后的尺寸精度和轮廓精度都直接受进给运动的传动精度、灵敏度和稳定性的影响，为此，数控车床的进给传动系统应充分注意减小摩擦力，提高传动精度和刚度，消除传动间隙及减小运动件的惯量等。

目前，在数控机床进给驱动系统中常用的机械传动装置主要有滚珠丝杠螺母副、静压蜗杆—蜗母条、预加载荷双齿轮—齿条及双导程蜗杆等。在中、小型数控机床中，滚珠丝杠螺母副是采用最普遍的结构，这也是数控机床与普通机床进给传动系统的区别所在。

二、滚珠丝杠螺母副

1. 滚珠丝杠螺母副的工作原理

滚珠丝杠螺母副是回转运动与直线运动相互转换的新型传动装置，它的结构特点是在具有螺旋槽的丝杠螺母间装有滚珠作为中间传动元件，以减小摩擦。

滚珠丝杠螺母副的结构原理如图 1—21 所示，丝杠 1 和螺母 2 上都加工有弧形螺旋槽，将它们套装在一起时形成了螺旋滚道，并在滚道内装满滚珠 3。当丝杠相对于螺母旋转时，滚珠既自转又沿着滚道流动。为防止滚珠滚出，在螺母滚道的两端用返回装置 4（又称回珠器）连接起来，滚珠通过返回装置 4 返回入口，如此往复循环滚动，构成一个闭合的回路管道。

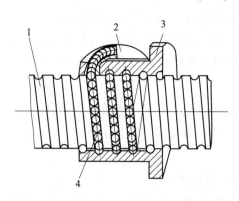

图1—21 滚珠丝杠螺母副的结构原理

1—滚珠丝杠 2—返回装置 3—螺母 4—滚珠

2. 滚珠丝杠螺母副的特点

由于滚珠丝杠螺母副的丝杠与螺母之间是通过滚珠来传递运动的,使之成为滚动摩擦,这是滚珠丝杠区别于普通滑动丝杠的关键所在,其主要特点如下:

(1)传动效率高。滚珠丝杠螺母副的传动效率高达95%~98%,是普通梯形丝杠的3~4倍,功率消耗减少2/3~3/4,如图1—22所示。

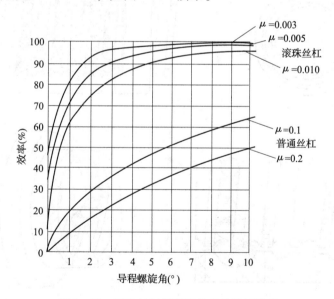

图1—22 滚珠丝杠螺母副传动的机械效率

(2)灵敏度高,传动平稳。由于是滚动摩擦,动、静摩擦因数相差极小。因此低速不易爬行,高速传动平稳。

(3)定位精度和传动刚度高。用多种方法可以消除丝杠和螺母的轴向间隙,使反向无空行程，定位精度高，适当预紧后，还可以提高轴向刚度。

（4）不能自锁，有可逆性。既能将旋转运动转换成直线运动，又能将直线运动转换成旋转运动。因此，丝杠在垂直状态使用时，为防止因突然停电而造成主轴箱自动下滑，应增加制动装置或平衡块。

（5）使用寿命长。滚珠丝杠螺母副采用优质合金钢制成，其滚道表面经淬火后硬度高达 60～62HRC，因此其实际使用寿命远长于滑动丝杠。这样可以平衡滚珠丝杠制造成本高于滑动丝杠的不足之处。

3. 滚珠丝杠螺母副的结构形式

滚珠丝杠螺母副按滚珠循环方式的不同分为外循环和内循环两种。

如图1—23a所示，滚珠在循环反向过程中与丝杠滚道脱离接触的称为外循环。这种结构在两孔内插入弯管1的两端，这样就可引导滚珠2构成封闭循环回路。外循环的结构制造工艺相对简单些，但滚道接缝处很难做到平滑，影响滚道滚动的平稳性，甚至发生卡珠现象，噪声也较大。

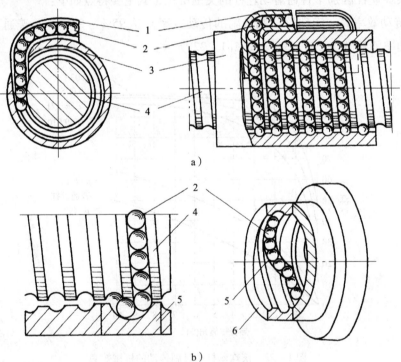

图1—23　滚珠丝杠螺母副循环方式

a）外循环　b）内循环

1—弯管　2—滚珠　3—外循环螺母　4—滚珠丝杠　5—反向器　6—内循环螺母

如图 1—23b 所示，在整个循环过程中，滚珠始终与丝杠各表面保持接触的称为内循环。在螺母滚道的外侧孔内装有一个接通相邻滚道的反向器，迫使滚珠翻越丝杠的齿顶而进入相邻滚道。因此，其反向器的数量与滚珠的列数相同。内循环的滚珠丝杠反向器承担反向任务的只有一圈滚珠。内循环滚珠丝杠螺母副具有流畅性好、摩擦小、效率高、结构紧凑、定位可靠、刚度高等优点。但结构复杂，成本高，且不能用于多线螺纹传动。

4. 滚珠丝杠螺母副的间隙调整和预紧方法

滚珠丝杠螺母副的轴向间隙是指负载时滚珠与滚道型面接触的弹性变形所引起的螺母位移量和螺母原有间隙的总和，如图 1—24a 所示，它直接影响滚珠丝杠螺母副的传动刚度和反向传动精度。在单螺母时采用变螺距 ΔL 和加大钢球直径产生过盈的两种预紧方法，如图 1—24b、c 所示，但这两种方法很难适当消除轴向间隙。

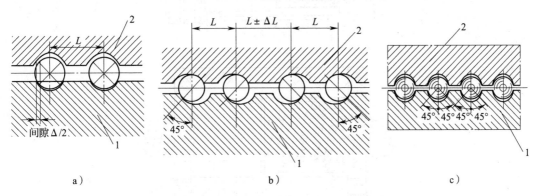

图 1—24　滚珠丝杠螺母副单螺母的间隙与预紧
a）滚珠丝杠螺母副的间隙　b）单螺母变螺距　c）单螺母加大钢球直径
1—丝杠　2—螺母

采用双螺母预紧方法，其基本原理是使两个螺母产生轴向位移，以消除它们之间的间隙和施加预紧力。目前的结构形式有以下三种：

（1）垫片调整式。如图 1—25a 所示的垫片调整式是通过调整垫片 1 的厚度，使螺母产生轴向位移。这种结构简单、可靠，刚度高，但调整费时，且不能在工作中随时调整。

（2）螺纹调整式。如图 1—25b 所示的螺纹调整式是通过两个锁紧螺母 2、3 的旋转来调整丝杠、螺母之间的轴向间隙，其结构紧凑，调整方便，应用广泛，但轴向位移量不易精确控制。

（3）齿差调整式。如图 1—25c 所示的齿差调整式是将两部分螺母外缘做成外齿轮和内齿轮，左、右两个齿轮仅差一个齿，如 $z_1 = 99$，$z_2 = 100$。调整间隙时，将内、外齿轮脱离啮

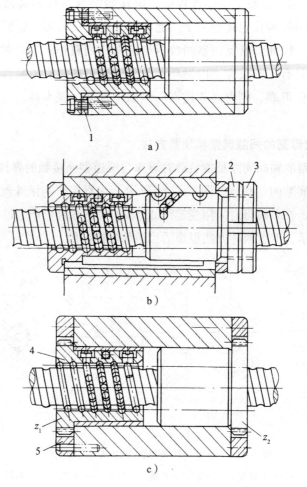

图1—25　滚珠丝杠螺母副双螺母预紧

a）垫片调整式　b）螺纹调整式　c）齿差调整式

1—垫片　2、3—锁紧螺母　4—外齿轮　5—内齿轮

合，并使左、右两个部分同时向同一方向转过一个齿，即 z_1 转过 1/99 转，z_2 转过 1/100 转，致使左、右螺母相向或相离一个距离 Δ。当滚珠丝杠的螺距为 6 mm 时，则：

$$\Delta = \left(\frac{1}{z_1} - \frac{1}{z_2}\right) \times L = \left(\frac{1}{99} - \frac{1}{100}\right) \times 6 = 0.000\ 6\ \text{mm} = 0.6\ \mu\text{m}$$

当转过齿数的数量为 n 时，位移量为 Δ 的 n 倍，即可很精确地消除丝杠、螺母的轴向间隙。这种预紧结构复杂，调整准确、可靠，精度也较高，一般应用在精度要求较高的场合。

滚珠丝杠螺母副预紧消除间隙时应特别注意：预加载荷能有效地减小弹性变形所带来的轴向位移，但过大将增加摩擦阻力，降低传动效率，缩短使用寿命。

三、传动齿轮间隙消除机构

在数控设备的进给驱动系统中，考虑到惯量、转矩或脉冲当量的要求，有时要在电动机到丝杠之间加入齿轮传动副，而齿轮传动副存在的间隙会使进给运动反向滞后于指令信号，造成反向死区而影响其传动精度和系统的稳定性。因此，为了提高系统的传动精度，必须消除齿轮副的间隙。下面介绍几种常用的齿轮间隙消除机构。

1. 直齿圆柱齿轮传动间隙的调整

（1）偏心套调整法。图1—26所示为偏心套式消隙机构。电动机1通过偏心套2安装到机床壳体上，通过转动偏心套，就可以调整两齿轮的中心距，从而消除齿侧的间隙。

（2）轴向垫片调整法。图1—27所示为锥齿轮消除间隙的结构。在加工齿轮1和2时，将假想的分度圆柱面改变成带有小锥度的圆柱面，使其齿厚在齿轮的轴向稍有变化。调整时，只需改变垫片3的厚度就能调整两个齿轮的轴向相对位置，从而消除齿侧间隙。

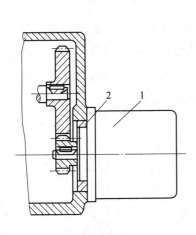

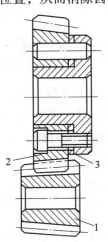

图1—26　偏心套式消隙机构

1—电动机　2—偏心套

图1—27　轴向垫片调整

1、2—齿轮　3—垫片

以上两种方法的特点是结构简单，传动刚度高，能传递较大的转矩，若齿轮磨损，齿侧间隙调整后不能自动补偿，又称刚性调整法。

（3）双片齿轮错齿调整法。图1—28a所示为双片齿轮周向可调弹簧错齿消隙机构。两片相同齿数的薄齿轮1和2与另一个宽齿轮啮合，弹簧的拉力可使薄齿轮错位，即两片薄齿轮的左、右齿面分别贴在宽齿轮齿槽的左、右齿面上，从而消除了齿侧间隙。

图1—28b所示为另一种双片齿轮周向弹簧错齿消隙机构，两片薄齿轮1和2套装在一起，装配时使弹簧具有足够的拉力，使两片薄齿轮的左、右齿面分别与宽齿轮的左、右齿面贴紧，以消除齿侧间隙。

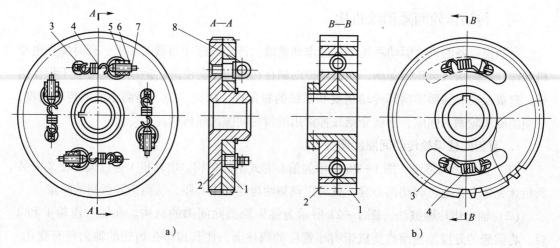

图1—28 双片齿轮周向弹簧错齿消隙机构

1、2—薄齿轮 3、8—凸耳或短柱 4—弹簧 5、6—螺母 7—螺钉

用双片齿轮错齿法调整间隙，在齿轮传动时，由于正向和反向旋转分别只有一片齿轮承受转矩，因此承受能力受到限制，并且弹簧的拉力要足以能克服最大转矩；否则起不到消隙作用，称为柔性调整法。此法传动刚度低，适用于负荷不大的传动装置。此类消隙机构装配好后齿侧间隙自动消除（补偿），可始终保持无间隙啮合。

2. 斜齿圆柱齿轮传动间隙的调整

（1）轴向垫片调整法。图1—29所示为斜齿轮垫片调整法，其原理与错齿调整法相同。薄片斜齿轮1和2的齿形拼装在一起加工，装配时在两薄片斜齿轮间装入已知厚度为 t 的垫片3，使两薄片斜齿轮分别与宽齿轮4的左、右面贴紧，消除了间隙。

垫片厚度一般由测试法确定，往往要经几次修磨才能调整好。这种结构的齿轮承载能力较小，且不能自动补偿齿侧间隙。

（2）轴向压簧调整法。图1—30所示为斜齿轮轴向压簧错齿消隙机构。该机构的消隙原理与轴向垫片调整法相似，所不同的是利用齿轮2右面的弹簧压力使两个薄片斜齿轮的左、右齿面分别与宽齿轮的左、右齿面贴紧，以消除齿侧间隙。图1—30a所示为采用的是压簧消隙，图1—30b所示为采用的是碟形弹簧消隙。

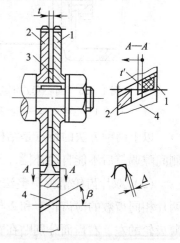

图1—29 斜齿轮垫片调整法

1、2—薄片斜齿轮 3—垫片

4—宽齿轮 t'—调整量

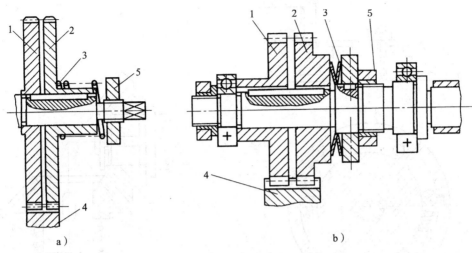

a)   b)

图1—30 斜齿轮轴向压簧错齿消隙结构

a）压簧消隙 b）碟形弹簧消隙

1、2—薄片斜齿轮 3—弹簧 4—宽齿轮 5—螺母

弹簧3的压力可利用螺母5来调整，压力的大小要调整合适，压力过大会加快齿轮磨损；压力过小达不到消隙作用。这种结构齿轮间隙能自动消除，始终保持无间隙的啮合，但它只适用于负载较小的场合，并且这种结构轴向尺寸较大。

3. 锥齿轮传动间隙的调整

（1）周向压簧调整法。如图1—31所示，将大锥齿轮加工成外齿圈1和内齿圈2两部分，外齿圈1上开有三个圆弧槽8，内齿圈2的下端面带有三个凸爪4，套装在圆弧槽内。弹簧6的两端分别顶在凸爪4和镶块7上，使内、外齿圈的锥齿错位与小锥齿轮3啮合，达到消除间隙的作用。螺钉5将内、外齿圈相对固定是为了安装方便，安装完毕即可卸去。这种调整方法结构较为复杂，但齿轮磨损后可以自动补偿齿侧间隙。

（2）轴向压簧调整法。如图1—32所示，锥齿轮1、2相互啮合。在安装锥齿轮1的传动轴5上装有压簧3，用螺母4调整压簧3的弹力。锥齿轮1在弹力作用下沿轴向移动，可消除锥齿轮1和2的间隙。该调整方法结构简单，且齿轮磨损后可以自动补偿齿侧间隙。

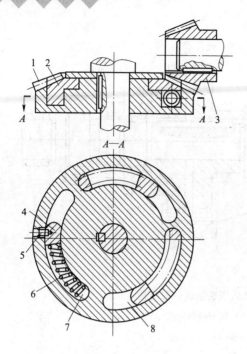

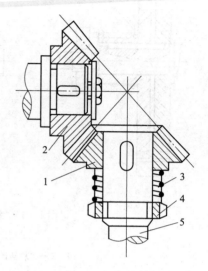

图 1—31　周向压簧调整法

图 1—32　轴向压簧调整法

1—外齿圈　2—内齿圈　3—小锥齿轮　4—凸爪

1、2—锥齿轮　3—压簧

5—螺钉　6—弹簧　7—镶块　8—圆弧槽

4—螺母　5—传动轴

四、导轨

导轨是机床的基本结构要素之一，机床的加工精度和使用寿命很大程度上取决于机床导轨的质量，而加工精度较高的数控机床对于导轨有着较高的要求，例如，导向精度高，灵敏度高，高速进给时不振动，低速进给时不爬行，耐磨性好，能在高速、重载条件下长期连续工作，精度保持性好。

1. 滚动导轨

滚动导轨是在导轨工作面之间安装滚动体（如滚珠、滚柱和滚针等），与滚珠丝杠的工作原理类似，使两导轨面之间形成的摩擦为滚动摩擦。动、静摩擦因数相差极小，几乎不受运动速度变化的影响。直线滚动导轨的外形如图 1—33a 所示，其结构如图 1—33b 所示。一般滚动导轨的预紧力调整适当后成组安装，所以又称单元式直线滚动导轨。

滚动导轨的最大优点是摩擦因数小，比塑料导轨还小；运动轻便、灵活，灵敏度高；低速运动平稳性好，不会产生爬行现象，定位精度高；耐磨性好，磨损小，精度保持性好；且润滑系统简单。因此，滚动导轨在数控机床上得到普遍的应用。但是，滚动导轨的抗振性较差，结构复杂，对污物较敏感，必须有良好的防护措施。

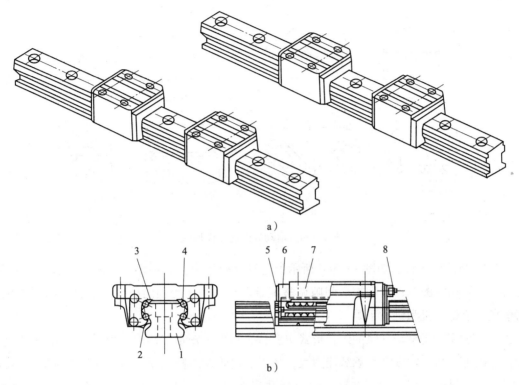

图 1—33 直线滚动导轨

a）外形 b）结构

1—导轨体 2、5—密封垫 3—滚动体保持器 4—滚动体 6—端盖 7—滑块 8—润滑油杯

2. 滑动导轨

数控机床常用直线运动滑动导轨的截面形状如图 1—34 所示。在矩形和三角形导轨中，M 面主要起支承作用，N 面是保证直线移动精度的导向面，J 面是防止运动部件抬起的压板面；在燕尾形导轨中，M 面起导向和压板作用，J 面起支承作用。

（1）矩形导轨。如图 1—34a 所示，制造容易，承载能力较大，安装及调整方便。M 面起支承兼导向作用，起主要导向作用的 N 面磨损后不能自动补偿间隙，需要有间隙调整装置。它适用于载荷大且导向精度要求不高的机床。

（2）三角形导轨。如图 1—34b 所示，三角形导轨有两个导向面，同时控制了垂直方向和水平方向的导向精度。这种导轨在载荷的作用下能自行补偿间隙，导向精度比其他导轨高。

（3）燕尾形导轨。如图 1—34c 所示，这是闭式导轨中接触面最小的一种结构，磨损后不能自动补偿间隙，需用镶条调整，能承受颠覆力矩，摩擦阻力较大，多用于高度小的多层移动部件。

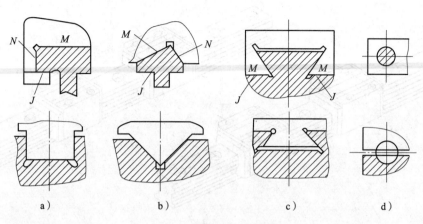

图1—34 滑动导轨的截面形状

（4）圆柱形导轨。如图1—34d所示，这种导轨刚度高，易制造，外径可磨削，内孔可珩磨达到精密配合；但磨损后间隙调整困难。它适用于受轴向载荷的场合，如压力机、珩磨机、攻螺纹机和机械手等。

数控机床常用滑动导轨的组合形式主要有三角形—矩形、矩形—矩形，如图1—35所示。这两种导轨的刚度高，承载能力大，加工、检验及维修方便。为提高低速性能，减少爬行，延长导轨使用寿命，在动导轨上都贴有塑料带。数控机床很少用不贴塑的滑动导轨。图1—35a所示为开式导轨，没有压板，不能承受较大的翻转力矩；图1—35b所示为闭式导轨，有压板，可以承受翻转力矩。

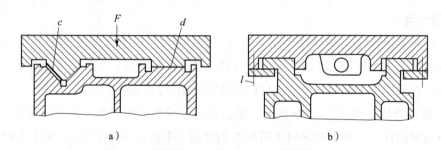

图1—35 常用滑动导轨的组合形式
a）三角形—矩形 b）矩形—矩形

3. 塑料导轨

为了进一步降低普通滑动导轨的摩擦因数，防止低速爬行，提高定位精度，为此在数控机床上普遍采用塑料作为滑动导轨的材料，使原来铸铁—铸铁的滑动变为铸铁—塑料或钢—塑料的滑动。

（1）贴塑导轨。贴塑导轨是用粘贴的方法在金属导轨表面贴上一层塑料软带。以聚四氟乙烯为基体，加入青铜粉、二硫化钼和石墨等混合烧结，并做成软带状。塑料软带用特殊的黏结剂粘贴在短的或动导轨上，各种组合形状的滑动导轨各个面均可粘贴，如图1—36所示。

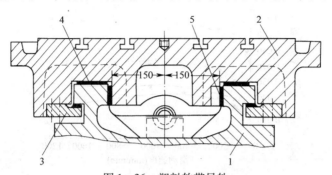

图1—36　塑料软带导轨

1—床身　2—工作台　3—下压板　4、5—塑料软带

（2）注塑导轨。注塑导轨又称涂塑导轨，是采用涂刮或注入膏状塑料的方法在金属导轨上加环氧型耐磨导轨涂层。该涂层以环氧树脂为基体，加入铁粉、二硫化钼和胶体石墨，混合成液膏状为一组分，另一组分为固化剂，双组分组成塑料涂层。如图1—37所示为某数控机床使用的塑料涂层导轨，靠螺钉5调整好镶条的位置，保证镶条的斜面与支承面分离，然后将液膏状涂层通过孔1注入两分离面之间，固化后即可。

（3）塑料滑动导轨的特点

1）摩擦特性好。如图1—38所示，金属—聚四氟乙烯导轨软带的动、静摩擦因数基本不变，并且很低。良好的摩擦特性能防止低速爬行，使机床运行平稳，以获得高的定位精度。

2）耐磨性好。塑料软带或涂层中含有青铜、二硫化钼和石墨，因此其本身具有自润滑作用，对润滑油的供油量要求不高。另外，塑料质地较软，可延长导轨的使用寿命。

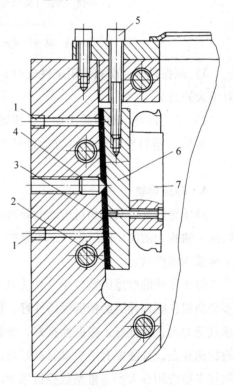

图1—37　塑料涂层导轨

1—涂塑注入孔　2—涂塑挡圈

3—塑料涂层　4、5—螺钉

6—镶条　7—滚动导轨滑块

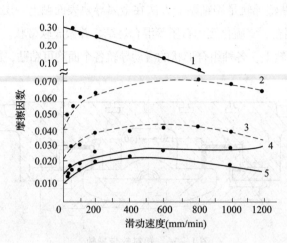

图1—38　各种导轨摩擦因数曲线

1—铸铁—铸铁（30号机油）　2—Turcite—B—铸铁（干摩擦）

3—Turcite—B—铸铁（30号机油）

4—TSF—铸铁（干摩擦）　5—TSF—铸铁（30号机油）

3）减振性好。塑料的阻尼性能好，其减振消声的性能对提高摩擦副的相对运动速度有很大的意义。

4）工艺性好。塑料易于加工，使导轨副接触面获得良好的表面质量。

另外，塑料导轨还以良好的经济性、结构简单等特点在数控机床上得到广泛的应用。

4. 静压导轨

静压导轨是在两个相对运动的导轨面间通入压力油，使运动件浮起。工作过程中，导轨面上油腔中的油压能随着外加负载的变化自动调节，以平衡外负载，保证导轨面始终处于纯液体摩擦状态。

静压导轨的摩擦因数极小（约为0.0005），功率消耗少，由于系统液体摩擦，故导轨不会磨损，因而导轨的精度保持性好，使用寿命长。油膜厚度几乎不受速度的影响，油膜承载能力大，刚性好，吸振性良好，导轨运行平稳，既无爬行，又不产生振动。但静压导轨结构复杂，并需要有一个具有良好过滤效果的液压装置，制造成本较高。目前，静压导轨较多地应用在大型、重型数控机床上。

第4节 数控车床的伺服系统

 学习单元1 数控车床的伺服电动机

 学习目标

1. 了解直流主轴电动机的特点和应用
2. 了解交流主轴电动机的特点和应用
3. 了解步进电动机的基本参数、特点和应用
4. 熟悉直流伺服电动机的结构、特点和应用
5. 熟悉交流伺服电动机的工作特性和应用

 知识要求

一、主轴伺服电动机

1. 主轴伺服电动机的特点

为满足数控机床对主轴驱动的要求，主轴电动机应具备以下特点：

（1）电动机功率要大，且在大的调速范围内速度要稳定，恒功率调速范围宽。

（2）在断续负载下电动机转速波动要小。

（3）加速、减速时间短。

（4）温升低，噪声和振动小，可靠性高，使用寿命长。

（5）电动机过载能力强。

2. 直流主轴伺服电动机

主轴驱动采用直流主轴电动机时，由于要求有较大的功率输出，其主磁极采用铁芯加励磁绕组。如图1—39所示的直流主轴电动机由转子及定子组成，不过定子由主磁极与换向极构成，有时还带有补偿绕组。为了改善换向性能，在电动机结构上均有换向极；为缩小体积，改善冷却效果，避免电动机热量传到主轴上，均采取轴向强迫通风冷却或热管冷却；在电动机的尾部一般都同轴安装有测速发电机作为速度反馈元件。

3. 交流主轴伺服电动机

交流主轴电动机采用三相交流异步电动机。电动机总体结构由定子及转子构成，定子上有固定的三相绕组，转子铁芯上开有许多槽，每个槽内装有一根导体，所有导体两端短接在端环上，如果去掉铁芯，转子绕组的形状像一个鼠笼，所以叫作笼型转子。

定子绕组通入三相交流电后，在电动机气隙中产生一个旋转磁场，称为同步转速。

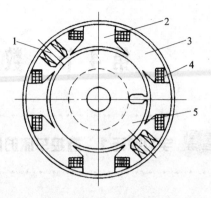

图1—39　直流主轴电动机的结构

1—换向极　2—主磁极　3—定子

4—线圈　5—转子

转子绕组中必须有一定大小的电流，以产生足够的电磁转矩带动负载，转子绕组中的电流是由旋转磁场切割转子绕组而感应产生的。要产生一定大小的电流，转子转速必须低于磁场转速，因此，异步电动机又称笼型感应电动机。

交流主轴电动机具有转子结构简单、坚固、价格低廉、过载能力强、使用及维护方便等特点。随着电子技术的发展，特别是计算机控制技术的发展，交流主轴电动机的调速性能得到了极大改善，正越来越多地被数控机床所应用。

二、进给伺服电动机

数控车床的伺服系统一般由驱动装置与机械传动执行件等组成，对于半闭环、闭环控制系统还包括位置检测环节。而驱动装置由驱动元件电动机和电动机驱动控制单元两部分组成，进给驱动用的伺服电动机是伺服系统的关键之一，主要有直流进给伺服电动机和交流进给伺服电动机。

1. 直流进给伺服电动机

由于数控机床对进给伺服驱动装置的要求较高，而直流电动机具有良好的调速特性，因此，在半闭环、闭环伺服控制系统中得到较广泛的使用。

直流进给伺服电动机的工作原理与普通直流电动机相似，但由于机械加工的特殊要求，一般的直流电动机是不能满足需要的，因为其转子的转动惯量过大，而输出转矩则相对较小，动态特性比较差，尤其在低速运转下就更突出。在进给伺服机构中使用的是经过改进结构、提高特性的大功率直流伺服电动机，主要有以下两种类型：

（1）小惯量直流电动机。其主要结构特点是转子的转动惯量尽可能小，在结构上与普通电动机的最大不同是转子做成细长且光滑、无槽，为此转动惯量小，仅为普通直流电动机的1/10左右，转矩与转动惯量之比要大出40~50倍，机电时间常数小于10 ms。

为此，这种电动机响应特别快，调速范围宽，运转平稳，适用于频繁启动与制动、要求有快速响应（如数控钻床、数控冲床等点定位）的场合。但由于过载能力低，且电动机的自身惯量比机床相应运动部件的惯量小，因此要经过一对齿轮副才能与丝杠连接，限制了其广泛使用。

（2）大惯量直流电动机。又称宽调速直流电动机，它是在小惯量电动机的基础上发展起来的。当电枢线圈通过直流电流时，在定子磁场的作用下产生带动负载旋转的电转矩。

如果小惯量电动机是通过减小转动惯量来提高快速性，那么大惯量电动机则是在维持转动惯量的前提下，通过尽量提高转矩的方法来改善其动态特性。大惯量直流电动机既具有一般直流电动机便于调速、机械特性较好的优点，又具有小惯量直流电动机的快速响应性能，具体特点如下：

1）转子惯量大。这种电动机的转子具有较大的惯量，容易与机床匹配。可与进给丝杠直接连接，使机床结构简单，避免了传动噪声和振动，提高了加工精度。

2）低速性能好。这种电动机低速时输出转矩大，能满足数控机床经常在低速进给时进给量大、转矩输出大的特点，例如，它能在 1 r/min 甚至 0.1 r/min 的速度下平稳运转。

3）过载能力强，动态响应好。由于其转子有槽，热容量大，冷却后更提高了散热能力，因此可以过载运行 30 min。另外，其定子采用矫顽力很高的铁氧体永磁材料，可过载 10 倍而不会去磁，显著地提高了电动机的瞬间加速力矩，改善了动态响应，加减速特性好。

4）调速范围宽。这种电动机机械特性和调速特性的线性度好，所以调速范围宽且运转平稳。一般调速范围可达 1:10 000 以上。直流主轴电动机的调速系统为双域调速系统，由转子绕组控制回路和磁场控制回路两部分组成。在转子绕组控制回路中，通过改变转子绕组电压（即外加电压）调速，适用于基本速度以下的恒转矩范围。在磁场控制回路中，通过改变励磁电流（即改变磁通 Φ）调速，为恒功率调速，适用于基本速度以上的恒功率范围。

直流进给伺服电动机驱动系统可直接连接高精度检测元件，如一些测量转速和转角等的检测元件，实现半闭环、闭环伺服系统的精确定位。

在数控机床的直流进给伺服驱动系统中，多采用永磁直流伺服电动机作为驱动元件。永磁直流伺服电动机由电动机本体和检测部件组成。电动机本体主要由机壳、定子磁极和转子三部分组成。反馈用的检测部件有高精度的测速发电机、旋转变压器和脉冲编码器等，它们同轴安装在电动机的尾部（非轴伸出端）。永磁直流伺服电动机的定子磁极是一个永磁体。永磁直流伺服电动机的转子分为普通型和小惯量型两类。与一般直流电动机相比，转子铁芯的长度对直径的比大些，气隙小些。

2. 交流进给伺服电动机

尽管直流伺服电动机具有优良的调速性能，但它存在着不可避免的缺点：电刷和换向器易磨损；换向时易产生火花，使电动机的最高转速受到限制；结构复杂，制造成本高。

随着20世纪80年代交流伺服驱动技术取得了突破性的进展，使得交流伺服电动机具备了调速范围宽、稳速、精度高、动态响应快等良好的技术性能。其转子惯量比直流电动机小，动态响应更好，在同样体积下，输出功率提高30%~70%，因此，交流电动机可选得大一些，以达到更高的电压与转速。

交流伺服电动机采用了全封闭无刷构造，比直流电动机在外形上减小了50%，质量减轻近60%，转子惯量减至20%。定子铁芯开槽多且深，绝缘可靠，磁场均匀。通过直接冷却改善散热效果，可靠性提高。转子采用具有精密磁极形状的永久磁铁，可得到高的转矩与转动惯量比。因此，交流伺服电动机以其更好的机械性能、宽的调速范围和大容量得到了广泛的应用。

交流伺服电动机分为同步型和异步型两大类。数控机床的主轴驱动系统中所采用的交流主轴电动机为经过专门设计的笼型感应电动机，大多数是三相异步交流电动机。同步型交流伺服电动机有永磁式和励磁式两种。数控机床的进给伺服驱动系统中多采用永磁同步交流伺服电动机。

交流伺服电动机提高性能的关键在于解决其调速控制与驱动。目前，广泛采用矢量控制调速方法，永磁同步交流伺服电动机的速度可通过改变电动机电源频率来调速。该方法可以实现无级调速，能够较好地满足数控机床的要求。变频调速的关键环节是能为电动机提供变频电源的变频器，目前应用较多的是交—直—交变频器。

 学习单元2　数控车床的位置检测装置

 **学习目标**

1. 熟悉脉冲编码器的类型和应用

2. 熟悉光栅测量的类型和应用

知识要求

在闭环与半闭环伺服控制系统中，必须利用位置检测装置把机床运动部件的实际位移量随时检测出来，与给定的控制值（指令信号）进行比较，从而控制驱动准确运转，使工作台（或刀具）按规定的轨迹和坐标移动。

位置检测装置是伺服系统的重要组成部分，它对于提高加工精度起着决定性的作用，为此，检测元件应满足：工作可靠，抗干扰性强；满足数控机床精度和速度的要求；维护方便；成本低等。数控机床上常用的检测装置主要有脉冲编码器、光栅等。

一、脉冲编码器

脉冲编码器又称光电编码器，是一种角位移检测装置，它是把机械转角变成电脉冲输出信号来进行检测的。就其工作原理不同可分为光电式、接触式和电磁感应式三种。光电式编码器以其精度和可靠性在数控机床上得到了普遍的使用。按编码的方式不同，这种编码器又可分为增量式光电脉冲编码器和绝对式光电脉冲编码器。

1. 增量式光电脉冲编码器

增量式光电脉冲编码器的工作原理如图 1—40a 所示，它主要由透光圆盘、光栏板、聚光镜和光电元件等组成。透光圆盘的圆周刻有两圈条纹，外圈等分成若干条透明与不透明的条纹，内圈仅为一条。在光栏板上刻有三条透光条纹 A、B、C。A 与 B 均对应于外圈条纹，C 对应于内圈条纹。每一条纹的后面均安装光电元件，即光敏三极管。

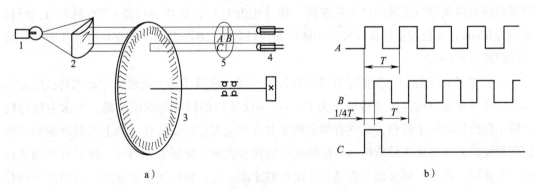

图 1—40　增量式光电脉冲编码器的工作原理与输出脉冲

a）工作原理　b）输出脉冲

1—光源　2—聚光镜　3—透光圆盘　4—光电元件　5—光栏板

灯泡发出的光线经过聚光镜聚焦后成平行光线，当透光圆盘与被检测轴同步旋转时，由于透光圆盘与光栏的条纹时而重合时而错位，使各光敏三极管接收到光线亮暗的变化信号，从而引起光敏三极管内电流大小的变化，此电流经整流放大输出矩形脉冲。

另外，光栅板上 A 与 B 条纹的距离与透光圆盘上条纹间的距离不同，它是要保证当条纹 A 与透光圆盘上任一条纹重合时，而条纹 B 则与透光圆盘上另一条纹的重合度错位 1/4 周期（T）。因此，A、B 两通道输出的波形相位也相差 1/4 周期，如图 1—40b 所示。

脉冲编码器中透光圆盘内圈的一条刻线与光栅上条纹 C 重合时输出的脉冲数为同步（起步，又称零位）脉冲。脉冲编码器的脉冲信号经放大、整形、微分处理后被送到计数器，这样可利用脉冲的数目、频率及相位测出工作轴的转角、转速及转向。

2. 绝对式光电脉冲编码器

前述的增量式光电脉冲编码器有可能由于噪声或其他外界干扰产生计数错误，若因停电、刀具破损而停机时，事故排除后不能再找到事故前执行部件的正确位置，如采用绝对式光电脉冲编码器则可以克服这些不足。

绝对式光电脉冲编码器通过读取编码器上的不同图案来表示不同的数值，它可以直接把被测转角转换成相应的代码，再对应不同的位置数值，不会有累积误差，在电源切断后位置信息不会丢失。但为提高读数精度和分辨率，要求更多位数的数值，往往要采用多个编码盘组合，这样使结构复杂，成本较高，因此，绝对式光电脉冲编码器不易做到高精度和高分辨率。

3. 编码器在数控机床中的应用

（1）位移测量。由于增量式脉冲编码器每转过一个分辨角对应一个脉冲信号，因此，根据脉冲的数量、传动比及滚珠丝杠螺距即可得出移动部件的直线位移量。如某带脉冲编码器的伺服电动机与滚珠丝杠直接连接（传动比为 1:1），脉冲编码器 1 200 脉冲/r，丝杠螺距为 6 mm，在数控系统位置控制中断时间内计数 1 200 个脉冲，则在该时间段里工作台移动距离为 6 mm。

（2）螺纹加工控制。为便于数控机床加工螺纹，在其主轴上安装脉冲编码器，脉冲编码器通常与主轴直接连接（传动比为 1:1）。为保证切削螺纹的螺距正确，要求主轴每转一转工作台移动一个导程，必须有固定的起刀点和退刀点。安装在主轴上的脉冲编码器在切削螺纹时就可解决主轴旋转与坐标轴进给的同步控制，保证主轴每转一转刀具准确地移动一个导程。此外，螺纹加工要经过几次切削才能完成，每次重复切削时，开始进刀的位置必须相同。为了保证重复切削不乱牙，数控系统在接收到脉冲编码器中的一转脉冲后才开始螺纹切削的计算。

二、光栅

光栅主要有物理光栅和计量光栅两大类。物理光栅的测量精度非常高（栅距为

0.002～0.005 mm），通常用于光谱分析和光波波长测定等。计量光栅相对而言刻度线粗一些，栅距大一些（0.004～0.25 mm），通常用于检测直线位移和角位移等。在高精度数控机床上，目前大量使用计量光栅作为位置检测装置。

计量光栅有长光栅和圆光栅两种，增量式光电脉冲编码器实际上属于一种圆光栅，可用来测量角位移，通常光栅尺是指长光栅。光栅尺是一种直线精密检测元件，在数控机床上用于直接测量工作台的移动，是全闭环控制系统用得较多的测量装置。

如图1—41a所示，光栅尺由标尺光栅和指示光栅组成。标尺光栅安装在机床移动部件上，其有效长度为工作台移动的全行程，又称长光栅。而指示光栅安装在机床固定部件上，相当于一个读数头，又称短光栅。

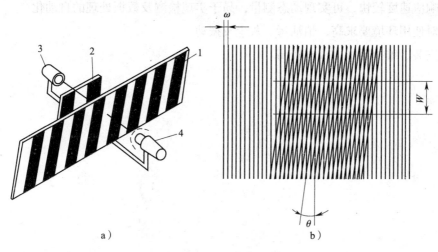

图1—41　光栅与莫尔条纹

a）光栅测量工作原理　b）莫尔条纹

1—光栅尺（标尺光栅）　2—指示光栅　3—光电元件　4—光源

两光栅均为条形光学玻璃，其上刻有一系列均匀、密集的条纹，其密度相同，通常每毫米刻50、100、200、250等条纹。当两光栅平行放置且保持一定间隙（0.05～0.1 mm），并将指示光栅转过一个很小角度时，如图1—41b所示，由于光的衍射作用，就会产生明暗交替的干涉条纹，称为莫尔（横向）条纹，其方向与光栅刻线几乎垂直。

如果将标尺光栅在光栅长度方向上移动，则可看到莫尔条纹也跟着移动，但方向与光栅移动方向垂直，当标尺光栅移动一个条纹时，莫尔条纹也正好移动一个条纹。通过光敏元件可以测定莫尔条纹的数目和频率，从而可测出光栅移动的距离和速度。同光电编码器类似，用相位差1/4周期的两个光敏元件还可以测得工作台移动的方向。

光栅的材料除玻璃外，也可在金属镜面上利用光的反射现象形成光栅。玻璃虽材料费低，但膨胀系数与钢铁不同，会产生较大的温度误差。常选用特制光学玻璃及不锈钢制作反射光栅。另外，由于两光栅之间的间隙很小，若进入污物，不仅影响光栅的定位精度，还会因光栅的相对运动而损坏刻线。

当光栅栅距小于 0.01 mm（即每毫米刻线数大于 100 线对），如 $W = 0.005$ mm（即 200 线对/min）时，就不能再利用几何光学的遮光透光效应来解释莫尔条纹，此时必须考虑光栅的衍射效应（相当于多缝衍射）。

光栅的主要特点如下：

1. 检测精度高。直线光栅的精度可达 3 μm，分辨率可达 0.1 μm；圆光栅的精度可达 0.15″，分辨率可达 0.1″。

2. 响应速度较快，可实现动态测量，易于实现检测及数据处理的自动化。

3. 对使用环境要求高，怕油污、灰尘及振动。

4. 安装、维护困难，成本较高。

第 2 章

数控车削加工工艺

第1节 数控加工工艺基础

 学习单元1 刀具准备

 学习目标

1. 了解刀具常用材料及其基本性能
2. 了解可转位刀片的型号代码和夹紧方式
3. 了解可转位刀片的选择
4. 熟悉常用车刀的种类和用途
5. 熟悉车刀的几何形状和角度
6. 掌握数控车削常用材料的切削加工性能及用途

 知识要求

一、刀具材料

刀具材料是指刀具切削部分的材料。在数控加工中，刀具材料的切削性能直接影响着生产效率、工件的加工精度和已加工表面的表面质量、刀具消耗和加工成本。

1. 刀具材料应具备的基本性能

（1）高硬度。刀具材料的硬度必须高于被加工工件材料的硬度；否则，在高温、高压下就不能保持刀具锋利的几何形状，这是刀具材料应具备的最基本特征。

（2）足够的强度和韧性。刀具切削部分的材料在切削时要承受很大的切削力和冲击力，因此刀具材料必须有足够的强度和韧性。它反映刀具材料抗脆性断裂和崩刃的能力。

（3）高耐磨性和耐热性。一般来说，刀具材料硬度越高，其耐磨性也越好。此外，刀具材料的耐磨性还与金相组织中的化学成分及硬质点的性质、数量、颗粒大小和分布状况有关。金相组织中碳化物越多，颗粒越小，分布越均匀，其耐磨性就越好。而刀具材料的耐热性和耐磨性有着密切的关系。其耐热性通常用它在高温下保持较高硬度的性能即高温硬度来衡量。高温硬度越高，表示耐热性越好。

（4）良好的导热性。刀具材料的导热性用热导率来表示。热导率大，表示导热性好，切削时产生的热量容易传导出去，从而降低切削部分的温度，减轻刀具磨损。

（5）良好的工艺性能。工艺性能是指材料在制成零件的过程中承受各种加工的难易程度。金属材料的工艺性能主要有铸造性能、压力加工性能、切削加工性能、焊接性能、热处理性能等。

（6）抗粘接性。是指防止工件与刀具材料分子间在高温、高压作用下互相吸附产生粘接。

（7）化学稳定性。是指刀具材料在高温下不易与周围介质发生化学反应。

2. 刀具材料的种类

数控机床刀具从采用的材料上可以分为高速钢刀具、硬质合金刀具、陶瓷刀具、立方氮化硼刀具、聚晶金刚石刀具。

（1）高速钢（High Speed Steel，HSS）。高速钢是一种含钨（W）、钼（Mo）、铬（Cr）、钒（V）等合金元素较多的工具钢。高速钢具有较高的强度、韧性和耐磨性，红硬性好。在 550～650℃时仍能保持其切削性能。

由于高速钢的抗弯强度、冲击韧度高，高速钢刀具制造工艺简单，刃磨后容易获得锋利的切削刃，能锻造，热处理变形小，特别适合制造复杂及大型的成形刀具（如钻头、丝锥、拉刀、齿轮刀具等）。高速钢刀具可以加工从有色金属到高温合金的范围广泛的工件材料。

（2）硬质合金。硬质合金是以高硬度、难熔的金属化合物钨的碳化物（WC）、钛的碳化物（TiC）的粉末为基础，以钴（Co）、钼（Mo）等金属作为黏结剂，高压压制成形后再高温烧结而成的粉末冶金制品。

1）普通硬质合金。目前，按国际标准常用普通硬质合金有钨钴类（用"K"表示）、钨钛钴类（用"P"表示）两大类。K类、P类分别相当于我国的YG类和YT类。

钨钴类硬质合金常用牌号有 K01、K10、K20 等，后面的数字表示含钴量的高低。含钴量越高，其强度越高，韧性越好，适合粗加工；含钴量越低，则适合精加工。此类硬质合金较适用于加工铸铁和有色金属等材料。

钨钛钴类硬质合金常用牌号有 P01、P10、P20 等，在 P 类中分别以 01～50 之间的数字表示从最高硬度到最大韧性之间的一系列合金。因此，粗加工时应选用较高的牌号；精加工时应选较低的牌号。此类硬质合金主要适用于高速切削塑性好的材料，如钢料等。

2）新型硬质合金。在上述两类硬质合金的基础上，添加某些碳化物可以使其性能提高。使其既可以加工钢料，又可以加工铸铁和有色金属，被称为通用硬质合金（W类，我国的 YW 类）。

二、常用车刀的种类和用途

1. 常用车刀的种类

根据不同的车削加工用途，常用车刀有外圆车刀、内孔车刀、螺纹车刀和车槽刀等，见表 2—1。

表 2—1 车床常用刀具

车刀类型	图示	车削部位
端面车刀		端面
外圆车刀		外圆柱面、外圆锥面、外圆弧面
内孔车刀		内圆柱面、内圆锥面、内圆弧面
外螺纹车刀	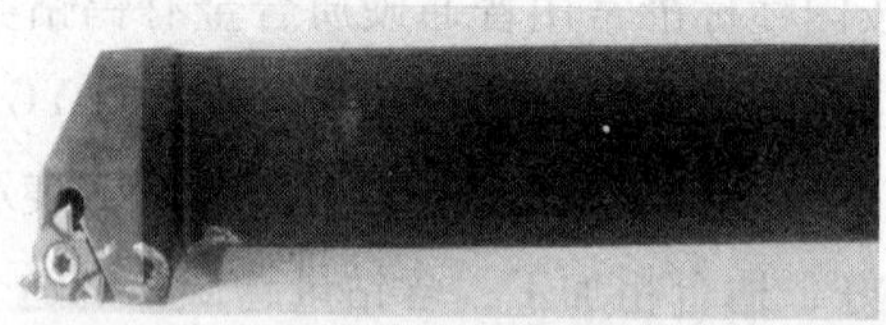	外圆柱螺纹、外圆锥螺纹
内螺纹车刀		内圆柱螺纹、内圆锥螺纹

续表

车刀类型	图示	车削部位
外车槽刀	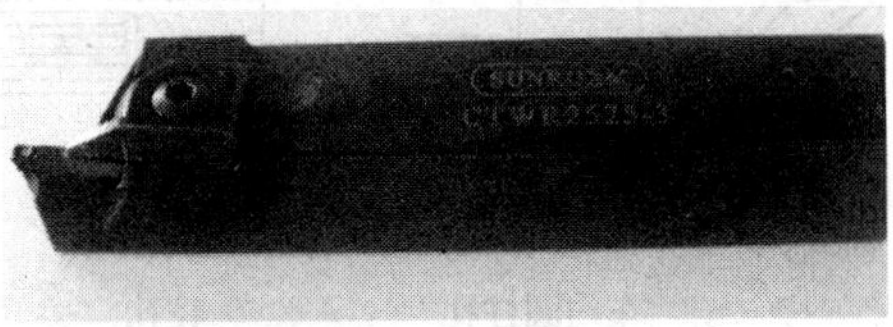	外径槽
内车槽刀	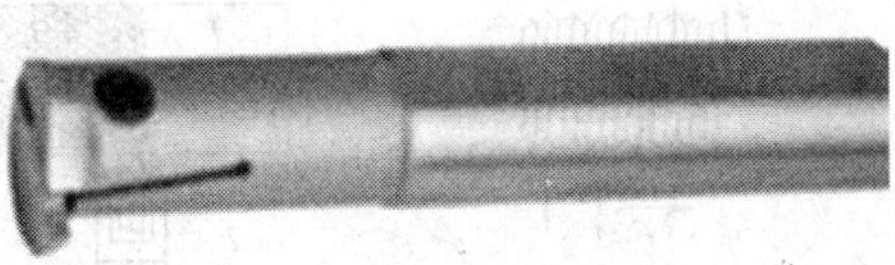	内径槽
中心钻		钻中心孔
钻头	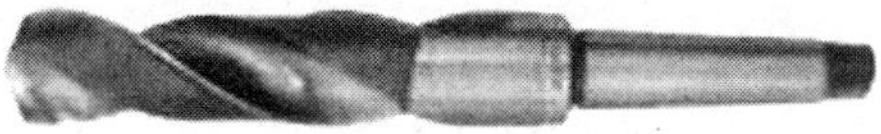	钻孔
铰刀	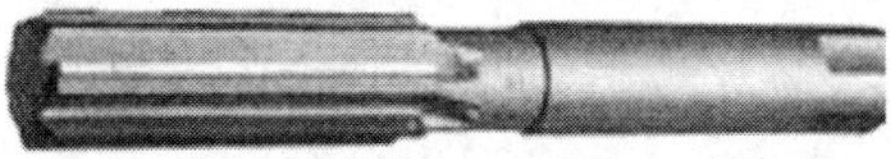	铰孔
丝锥	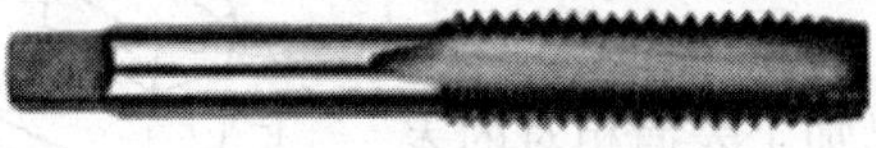	攻内螺纹

2．车刀的用途

车刀的主要用途如图 2—1 所示。

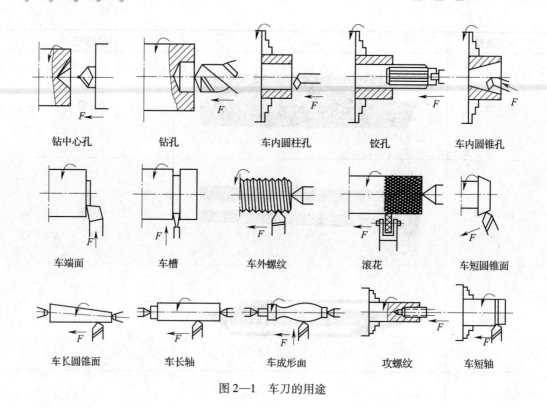

钻中心孔　　钻孔　　车内圆柱孔　　铰孔　　车内圆锥孔

车端面　　车槽　　车外螺纹　　滚花　　车短圆锥面

车长圆锥面　　车长轴　　车成形面　　攻螺纹　　车短轴

图2—1　车刀的用途

三、车刀的几何形状

1. 车刀的组成

车刀由刀头和刀柄两部分组成。刀头是刀具上夹持刀条或刀片的部分，由它形成切削刃；刀柄是刀具上的夹持部分。

刀头是车刀的切削部分，它一般由"一尖、两刃、三面"组成，如图2—2所示。

（1）前面。又称前刀面，是指切屑流过的表面。

（2）主后面。又称后刀面，是指与过渡表面相对的表面。

（3）副后面。是指与工件已加工表面相对的表面。

（4）主切削刃。前面与主后面相交形成的刀刃，直接参加金属切削。

（5）副切削刃。前面与副后面相交形成的刀刃，

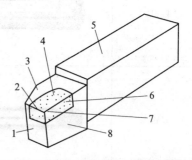

图2—2　车刀的组成

1—副后面　2—副切削刃
3—刀头　4—前面　5—刀柄
6—主切削刃　7—刀尖　8—主后面

是面对已加工表面的刀刃。

（6）刀尖。是指主切削刃与副切削刃的连接处相当少的一部分切削刃。

2. 确定车刀角度的参考平面

为了确定和测量车刀的几何角度，通常假定三个辅助平面作为基准，即基面、切削平面和正交平面，刀具静止参考平面如图2—3所示。

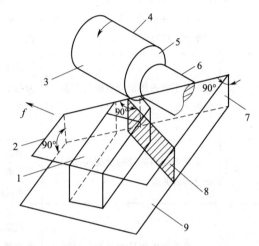

图2—3　刀具静止参考平面

1—车刀　2—基面　3—工件　4—待加工表面　5—过渡表面

6—已加工表面　7—切削平面　8—正交平面　9—底平面

基面 p_r 是指通过切削刃选定点，并与该点切削速度方向垂直的平面。

切削平面 p_s 是指通过切削刃选定点与切削刃相切并垂直于基面的平面。

正交平面 p_o 是指通过切削刃选定点并同时垂直于基面和切削平面的平面。

3. 车刀切削部分几何角度及其作用

车刀各个部分几何角度的选用将会直接影响加工条件和加工工件的质量，具体内容见表2—2。

表2—2　　　　　　　　　　　车刀各部分几何角度的作用

几何角度	定义	作用
主偏角 κ_r	基面内测量的主切削平面与假定工作平面之间的夹角	主偏角 κ_r 减小，主切削刃参加切削的长度增加，刀具磨损减慢，但作用于工件的径向力会增大

几何角度	定义	作用
副偏角 κ_r'	基面内测量的副切削平面与假定工作平面之间所夹的锐角	副偏角可减小副切削刃与工件已加工表面之间的摩擦，减小已加工表面的表面粗糙度值
刀尖角 ε_r	基面内测量的主切削平面与副切削平面之间的夹角	刀尖角影响刀尖的强度和散热性能
前角 γ_o	正交平面内测量的前面与基面之间的夹角	前角越大，切削刃越锋利，切削力越小，工件表面质量越高。但前角越大，主切削刃强度越低，易崩刃
后角 α_o	正交平面内测量的后面与切削平面之间的夹角	增大后角，可减小刀具后面与切削平面之间的摩擦，减小工件的表面粗糙度值，但会使刀尖强度减弱
楔角 β_o	正交平面内测量的前面与后面之间的夹角	楔角的大小决定了切削刃的强度。楔角越小，切入金属越容易，但切削刃强度较低；反之切削刃强度高，但较难切入金属
刃倾角 λ_s	切削平面内测量的主切削刃与基面之间的夹角	刃倾角可控制切屑流出方向和刀头强度，并能使切削力均匀

四、数控车刀刀具

为了充分、有效地利用数控设备，提高加工精度及减少加工辅助时间，现今数控车床大多采用可转位车刀，又称机夹车刀。可转位刀片的材料主要是各种硬质合金。

如图2—4所示的机夹可转位车刀由刀柄、刀垫、可转位刀片和夹固元件组成，车刀的内部结构如图2—5所示。

1. 可转位刀片型号代码

ISO国际标准可转位刀片的代码表示方法是由9位字符串组成的。可转位刀片的国家标准采用了ISO国际标准。为适应我国的国情，在规定的9个号位之后加1短横线，再用1个字母和1位数字表示刀片断屑槽形式和宽度。因此，我国可转位刀片的型号共用10个号位的内容来表示主要参数的特征。现以某一可转位车刀刀片为例，对 10 个号位的具体内容做说明，见表 2—3。

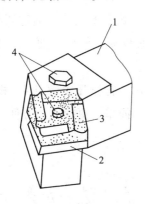

图 2—4 机夹可转位车刀

1—刀柄 2—刀垫

3—可转位刀片 4—夹固元件

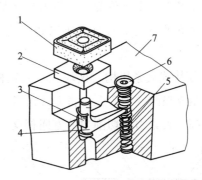

图 2—5 可转位车刀的内部结构

1—刀片 2—刀垫 3—卡簧 4—杠杆

5—弹簧 6—螺钉 7—刀柄

表 2—3 　　　　　　　　　　　可转位刀片代码表示方法示例

ISO	T	P	M	M	12	04	08	E	L	—	A3
项目	1	2	3	4	5	6	7	8	9		10

其中每一位字符串代表着刀片某种参数。

第 1 位——刀片的形状。

第 2 位——刀片的法后角。

第 3 位——刀片的极限偏差等级。

第 4 位——刀片有无断屑槽和中心固定孔。

第 5 位——刀片边长。

第 6 位——刀片厚度。

第 7 位——刀尖圆角半径或刀片转角形状。

第 8 位——切削刃截面形状。

第 9 位——切削方向。

第 10 位——断屑槽形式及槽宽。

根据标准可知，以上可转位刀片表示正三角刀片、后角为 11°、精度等级为 M 级、具有中间圆孔和单面断屑槽、刃口长度为 12 mm、厚度 04 级（3.18 mm）、刀尖圆弧半径为 0.4 mm、主切削刃带倒圆角、切削方向为左切、断屑槽宽 3 mm 的钢用精加工车刀片。

2. 可转位刀片的夹紧方式

（1）杠杆式夹紧机构。杠杆式夹紧机构如图2—6所示，拧紧压紧螺钉5，杠杆1摆动，刀片压紧在两个定位面上，将刀片夹紧。刀垫2通过弹簧套8定位，通过调节螺钉7可调整弹簧6的弹力。杠杆式夹紧机构定位精度高，夹紧可靠，使用方便，但是机构复杂。

（2）楔块式夹紧机构。楔块式夹紧机构如图2—7所示，拧紧压紧螺钉4，楔块5推动刀片3紧靠在圆柱销2上，将刀片夹紧。楔块式夹紧机构简单，更换刀片方便，但是定位精度不高，夹紧力与切削力的方向相反。

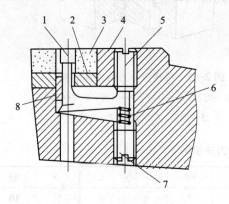 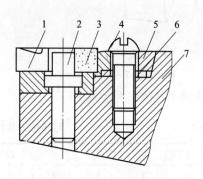

图2—6　杠杆式夹紧机构　　　　　　图2—7　楔块式夹紧机构

1—杠杆　2—刀垫　3—刀片　　　　　1—刀垫　2—圆柱销　3—刀片　4—压紧螺钉

4—刀柄　5—压紧螺钉　6—弹簧　　　5—楔块　6—弹簧垫圈　7—刀柄

7—调节螺钉　8—弹簧套

（3）螺纹偏心式夹紧机构。螺纹偏心式夹紧机构如图2—8所示，利用螺纹偏心销1上部的偏心心轴将刀片夹紧。螺纹偏心式夹紧机构结构简单，更换刀片方便，但定位精度较差，要求刀片精度高。

（4）压孔式夹紧机构。压孔式夹紧机构如图2—9所示，拧紧沉头螺钉2，利用螺钉斜面将刀片夹紧。压孔式夹紧机构结构简单，刀头部分小，用于小型刀具。

（5）上压式夹紧机构。上压式夹紧机构如图2—10所示，拧紧螺钉5，压板6将刀片夹紧。上压式夹紧机构结构简单，夹紧可靠，但切屑易擦伤夹紧元件。

（6）拉垫式夹紧机构。拉垫式夹紧机构如图2—11所示，拧紧螺钉3，使拉垫1移动，拉垫1上的圆销将刀片夹紧。拉垫式夹紧机构结构简单，夹紧可靠，但刀头部分刚度较低。

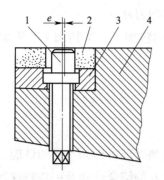

图2—8 螺纹偏心式夹紧机构

1—偏心销 2—刀片 3—刀垫 4—刀柄

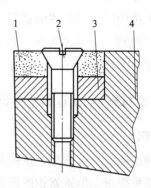

图2—9 压孔式夹紧机构

1—刀片 2—沉头螺钉 3—刀垫 4—刀柄

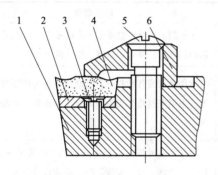

图2—10 上压式夹紧机构

1—刀柄 2—刀垫 3、5—螺钉 4—刀片 6—压板

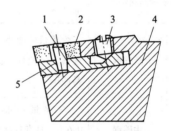

图2—11 拉垫式夹紧机构

1—拉垫 2—刀片 3—螺钉 4—刀柄 5—圆销

3. 可转位刀片的选择

在实际加工中，应根据刀片使用的场合、工件的加工特点及切削用量等合理、正确地选用刀具的形式、角度、材质、品牌，并安排合适的切削用量，以提高机床的利用率、保证工件的加工质量并延长刀具的使用寿命。

（1）几何形状。一般要选通用性较高的及在同一刀片上切削刃数较多的刀片。粗车时选较大尺寸的刀片，半精车、精车时选较小尺寸的刀片。

切削刃长度应根据背吃刀量进行选择，一般通槽形的刀片切削刃长度选≥1.5倍的背吃刀量，封闭槽形的刀片切削刃长度选≥2倍的背吃刀量。

（2）刀尖圆弧。粗车时，只要刚度允许，应尽可能采用较大的刀尖圆弧半径，精车时一般用较小的刀尖圆弧半径，常用压制成形的刀尖圆弧半径有 0.4 mm、0.8 mm、1.2 mm、2.4 mm 等。

（3）刀片厚度。其选用原则是使刀片有足够的强度来承受切削力，通常是根据背吃刀量与进给量来选用的，如有些陶瓷刀片就要选用较厚的刀片。

（4）刀片精度。刀片精度等级根据加工作业（如精加工、半精加工、粗加工等）选择，以便在保证完成作业任务的前提下降低加工成本。

五、常用材料的切削加工性能

1. 碳素钢

碳素钢的冶炼、加工简单，价格低廉，并且通过热处理可得到不同的性能，以满足工业生产上的各种要求。但碳素钢的淬透性差，缺乏良好的综合性能及一些特殊性能，不能满足一些重要零件及有特殊要求零件的要求。各类碳素钢的性能及用途见表2—4。

表2—4 各类碳素钢的性能及用途

分类		性能特点	用途举例
普通碳素结构钢		杂质含量较多，钢的质量较差	用于制造力学性能要求不高的零件，如常用Q195钢制作螺钉、螺母、垫圈、销、铆钉等
优质碳素结构钢	低碳钢	含碳量一般小于0.25%，强度低，但塑性、韧性较好，容易冲压	常用来制成各种板材，以制造各种冲压零件与容器，也用来制造各类渗碳零件，如齿轮、短轴和销等
	中碳钢	含碳量一般为0.25%~0.6%，具有较高的强度，但塑性和韧性较差	通过调质处理提高强度和韧性，可用来制造轴、杆件、套筒、螺栓和螺母等；经表面淬火使表面硬而耐磨，可制造齿轮、花键等，这类钢又称调质钢
	高碳钢	含碳量一般大于0.6%，硬度和强度高，但塑性和韧性差	经过淬火及中温回火后具有较高的硬度和良好的弹性，可制造对性能要求不太高的弹簧，如板弹簧、螺旋弹簧等
碳素工具钢		具有较高的硬度、耐磨性和足够的韧性	用于制造各种工具、模具、量具、低速切削刀具等

2. 合金钢

（1）合金结构钢。合金结构钢是在优质碳素结构钢的基础上适当加入一种或数种合金元素（合金元素总量不超过5%）而制成的钢种，合金元素主要用来提高钢的淬透性，通过适当的热处理可以使钢获得较高的强度和韧度。

1）低合金高强度结构钢。低合金高强度结构钢是指含有锰、钒、铌、钛等少量合金元素、用于工程和一般结构的钢种，又称工程结构用钢。

低合金高强度结构钢在使用时一般不进行热处理，需要时可进行去应力退火。

2）合金渗碳钢。为使零件表面具有高的硬度和耐磨性，而心部又保持足够的强度和韧性，常采用低碳合金钢渗碳后进行淬火和低温回火，这类钢称为合金渗碳钢。

合金渗碳钢所使用的一般是含碳量为 0.10% ~ 0.25% 的低碳钢，以保证心部有足够的强度、韧性和塑性。合金渗碳钢的主加元素是铬和锰，它们可以强化铁素体，提高钢的淬透性。

合金渗碳钢的最终热处理是渗碳、淬火和低温回火。

3）合金调质钢。为使零件获得良好的综合力学性能，常选用含碳量为 0.25% ~ 0.5% 的合金钢，经调质后获得均匀的索氏体组织而具有良好的综合力学性能，这类钢称为合金调质钢，常用于制造承受较大载荷的轴、连杆、紧固件等。

4）合金弹簧钢。合金弹簧钢的含碳量为 0.50% ~ 0.70%，加入的主要合金元素为锰、硅、铬、钒。它们可提高淬透性，并使热处理后有较高的屈强比。为保证弹簧有高的疲劳寿命，要求钢的纯净度高、非金属夹杂物少、表面质量高。

5）轴承钢。轴承钢是专门用来制造各种滚动轴承的内、外套圈和滚动体的专门钢材。轴承钢的含碳量为 0.95% ~ 1.10%，以保证具有高的硬度和耐磨性。

铬是轴承钢中最基本的合金元素之一。它可以提高钢的淬透性和耐腐蚀性，含铬的渗碳体还可以提高钢的耐磨性和接触疲劳强度。

（2）合金工具钢

1）常用合金工具钢。合金工具钢是在碳素工具钢的基础上加入合金元素而制成的钢种，与碳素工具钢相比，它的淬透性和回火稳定性高，热处理开裂倾向性小，耐磨性与红硬性较高，可以适应不同用途的需要。

2）高速工具钢。高速工具钢是一种高碳、高合金工具钢，由于它具有较高的热硬性，其切削温度可高达 500 ~ 600℃ 硬度仍不降低，能以比低合金工具钢更高的切削速度进行切削，因而被称为高速钢，高速钢又称"锋钢"。

高速钢主要用于制造切削速度高、耐磨性能好并且能在 600℃ 的高温下仍保持切削性能的切削刀具。

（3）特殊性能钢。特殊性能钢是指包括不锈钢、耐热钢、耐磨钢等的一些具有特殊化学性能和物理性能的钢。

1）不锈钢。不锈钢是不锈耐酸钢的简称。最常用的不锈钢为 3Cr13，它具有高的强度、硬度和耐磨性，由于含碳量较高，其耐腐蚀性较差。用于制造强度、硬度要求较高的结构件和耐磨件，如医疗器具、刃具等。

2）耐热钢。耐热钢是在高温下具有高抗氧化性和高强度的钢。

3）耐磨钢。耐磨钢通常指的是高锰钢，主要用于制造要求耐磨及耐冲击的零件，如挖掘机铲齿、坦克和拖拉机履带等，高锰钢的耐磨性在受到剧烈冲击或较大作用时才表现出来。

3. 铸铁

常用材料除钢以外，还有含碳量大于 2.11% 的铁碳合金，即铸铁。与钢相比，铸铁成本低，铸造性能良好，且具有一定的强度，所以是一种应用较广泛的金属材料。但缺点是冲击韧度较低，缺乏塑性变形能力，焊接性差。

工业中常用的铸铁有灰铸铁、可锻铸铁、球墨铸铁、蠕墨铸铁等。

（1）灰铸铁。灰铸铁中的石墨呈片状，所以其硬度低，容易切削加工；熔点低，流动性好，冷却凝固时收缩小，所以铸造性能较好。但抗拉强度很低，抗压强度较低，塑性差，不能进行压力加工。

灰铸铁的铸造性能、切削性能、耐磨性能和吸振性能等都优于其他铸铁。在工业中常被用来制造承受压力和要求消振的床身、机架，结构复杂的箱体、壳体，承受摩擦的导轨、缸体等。

（2）可锻铸铁。可锻铸铁中石墨呈团絮状。其力学性能较高，尤其是塑性、韧性比灰铸铁好。

铁素体可锻铸铁具有一定的强度，较高的塑性和韧性及较低的硬度，且比钢的铸造性好，可部分代替低碳钢和有色金属。

珠光体可锻铸铁的强度和耐磨性比铁素体可锻铸铁高，可代替中碳钢制造强度和耐磨性要求较高的零件。

（3）球墨铸铁。球墨铸铁中的石墨呈球状。由于球墨铸铁中硅和锰的含量较高，所以，基体的硬度和强度均优于相应成分的碳素钢，尤其突出的是，它的屈服强度较高，屈强比几乎是钢的 2 倍。因此，对于承受静载荷的零件，可用球墨铸铁代替铸钢。

（4）蠕墨铸铁。蠕墨铸铁中的石墨呈蠕虫状。它的强度比灰铸铁高，具有良好的热物理性、铸造性能和较高的力学性能。蠕墨铸铁主要用于制造经受热循环载荷、组织致密、强度要求较高、形状复杂的零件，如气缸盖、进气管、排气管、液压件和钢锭模等。

4. 铜

（1）纯铜。纯铜为玫瑰色，其表面形成氧化铜膜后呈紫色，所以又称紫铜。

纯铜具有很好的导电性和导热性，优良的冷、热加工性能，还具有良好的耐腐蚀性，但强度和硬度较低。

按照铜中杂质的含量不同，可把工业纯铜分为 T1、T2、T3 三种牌号，编号越大，纯度越低。其中，T1、T2 主要用来制造导电器材或配制高级铜合金，T3 主要用来配制普通铜合金。

（2）铜合金。工业上使用的铜合金按照成分不同可分为黄铜、青铜和白铜三大类，常用的是黄铜和青铜。

1）普通黄铜。普通黄铜是铜锌二元合金。它具有良好的力学性能、耐腐蚀性与加工性能，而且价格也比纯铜低，生产中常用于制造弹簧、垫片、螺钉等零件。

2）特殊黄铜。特殊黄铜是在普通黄铜中另外加入铝、锰、锡、铁、镍、硅等元素，以改进黄铜的耐腐蚀性、耐磨性和切削加工性能。

特殊黄铜可分为压力加工用黄铜和铸造用黄铜两种。其中，压力加工用黄铜塑性高，具有较高的变形能力。铸造用黄铜则具有良好的耐磨性、耐腐蚀性、铸造性能、焊接性能、切削加工性能及良好的综合力学性能，常用来制造强度较高和化学性能稳定的零件。

3）青铜。青铜是人类历史上最早应用的一种合金。青铜分有锡青铜和无锡青铜两种。

5. 铝

在金属材料中，铝及铝合金的应用位于有色金属之首，仅次于钢铁。

（1）纯铝。纯铝是银白色的轻金属，塑性很好，但强度和硬度都很低，切削性能差，可以通过压力加工制成各种型材。工业上主要用纯铝来配制各种铝合金，制成电线、电缆及一些要求耐腐蚀的日用器皿等。

（2）铝合金。铝合金密度小，强度和硬度低，塑性变形小，切削力小，所以切削加工性能好，但在切削时容易变形。另外，铝合金的导热性好，切削时散热快。铝合金在高温下容易软化粘刀。

铝合金可分为变形铝合金和铸造铝合金两大类，其各自的性能及用途见表2—5。

表2—5 各类铝合金的性能及用途

名称		性能	用途
变形铝合金	防锈铝合金	强度比纯铝高，有良好的耐腐蚀性和焊接性，但切削加工性能较差	用来制作各类低压油罐、容器等
	硬铝合金	强度和硬度较高，在退火及淬火状态下塑性好，加工工艺性良好，但耐腐蚀性较差	硬铝合金在变形铝合金中应用最广泛，主要用来轧制各种薄板、管材等型材
	超硬铝合金	具有很高的强度和良好的切削加工性能，但耐腐蚀性较差	在使用时应避免焊接
	锻铝合金	具有优良的锻造性能，热塑性及耐腐蚀性较好	主要用于制造外形复杂的锻件
铸造铝合金	种类较多，其中应用最广泛的是硅铝合金	具有良好的铸造性、耐磨性和耐腐蚀性，强度明显高于防锈铝合金	适宜铸造形状复杂的铸件

学习单元 2　切削要素

学习目标

1. 了解机械加工中切削用量三要素
2. 了解切削用量的选择原则

知识要求

一、切削用量要素

切削用量包括切削速度、进给量（或进给速度）和背吃刀量。

1. 切削速度（v_c）

切削速度是指切削刃上选定点相对于工件主运动的瞬时线速度。回转运动线速度的计算公式如下：

$$v_c = \frac{\pi D n}{1\,000} \ \text{(m/min)}$$

式中　D——工件待加工表面直径，mm；

　　　n——车床主轴转速，r/min。

需要注意的是：车削加工时应计算待加工表面的切削速度。

2. 进给量和进给速度（f 和 v_f）

进给量是指刀具在进给运动方向上相对于工件的位移量，用 f 表示，单位是 mm/r。

进给速度是指单位时间内刀具与工件的相对运动速度，用 v_f 表示，单位是 m/min。

$$v_f = nf \ \text{(m/min)}$$

3. 背吃刀量（旧称切削深度）a_p

背吃刀量是指工件上已加工表面与待加工表面之间的垂直距离，用 a_p 表示，单位为 mm。外圆加工时背吃刀量为：

$$a_p = \frac{d_w - d_m}{2} \ \text{(mm)}$$

式中　d_w——工件待加工表面直径，mm；

d_m——工件已加工表面直径，mm。

车孔时，上式中 d_w 与 d_m 的位置互换，钻孔时的背吃刀量为钻头的半径。

二、切削用量的选择原则

切削用量的大小对切削力、切削功率、刀具磨损、加工质量和加工成本均有显著影响。切削用量三要素中影响刀具耐用度最大的是切削速度，其次是进给量，最小的是背吃刀量。

1. 粗加工时切削用量的选择原则

粗加工时首先选取尽可能大的背吃刀量；其次要根据机床动力和刚度限制条件等选取尽可能大的进给量；最后在保证刀具耐用度的前提下，尽可能选取较高的切削速度。

2. 精加工时切削用量的选择原则

精加工时首先根据粗加工后的余量确定背吃刀量；其次根据零件表面粗糙度要求选取较小的进给量；最后在保证刀具耐用度的前提下，尽可能选取较高的切削速度。

数控车削硬质合金刀具切削用量推荐表见表2—6。

表2—6　　　　　　　　　　　　硬质合金刀具切削用量推荐表

工件材料	粗加工			精加工		
	切削速度（m/min）	进给量（mm/r）	背吃刀量（mm）	切削速度（m/min）	进给量（mm/r）	背吃刀量（mm）
碳钢	220	0.2	3	260	0.1	0.4
铸铁	80	0.2	3	120	0.1	0.4
铝合金	1 600	0.2	1.5	1 600	0.1	0.5

三、影响切削用量的因素

1. 影响切削速度的因素

（1）刀具材料。刀具材料不同，允许的最高切削速度不同。高速钢刀具耐高温切削速度不到50 m/min，碳化物刀具耐高温切削速度可达100 m/min 以上，陶瓷刀具的耐高温切削速度可高达1 000 m/min。

（2）工件材料。工件材料硬度高低会影响刀具的切削速度，同一刀具加工硬材料时切削速度需降低，而加工软材料时切削速度可以提高。

（3）刀具寿命。刀具使用时间（刀具寿命）要求长，则应采用较低的切削速度；反之，可采用较高的切削速度。

（4）背吃刀量与进给量。背吃刀量与进给量大，切削抗力也大，切削热会增加，故切

削速度应降低。

（5）刀具的形状。刀具的形状、角度的大小、刃口锋利程度都会影响切削速度的选取。

（6）切削液的使用。在切削时使用切削液，可有效降低切削热，从而可以提高切削速度。

（7）机床性能。机床刚度、精度高可提高切削速度；反之，则需降低切削速度。

2. 影响背吃刀量与进给量的因素

背吃刀量 a_p 主要受机床刚度的制约，在机床刚度允许的情况下应尽可能取大值，如果不受加工精度的限制，可以使背吃刀量等于零件的加工余量，这样可以减少进给次数。

进给量或进给速度（f 和 v_f）要根据工件的加工精度、表面粗糙度、刀具形状和刀具材料来选择，对断屑的影响最大。最大进给量或进给速度受机床刚度和进给驱动及数控系统的限制。

第 2 节 工件的定位与夹紧

 学习单元 1 定位原理与夹紧

 学习目标

1. 掌握定位与夹紧的概念
2. 掌握六点定位原理
3. 了解合理定位与不合理定位

 知识要求

一、定位与夹紧的概念

1. 定位

在机床上加工工件时，为了在工件的某一部位加工出符合工艺规程要求的表面，加工前需要使工件在机床上占有正确的位置，即定位。工件定位的方法有以下几种：

（1）直接找正定位法。效率低，适用于单件、小批量生产和定位精度要求较高的情况。

（2）划线找正定位法。适用于单件、小批量生产或毛坯精度较低、大型工件的粗加工。

（3）夹具定位法。效率高，易保证质量，广泛用于批量生产。

2. 夹紧

由于在加工过程中工件受到切削力、重力、振动、离心力、惯性力等的作用，所以还应采用一定的机构，使工件在工作过程中始终保持在原先确定的位置上，即夹紧。

对夹紧的基本要求：工件在夹紧过程中不能改变工件定位后所占据的正确位置；夹紧力的大小适当，既要保证工件在加工过程中的位置不能发生任何变动，又要使工件不产生大的夹紧变形，同时也要使加工振动现象尽可能小；操作方便、省力、安全；夹紧装置的自动化程度及复杂程度应与工件的批量大小相适应。

二、工件的定位

1. 六点定位原理

任何一个没有受约束的物体在空间都具有 6 个自由度，即沿 x、y、z 三个直角坐标轴方向的移动自由度 $\vec{x}$、$\vec{y}$、$\vec{z}$ 和绕这三个坐标轴的转动自由度 $\hat{x}$、$\hat{y}$、$\hat{z}$。因此，要使物体在空间占有确定的位置（即定位），就必须约束这 6 个自由度。

在机械加工中，要使工件在夹具中获得唯一确定的位置，就需要在夹具上合理设置六个支承点，从而可以消除工件的 6 个自由度，称为工件的六点定位原理。

2. 工件定位方式

（1）完全定位。工件的 6 个自由度全部被限制的定位称为完全定位。当工件在 X、Y、Z 三个坐标方向上均有尺寸要求或位置精度要求时，一般采用这种定位方式。

（2）不完全定位。工件被限制的自由度少于 6 个，但能满足加工要求的定位称为不完全定位。如图 2—12 所示，车削工件外圆，工件在三爪自定心卡盘上装夹定位，限制了工件的 $\vec{x}$、$\vec{y}$、$\hat{y}$、$\vec{z}$、$\hat{z}$ 五个自由度，工件的 $\hat{x}$ 自由度不影响加工要求，所以无须限制。

（3）欠定位。工件应限制的自由度未被限制的定位称为欠定位。因欠定位保证不了加工要求，在实际生产中是绝对不允许的。

（4）过定位。同一个自由度被两个以上的定位元件同时重复限制的定位称为过定位。如图2—13所示，定位面 A 限制了工件的3个自由度 $\vec{z}$、$\hat{x}$、$\hat{y}$，而定位面 B 同样限制了工件相同的3个自由度 $\vec{y}$、$\hat{x}$、$\hat{y}$，则属于过定位。其造成的后果是：定位不稳定，破坏预定的正确位置，夹紧后会使工件或定位元件产生变形，从而降低加工精度，甚至使工件无法安装，以致不能加工。因此，一般应避免采用过定位。

但当过定位并不影响加工精度，反而对提高加工精度有利时，也可以采用，要具体情况具体分析。

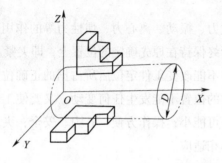
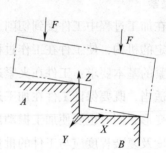

图2—12 不完全定位   图2—13 过定位

 学习单元 2   定位基准的选择

 学习目标

1. 熟悉基准的分类及作用
2. 掌握选择定位基准的方法

 知识要求

一、基准的分类

在零件图、工艺文件或实际的零件上，必须根据一些指定的点、线或面来确定另一些点、线或面的位置，这些作为根据的点、线或面称为基准。根据基准的作用不同，常把基准分为两类，即设计基准和工艺基准。

1. 设计基准

在零件图样上所使用的基准称为设计基准。设计基准可通过零件设计图样上尺寸的标注方式直接看出。

2. 工艺基准

在加工、测量、装配等工艺过程中所使用的基准统称为工艺基准。工艺基准又可分为以下几种：

（1）工序基准。是指工序图上用来确定本工序所加工表面加工后应达到的尺寸、形状、位置所用的基准。

（2）定位基准。工件在加工过程中，用于确定工件在机床或夹具上的正确位置所依据的基准称为定位基准。用夹具装夹工件时，定位基准就是工件上直接与夹具的定位元件相接触的点、线、面。

（3）测量基准。是指用于检验已加工表面的尺寸及各表面之间的位置精度所依据的基准。

（4）装配基准。是指工件装配时用以确定它在机器中所处位置的基准。

二、定位基准的选择

合理选择定位基准，对保证加工精度、安排加工顺序和提高生产效率有着重要的影响。选择定位基准的总原则是从有位置精度要求的表面中进行选择。

1. 粗基准的选择

以工件未加工过的表面作为定位基准，这种基准面称为粗基准。选择粗基准时，必须达到两个基本要求：其一，应保证所有加工表面都具有足够的加工余量；其二，应保证工件加工表面和不加工表面之间具有一定的位置精度。其选择原则如下：

（1）相互位置要求原则。选取与加工表面相互位置精度要求较高的不加工表面作为粗基准，以保证不加工表面与加工表面的位置要求。如图 2—14 所示的套筒，以不加工的外圆 1 作为粗基准，不仅可以保证内孔 2 加工后壁厚均匀，而且还可在一次装夹中加工大部分表面。

如零件上有多个不加工的表面，则选择与加工表面位置精度要求高的表面作为粗基准。

（2）加工余量合理分配原则。对于所有表面都要加工的零件，应选择余量和公差最小的表面作为粗基准，以避免余量不足而造成废品。如图 2—15 所示的台阶轴两端外圆有 5 mm偏心，应以余量较小的 $\phi58$ mm 外圆作为粗基准。如选 $\phi114$ mm 外圆作为粗基准，则无法加工出 $\phi50$ mm 的外圆。

（3）重要表面原则。为保证重要表面的加工余量均匀，应选择重要加工面为粗基准。图 2—16 所示为加工床身导轨，为了保证导轨面加工余量小而均匀，应先选择导

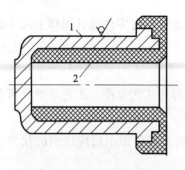

图 2—14　套筒粗基准的选择

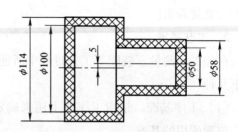

图 2—15　台阶轴粗基准的选择

轨面为粗基准，加工与床脚的连接面，如图 2—16a 所示。然后再以连接面为精基准加工导轨面，如图 2—16b 所示，这样才能保证加工导轨面时被切去的金属尽可能薄而且均匀。

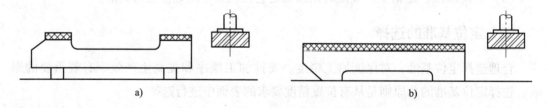

图 2—16　加工床身导轨时粗基准的选择
a）粗基准　b）精基准

（4）不重复使用原则。粗基准未经加工，表面比较粗糙且精度低，二次装夹时极易产生定位误差，导致相应加工表面出现较大的位置误差。因此，粗基准一般不应重复使用。在用粗基准定位加工出其他表面后，就应以加工出的表面作为精基准来进行其他工序的加工。

（5）便于工件装夹原则。作为粗基准的表面应尽量平整、光洁，面积足够大，没有飞翅、冒口、浇口或其他缺陷，以使工件定位准确、夹紧可靠。

2. 精基准的选择

以加工过的表面为定位基准，这种定位基准称为精基准。选择精基准时，应能保证加工精度、工件定位准确、对刀方便、装夹可靠，在具体确定零件的定位基准时应遵循以下原则：

（1）基准重合原则。尽可能选择加工表面的设计基准作为定位基准，这样可避免由定位基准与设计基准不重合而引起的定位误差（基准不重合误差），便于数控对刀时的测量。

应用基准重合原则时,要具体情况具体分析。定位过程中产生的基准不重合误差,是在用夹具装夹或用调整法加工一批工件时产生的。在单件试切法加工时不会存在此类误差。

(2)基准统一原则。同一零件的多道工序尽可能选择同一个定位基准,称为基准统一原则。这样不仅保证各加工表面间的相互位置精度,避免或减少因基准转换而引起的误差,而且简化了夹具的设计与制造工作,降低了成本,缩短了生产准备周期。

基准重合和基准统一是选择精基准的两个重要原则,但在生产中会遇到两者矛盾的情况。此时,若采用统一的定位基准能够保证加工的尺寸精度,则应遵循基准统一原则;若不能保证尺寸精度,则应遵循基准重合原则,以免工序尺寸的实际公差值减小,增大加工难度。

(3)自为基准原则。精加工或光整加工工序要求余量小而均匀,选择加工表面本身作为定位基准,称为自为基准原则。采用自为基准原则时,只能提高加工表面本身的尺寸精度、形状精度,而不能提高加工表面的位置精度,加工表面的位置精度由前道工序保证。

(4)互为基准原则。为使各加工表面之间具有较高的位置精度,或为使加工表面具有均匀的加工余量,有时可采用两个加工表面互为基准反复加工的方法,称为互为基准原则。

(5)便于装夹原则。所选精基准应能保证工件定位准确、稳定,装夹方便、可靠,夹具结构简单、适用,操作方便、灵活。同时,定位基准应有足够大的接触面积,以承受较大的切削力。因此,要尽量选择面积较大,精度较高,装夹稳定、可靠的表面作为定位精基准。

应该指出,上述基准选择原则常常不能全部满足,实际应用时往往会出现相互矛盾的情况,这就要求综合考虑,分清主次,着重解决主要矛盾。

3. 辅助基准的选择

辅助基准是为了便于装夹或易于实现基准统一而人为制成的一种定位基准。如图2—17所示的零件,为装夹方便,毛坯上专门铸出工艺搭子,这就是典型的辅助基准,加工完毕应将其从零件上切除。

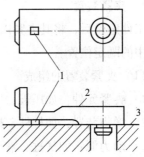

图2—17 辅助基准典型实例定位面
1—工艺搭子 2—加工表面 3—定位面

学习单元3 数控车床常用夹具

学习目标

1. 了解常用夹具的组成
2. 熟悉四爪单动卡盘的使用方法
3. 掌握在三爪自定心卡盘上装夹工件的方法

知识要求

工件的安装是加工过程中的一个重要环节。在机床上装夹工件所使用的工艺装备统称为机床夹具，夹具对保证加工精度、提高生产效率和减轻工人劳动量有很大作用。

一、机床夹具的组成

1. 定位元件

夹具上与工件定位基准接触，并用来确定工件正确位置的零件称为定位元件。常用的定位元件如下：

（1）支承钉和支承板。用于以平面为定位基准的场合。

（2）心轴与定位销。用于以内孔为定位基准的场合。

（3）V形架。用于以外圆柱面为定位基准的场合。

2. 夹紧装置

工件定位后，将其夹紧以承受切削力等作用的机构称为夹紧装置，它用以保持工件在夹具中的既定位置。

（1）夹紧装置的组成

1）夹紧元件：如压板、压块等。

2）增力装置：如杠杆、螺杆、偏心轮等。

3）动力源：如气缸、液压缸等。

（2）夹紧力方向和作用点的选择

1）夹紧力应朝向主要定位基准。夹紧力应有助于定位，而不应破坏定位，如图2—18所示。

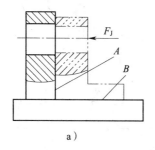 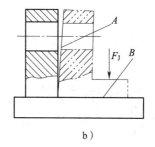

a) b)

图 2—18 夹紧力的方向

a) 正确 b) 不正确

2）夹紧力的作用点应施于工件刚度高的方向和部位，夹紧变形要尽可能小，如图 2—19 所示。

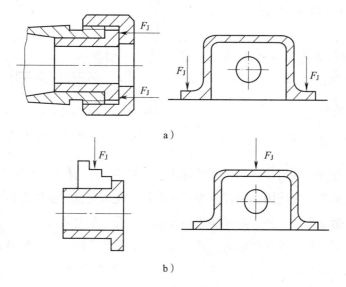

a)

b)

图 2—19 夹紧力与工件刚度的关系

a) 正确 b) 不正确

3）夹紧力的作用点应在定位支承范围内，不使工件产生偏转力矩，保证工件稳定，如图 2—20 所示。

4）夹紧力的作用点应靠近工件加工表面，保证加工中工件振动小，如图 2—21 所示。

3. 安装连接元件

安装连接元件用于确定夹具在机床上的位置，从而保证工件与机床之间的正确加工位置。

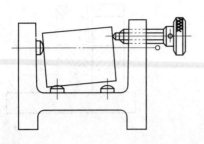
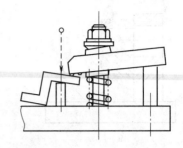

图 2—20　夹紧力的作用点

4. 导向元件和对刀元件

用于确定刀具位置并引导刀具进行加工的元件称为导向元件。用于确定刀具在加工前正确位置的元件称为对刀元件。

5. 夹具体

夹具体是指用来连接夹具上各个元件，使之成为一个整体的装置。夹具体也用来与机床有关部位连接。

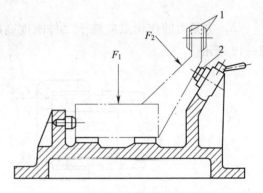

图 2—21　夹紧力的作用点靠近加工表面
1—加工面　2—辅助支承

二、车床常用夹具

机床夹具一般按其使用特点和使用机床分类。按使用特点分为通用夹具、专用夹具、可调夹具和组合夹具；按使用机床可分为车床夹具、铣床夹具、钻床夹具和磨床夹具等。

专用夹具是指专为某一种产品零件的某道工序而设计和制造的夹具。

通用夹具是指一般已经标准化的，可以用来加工不同工件而不必特殊调整的夹具。通用夹具具有很大的通用性，可以用来装夹不同的工件，如三爪自定心卡盘、四爪单动卡盘、万能分度头、机床用平口虎钳、回转工作台等。

1. 三爪自定心卡盘

三爪自定心卡盘是车床上最常用的自定心夹具。能自定中心夹紧或撑紧圆形、三角形、六边形等各种形状的外表面或内表面的工件，夹持工件时一般不需要找正，装夹速度较快，夹紧力可调，定心精度高，能满足普通精度机床的要求。

（1）三爪自定心卡盘的工作原理。三爪自定心卡盘的结构如图 2—22 所示，利用三个螺钉，通过盘体止口端面上的螺孔，将卡盘紧固在机床法兰盘上。将扳手插入任一齿轮的方孔中，转动扳手时，齿轮带动盘丝转动，通过盘丝端螺纹的转动带动三块卡爪同时趋进或离散。图 2—22a 所示为正爪，图 2—22b 所示为反爪。

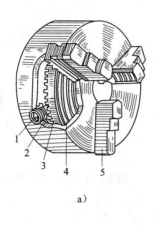 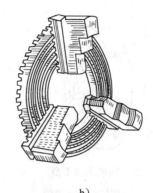

a)　　　　　　　　　　　　b)

图 2—22　三爪自定心卡盘的结构

a) 正爪　b) 反爪

1—方孔　2—小锥齿轮　3—大锥齿轮　4—平面螺纹　5—卡爪

（2）三爪自定心卡盘的优缺点和应用

1）三爪自定心卡盘能自动定心，不需花很多时间去找正，装夹效率高，但夹紧力没有四爪单动卡盘大。

2）这种卡盘不能装夹形状不规则的工件，一般适用于中、小型规则零件的装夹，如圆柱形、正三边形、正六角形等工件。

3）用正爪装夹工件时，工件直径不能太大，一般卡爪伸出卡盘圆周不超过卡爪长度的1/3；否则，卡爪与平面螺纹只有2～3牙啮合，夹紧时容易使卡爪上的螺纹碎裂。所以，装夹大直径工件时常采用反爪。

2. 四爪单动卡盘

如图 2—23 所示，四爪单动卡盘是车床上常用的夹具，适用于装夹形状不规则或大型的工件，夹紧力较大，装夹精度较高，不受卡爪磨损的影响，但装夹不如三爪自定心卡盘方便。装夹圆棒料时，在四爪单动卡盘内放上一块 V 形架（见图 2—24），装夹就快捷多了。

（1）四爪单动卡盘装夹操作须知

1）应根据工件被装夹处的尺寸调整卡爪，使其相对两爪的距离略大于工件直径即可。

2）工件被夹持部分不宜太长，一般以 10～15 mm 为宜。

3）为了防止工件表面被夹伤和找正工件时方便，装夹位置应垫 0.5 mm 以上的铜皮。

4）在装夹大型、不规则工件时，应在工件与导轨面之间垫放防护木板，以防工件掉下而损坏机床表面。

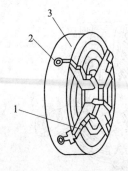

图2—23 四爪单动卡盘

1—卡爪 2—螺杆 3—卡盘体

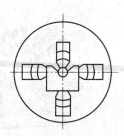

图2—24 放V形架装夹圆棒料

（2）在四爪单动卡盘上找正工件

1）找正操作。一是把主轴放在空挡位置，便于卡盘转动；二是不能同时松开两个卡爪，以防工件掉下；三是灯光视线角度与针尖要配合好；四是工件找正后，四个卡爪的夹紧力要基本相同，否则车削时工件容易发生位移；五是找正近卡爪处的外圆，发现有极小的误差时，不要盲目地松开卡爪，可把相对应的卡爪夹紧一点来做微量调整。

2）盘类零件找正方法。如图2—25所示，对于盘类零件，既要找正外圆，又要找正平面，如图2—25a所示A点、B点。找正A点外圆时，通过移动卡爪来调整，其调整量为间隙差值的一半，如图2—25b所示；找正B点平面时用铜锤或铜棒敲击，其调整量等于间隙值，如图2—25c所示。

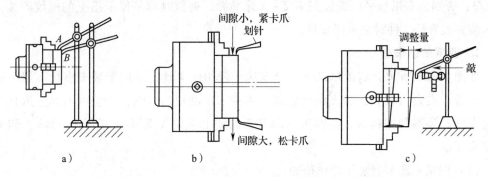

图2—25 盘类零件找正方法

a）A、B两点 b）找正A点 c）找正B点

3）轴类零件找正方法。如图2—26所示，对于轴类零件通常找正外圆A、B两点。其方法是先找正A点外圆，再找正B点外圆。找正A点外圆时，应调整相应的卡爪，调整方法与盘类零件外圆找正方法一样；而找正B点外圆时，采用铜棒或铜锤敲击。

3. 顶尖

对于长度尺寸较大或加工工序较多的轴类零件，为保证每次装夹时的装夹精度，可用一夹一顶或两顶尖装夹方案，但必须在工件端面钻出中心孔。

（1）两顶尖装夹方法。前顶尖插入主轴锥孔，后顶尖插入尾座套筒锥孔，两顶尖支承预制有中心孔的工件，工件由安装在主轴上的拨盘通过鸡心夹头带动回转，如图 2—27 所示。

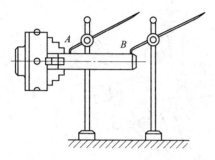

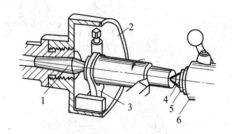

图 2—26　轴类零件找正方法

图 2—27　用两顶尖及鸡心夹头装夹工件

1—前顶尖　2—拨盘　3—鸡心夹头
4—后顶尖　5—尾座套筒　6—尾座

两顶尖及鸡心夹头装夹工件的方法适用于轴类零件，特别是在多工序加工中，重复定位精度要求较高的场合，但由于顶尖工作部位细小，支承面较小，装夹不够牢靠，加工时不宜采用大的切削用量。

（2）一夹一顶装夹方法。在粗加工时，为提高生产效率，常采用大的切削用量，切削力很大，而粗加工时工件的位置精度要求不高，这时常采用主轴端用卡盘、尾座端用顶尖的一夹一顶装夹方法，以避免上述缺点。图 2—28 所示为轴类零件的一夹一顶装夹法。

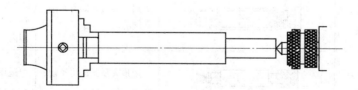

图 2—28　轴类零件的一夹一顶装夹方法

4. 中心架、跟刀架辅助支承

在加工特别细长的轴类零件（如光杠、丝杠及其他有台阶的长轴等）时，常使用中心架或跟刀架作为辅助支承，以提高工件刚度，防止工件在加工中弯曲变形。

中心架多用于加工带台阶的细长轴外圆。使用时固定于床身的适当位置，调节 3 个支承爪支承在工件的中部台阶处，台阶外圆分别掉头加工。中心架还可用于较长轴的端部加工，如车端面、钻孔或车孔等，如图2—29a所示。

图2—29b所示为跟刀架及其使用方法。跟刀架安装在床鞍上，随床鞍、刀架一起纵向移动，两个支承块支承在工件已加工表面上，支承块对工件的约束反力用来平衡切削力F_c和背向力F_p。跟刀架多用于加工无台阶的细长光轴。

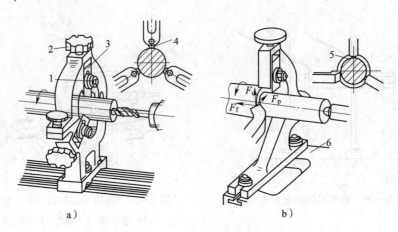

a）　　　　　　　　　　　　b）

图2—29　中心架与跟刀架

1—固定螺母　2—调节螺钉　3—支承爪　4—支承辊

5—硬质合金支承块　6—床鞍

5. 其他常用装夹方法

一般工件常用的装夹方法、特点及使用范围见表2—7。

表2—7　　　　　　　　一般工件常用的装夹方法、特点及使用范围

序号	装夹方法	图　示	特　点	使用范围
1	外梅花顶尖装夹		用顶尖顶紧即可车削，装夹方便、迅速	适用于带孔工件，孔径大小应在顶尖允许范围内
2	内梅花顶尖装夹		用顶尖顶紧即可车削，装夹简便、迅速	适用于不留中心孔的轴类工件
3	摩擦力装夹		利用顶尖顶紧工件后产生的摩擦力克服切削力	适用于精加工余量较小的圆柱面或圆锥面

续表

序号	装夹方法	图　示	特　点	使用范围
4	中心架装夹	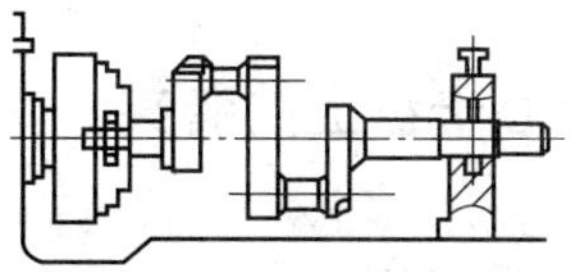	三爪自定心卡盘或四爪单动卡盘配合中心架紧固工件,切削时中心架受力较大	适用于加工曲轴等较长的异形轴类工件
5	锥形心轴装夹	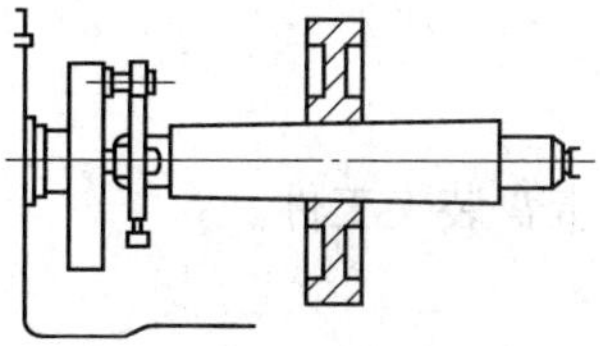	心轴制造简单,工件的孔径可在心轴锥度允许的范围内适当变动	适用于齿轮拉孔后精车外圆
6	夹顶式整体心轴装夹	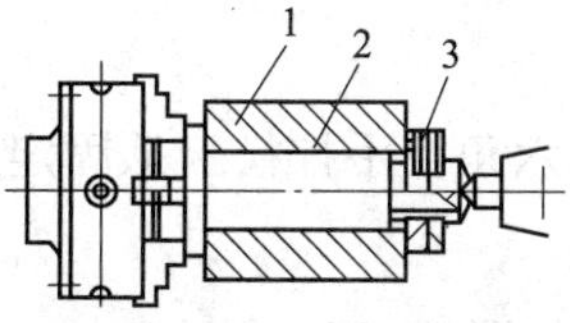 1—工件　2—心轴　3—螺母	工件与心轴为间隙配合,靠螺母旋紧后的端面摩擦力克服切削力	适用于孔与外圆同轴度要求一般的工件外圆的车削
7	带花键心轴装夹	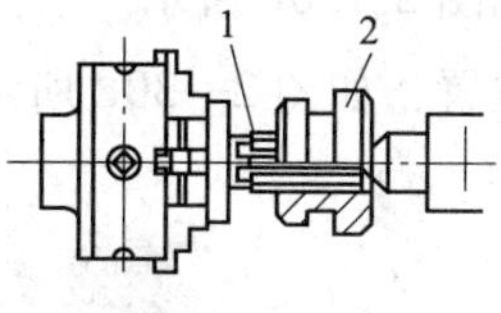 1—花键心轴　2—工件	花键心轴外径带锥度,工件沿轴向推入即可夹紧	适用于车削具有矩形花键或渐开线花键孔的齿轮和其他工件
8	外螺纹心轴装夹	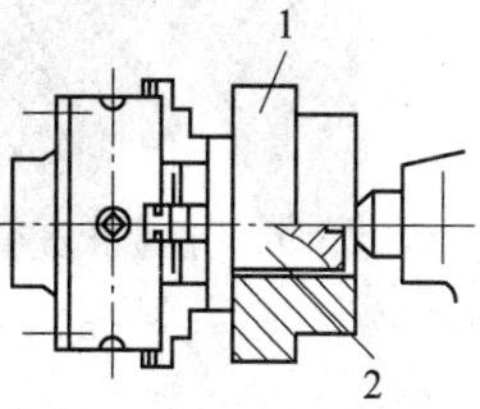 1—工件　2—螺纹心轴	利用工件本身的内螺纹旋入心轴后紧固,装卸工件不方便	适用于有内螺纹和对外圆同轴度要求不高的工件
9	内螺纹心轴装夹	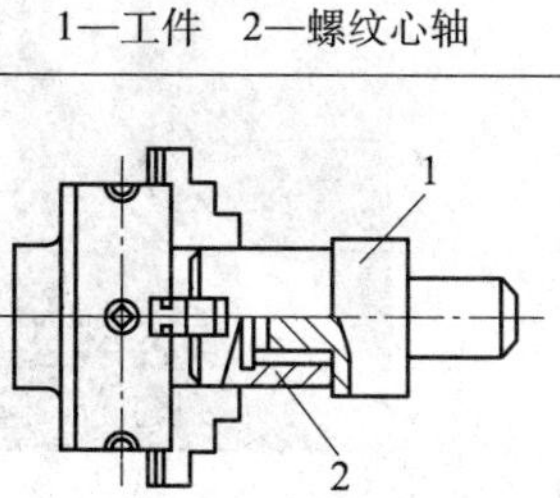 1—工件　2—内螺纹心轴	利用工件本身的外螺纹旋入带内螺纹的心轴后紧固,装卸工件不方便	适用于多台阶而轴向尺寸较短的工件

技能要求

工件在三爪自定心卡盘上的装夹

操作准备　三爪自定心卡盘、轴类零件、扳手等。

操作步骤

步骤1　选择夹具

轴类零件形状规则，可选择三爪自定心卡盘装夹工件。

步骤2　调整卡爪

根据工件直径大小，调整卡爪到合适的位置，以确保夹紧工件，防止工件在加工过程中发生翻转、掉落等现象。

（1）用加力棒固定防止卡盘转动，用内六角扳手拧松卡爪固定螺钉，如图2—30a所示。

（2）根据工件的尺寸调整卡爪的位置，如图2—30b所示。

（3）用内六角扳手拧紧卡爪固定螺钉，如图2—30c所示。

（4）用同样的方法调整其他两个卡爪的位置，如图2—30d所示。

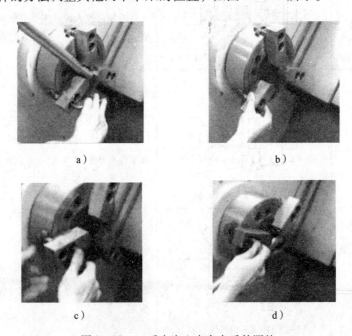

a)　　　　　　　　　　　b)

c)　　　　　　　　　　　d)

图2—30　三爪自定心卡盘卡爪的调整

步骤3 工件定位

以工件外圆柱表面为定位基准，确保伸出端长度能满足加工要求，如图 2—31 所示。如工件为细长轴，还需用顶尖顶住工件，如图 2—32 所示。

图 2—31　工件定位

图 2—32　用顶尖顶住工件

步骤4 夹紧工件

顺时针转动卡盘扳手，使三个卡爪同时移向中心夹紧工件。注意夹紧力大小要合适。

 注意事项

装夹工件时，伸出端长度必须能满足加工要求。工件安装完毕，开机床，使主轴低速旋转，检查工件有无偏摆。若有偏摆，应停车后轻敲工件纠正，然后拧紧三个卡爪，紧固后须随即取下卡盘扳手，以保证安全。

第3节　数控车削加工工艺规程

 学习目标

1. 了解生产过程和工艺过程的基本概念
2. 了解机械加工工艺过程的组成和生产类型
3. 了解数控车削加工工艺的基本特点
4. 熟悉数控车削工艺规程的内涵
5. 熟悉零件图样及技术要求分析
6. 掌握数控车削加工阶段的划分方法
7. 掌握数控车削加工工序的划分与安排

8. 掌握数控车削加工路线的安排

知识要求

一、机械加工工艺规程基本概念

规定零件制造工艺过程和操作方法等的工艺文件称为工艺规程。

1. 生产过程和工艺过程

（1）生产过程。机械产品的生产过程是将原料转变为成品的全过程。它一般包括原材料的运输和保管、生产技术准备、毛坯制造、机械加工、热处理以及产品的装配、检验、调试和包装等。

（2）工艺过程。工艺过程是指生产过程中直接改变生产对象的形状、尺寸、相对位置和性质等，使其成为成品和半成品的过程，如毛坯制造、机械加工、热处理、装配等过程均为工艺过程。工艺过程是生产过程的主体。

直接改变毛坯的形状、尺寸和表面质量，使其成为零件的过程称为机械加工工艺过程。将机械加工工艺过程和操作方法按规定的格式写成文件，就称为机械加工工艺规程。零件的机械加工和装配在机械制造过程中占有十分重要的地位。

2. 机械加工工艺过程

机械加工工艺过程由一个或若干个顺序排列的工序组成。

（1）工序。一个或一组工人，在一个工作地点，对一个工件或同时对几个工件所连续完成的那一部分工艺过程称为一个工序。划分工序的依据是工作地点是否发生变化和工作是否连续。

（2）安装。在某个工序中，有时需对零件进行多次装夹和加工。每装夹一次所完成的那一部分工艺过程称为安装。在一道工序中，工件可能被装夹一次或多次才能完成加工。

工件在加工过程中应尽量减少装夹次数，因为多一次装夹，就会增加装夹的时间，还会增大装夹误差。

（3）工步。在加工表面和加工刀具不变的情况下，所连续加工完成的那一部分工序内容称为工步。划分工步的依据是加工表面和刀具是否变化。一个工序可以包括一个或多个工步。

（4）进给。进给又称行程或走刀。有些工步，由于加工余量较大或其他原因，需要用同一把刀具在同一切削用量下对同一表面进行多次切削，这样刀具对工件的每次切削就称为一次进给。

（5）工位。在某一工序中，为减少工件的安装次数，常采用各种回转工作台、回转夹具或移动夹具，使工件在一次安装中先后处于几个不同的位置进行加工，每个位置称为一个工位。这不仅缩短了装夹工件的时间，而且提高了加工精度和生产效率。

3. 生产类型

（1）单件生产。产品品种繁多，每个品种数量较少，工作地点和加工对象很少有重复。例如，新产品试制、专用设备制造、重型机械制造、设备配修等均属于单件生产。

（2）大量生产。产品品种少，每个品种数量大，大多数工作地点长期进行某种零件的某道工序的重复加工。例如，汽车、摩托车、轴承等的生产均属于大量生产。

（3）成批生产。一年中分批轮流制造若干种不同的产品，每种产品有一定的数量，生产对象周期性地重复，如机床制造、电动机生产均属于成批生产。

成批生产按照批量大小又可分为小批生产、中批生产和大批生产三种。小批生产和单件生产合称单件、小批量生产；大批生产和大量生产合称大批大量生产；成批生产通常仅指中批生产。各种生产类型的工艺特征见表2—8。

表 2—8　　　　　　　　　　　　各种生产类型的工艺特征

工艺特征	单件、小批量生产	成批生产	大批大量生产
机床设备及布置	通用机床、数控机床，按机床类别采用机群式布置	部分通用机床、数控机床及高效机床，按工件类别分工段排列	广泛采用高效专用机床和自动机床，按流水线和自动线排列
工艺装备	多采用通用夹具、刀具和量具。靠划线和试切法达到精度要求	多采用可调夹具，部分靠划线装夹达到精度要求。较多采用专用刀具和量具	广泛采用高效率的夹具、刀具和量具，用调整法达到精度要求
工人技术水平	技术熟练工人	技术比较熟练工人	对操作工人技术要求低，对调整工人技术要求高
工艺文件	工艺过程卡、关键工序卡、数控加工工序卡和程序单	工艺过程卡、关键零件的工序卡、数控加工工序卡和程序单	工艺过程卡、工序卡、关键工序调整卡和检验卡
生产效率	低	中	高
单件生产成本	高	中	低

二、数控车削加工工艺概述

1. 数控车削加工工艺的基本特点

在设计零件数控车削加工工艺时，首先要遵循普通加工工艺的基本原则和方法，同时还要考虑数控车削加工本身的特点和零件编程要求。

（1）工艺规程规范、明确。数控车削加工工艺必须规范、明确，要详细到每一次走刀路线和每一个操作细节，即普通加工工艺通常留给操作者完成的工艺与操作内容（如工步安排、刀具几何形状及安装位置等），都必须由编程人员在编程时予以预先确定，并写入工艺文件。

（2）加工工艺制定准确、严密。数控机床加工过程是自动连续进行的，不能由操作者适时随意调整。因此，设计数控加工工艺中必须认真分析加工过程的每一个细小环节，尤其对图形进行数学处理、计算和编程时一定要做到准确、无误。

（3）加工复杂表面。数控车床可以加工普通车床无法加工、具有复杂曲面的高精度零件，是普通车削加工方法无法比拟的。与普通车床加工相比，数控车床加工效率和加工精度更高。

（4）采用先进的工艺装备。为满足数控加工中高质量、高效率和高柔性的要求，数控车削加工中广泛采用先进的数控刀具、专用刀具、高效专用夹具等工艺装备。

2. 数控车削加工工艺规程

数控车削加工工艺规程一般包括下列内容：零件加工的工艺路线；各工序的具体加工内容；各工艺所用的机床及工艺装备；切削用量及工时定额等。

3. 数控车削专用技术文件

编写数控车削专用技术文件是数控车削工艺设计的内容之一。专用技术文件主要有以下几种：

（1）数控车削加工工序卡。数控车削加工工序卡所附的工艺图应注明工件坐标系的位置、对刀点，要进行编程的简要说明，如所用机床型号、程序介质、程序编号、刀具补偿方式及切削参数的确定。

（2）数控车削加工程序说明卡。由于操作者对编程人员的意图不够理解，因此，对加工程序进行必要、详细的说明是很有必要的，特别是对于那些需要长时间保留和使用的程序尤其重要。

（3）数控车削加工走刀路线图。在数控车削加工中，经常要注意防止刀具在运动中与夹具、工件等发生意外的碰撞。因此，必须设法告诉操作者关于编程中的刀具运动路线，使操作者在加工前有所了解，以防止意外事故的发生。

三、零件图样分析

分析零件图样是工艺准备中的首要工作，直接影响零件加工程序的编制及加工结果。

1. 构成加工轮廓的几何条件

（1）零件的形状与结构。检查零件形状、结构是否会产生干涉，是否妨碍刀具的运动。

（2）零件的尺寸标注。检查零件尺寸标注是否正确、完整，各几何要素的关系是否明确。

（3）轮廓的基点坐标。检查零件轮廓几何元素（点、线、面）的条件（如相切、相交、垂直和平行等），看是否能计算出编程所需的基点坐标。

2. 零件的技术要求

（1）尺寸公差要求。分析图样上尺寸公差的要求，以确定其加工工艺，如刀具选择及确定切削用量等。

（2）形状和位置公差要求。图样上给定的形状和位置公差是保证零件精度的重要要求。按其要求确定零件的定位基准和检验基准，并满足设计基准的规定。

（3）表面粗糙度要求。这是保证零件表面微观精度的重要要求，也是合理选择机床、刀具及确定切削用量的重要依据。

3. 其他要求

（1）材料与热处理。这是选择刀具（如材料、几何参数及使用寿命等）和确定切削用量的重要依据。

（2）毛坯要求。零件的毛坯要求主要指对毛坯形状和尺寸的要求，如棒材、管材或铸件、锻件的形状及其尺寸等。

（3）零件产量要求。零件的加工件数对夹具选择、刀具选择、工序安排及走刀路线的确定都是不可忽视的参数。

四、制定数控车削加工工艺方案

工艺方案又称加工方案，数控车削加工的工艺方案包括制定工序、工步及走刀路线等内容。

1. 加工方法的选择

在数控车床上，能够完成内外回转体表面的车削、钻孔、镗孔、铰孔和车螺纹等加工操作，具体选择时应根据零件的加工精度、表面粗糙度、材料、结构形状、尺寸和生产类型等因素，选用相应的加工方法和加工方案。

2. 加工阶段的划分

工艺路线按工序性质不同，一般可分成粗加工、半精加工和精加工3个阶段。当零件要求的尺寸精度及表面粗糙度特别高时，就还要光整加工阶段。对工件加工进行加工阶段的划分有利于保证加工质量；有利于及早发现毛坯的缺陷；便于安排热处理工序，使冷热加工工序配合得更好；有利于设备的合理使用。

（1）粗加工阶段。其任务主要是高效率地去除各表面的大部分余量，在这个阶段中，精度要求不高，切削用量、切削力、切削功率都较大，切削热以及内应力等问题较突出。

（2）半精加工阶段。其任务是使各次要表面达到图样要求，使各主要表面消除粗加工时留下的误差，达到一定的精确度，为精加工做准备。

（3）精加工阶段。其任务是达到零件设计图样的要求，在这个阶段中，加工精度要求较高，各表面的加工余量和切削用量一般均较小。

（4）光整加工阶段。重点在于保证获得几个重要表面的粗糙度或同时进一步提高精度。

在机械加工工序中间，如果工件要进行热处理，则又必然要把工艺路线分为热处理前、后两个阶段。这是因为热处理往往要引起较大的变形，使加工精度和表面粗糙度变差，这时常需靠热处理后的机械加工予以修正。

3. 加工工序的划分

工序的划分可以采用两种不同的原则，即工序集中原则和工序分散原则。工序集中原则是指每道工序包括尽可能多的加工内容，从而使工序的总数减少。工序分散原则是指将工件的加工分散在较多的工序内进行，每道工序的加工内容很少。

在数控车床上加工的零件，一般按工序集中的原则划分，具体划分方法如下。

（1）按所用刀具划分。以同一把刀具完成的那部分工艺过程为一道工序。这种方法适用于工件的待加工表面较多、机床连续工作时间过长、加工程序的编制和检查难度较大等情况。加工中心常用这种方法划分。

（2）按安装次数划分。以一次安装完成的那一部分工艺过程为一道工序。这种方法适用于加工内容不多的工件，加工完成后就能达到待检状态。

（3）按粗、精加工划分。即粗加工中完成的那一部分工艺过程为一道工序，精加工中完成的那一部分工艺过程为一道工序。这种划分方法适用于加工后变形较大，需粗、精加工分开的零件，如毛坯为铸件、焊接件或锻件等。

（4）按加工部位划分。即以完成相同型面的那一部分工艺过程为一道工序，对于加工表面多而复杂的零件，可按其结构特点划分成多道工序。

4. 加工顺序的安排

数控车削加工工序通常按下列原则安排顺序：

（1）基面先行原则。作为精基准的表面一般应首先加工，以便用它定位加工其他表面，如箱体类零件的主要表面应首先加工。

（2）先粗后精原则。将工件的粗、精加工工序分开进行，即先进行粗加工、半精加工，然后进行精加工。其中，安排半精加工的目的是当粗加工后所留余量的均匀性满足不了精加工要求时，则可安排半精加工作为过渡性工序，以便使精加工余量小而均匀。

（3）内外交替原则。对既有内表面又有外表面需加工的回转体零件，应先进行内、外表面粗加工，再进行内、外表面精加工。对于薄壁工件及加工余量较大的工件这点尤为重要。

（4）先近后远原则。是指按加工部位相对于对刀点的距离大小而言的。一般情况下，特别是在粗加工时，通常安排离对刀点近的部位先加工，离对刀点远的部位后加工，以便缩短刀具移动距离，减少空行程时间。

5. 热处理工序的安排

热处理工序的安排主要取决于零件的技术要求、材料的性质和热处理的目的。

（1）预备热处理。目的是改善材料的切削加工性能，其工序多在机械加工之前，经常使用的有退火、正火等。对高碳钢零件用退火降低其硬度，对低碳钢零件用正火提高其硬度，以获得适中的、较好的可切削性，同时能消除毛坯制造中的应力。

对零件淬火后再高温回火的调质处理，能消除内应力，改善加工性能，并能获得较好的综合力学性能，一般安排在粗加工之后进行。

（2）提高材料力学性能的热处理。利用热处理方法改善切削加工的性能，基本上对低碳钢进行正火；对中碳结构钢和低、中碳合金结构钢用正火或调质处理；对高碳钢和高碳合金钢进行球化退火或不完全退火等。切削加工的硬度应控制在适宜的硬度范围中，并非硬度越低越有利于切削加工，要具体情况具体分析。

（3）消除残余应力热处理。消除残余应力热处理最好安排在粗加工之后精加工之前。对精度要求不高的零件，一般将人工时效和退火安排在毛坯阶段。对精度要求较高的复杂铸件，通常安排两次时效处理：铸造→粗加工→时效→半精加工→时效→精加工。对高精度零件，如精密丝杠、精密主轴等，应安排多次消除残余应力处理，甚至安排冰冷处理以稳定尺寸。

（4）最终热处理。目的是提高零件的强度、表面硬度和耐磨性，常安排在精加工工序（磨削加工）之前。常用的有表面淬火、渗氮等。

6. 辅助工序的安排

辅助工序主要包括工件的检验、清洗、去毛刺、去磁、倒钝锐边、涂防锈油等。其中检验工序是主要的辅助工序，在每道工序中操作者应自检。在粗加工阶段结束后、重要工序的前后、工件在车间转移时和全部加工结束后，都应安排单独的检验工序。

五、确定数控车削加工进给路线

进给路线是指刀具从对刀点开始运动起，直至返回该点并结束加工程序所经过的路径，包括切削加工路径及刀具引入、切出等非切削空行程。在保证加工质量的前提下，使加工程序具有最短的进给路线，不仅可以节省整个加工过程的执行时间，还能减少一些不必要的刀具消耗及机床进给机构滑动部件的磨损等。

1. 最短空行程路线

（1）巧用起刀点。图2—33a所示为采用矩形循环方式进行粗车的一般情况示例。设定其起刀点 A 时考虑到精车等加工过程中需方便地换刀，故设置在离毛坯较远的位置处，同时将起刀点与其换刀点重合在一起。三次循环的进给路线如下：

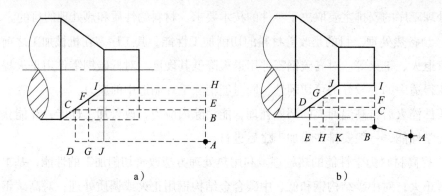

图 2—33　巧用起刀点

a）起刀点与其换刀点重合　b）起刀点与换刀点分离

第一次：$A \rightarrow B \rightarrow C \rightarrow D \rightarrow A$；

第二次：$A \rightarrow E \rightarrow F \rightarrow G \rightarrow A$；

第三次：$A \rightarrow H \rightarrow I \rightarrow J \rightarrow A$。

图2—33b所示将起刀点与换刀点分离，并将起刀点设于 B 点处，仍按相同的切削用量进行，三次循环的进给路线如下：

第一次：$B \rightarrow C \rightarrow D \rightarrow E \rightarrow B$；

第二次：$B \rightarrow F \rightarrow G \rightarrow H \rightarrow B$；

第三次：$B \rightarrow I \rightarrow J \rightarrow K \rightarrow B$。

显然，图2—33b所示的进给路线最短，该方法也可用在其他循环（如螺纹车削）指令格式加工程序的编制中。

（2）最短的切削进给路线。切削进给路线最短时，可有效地提高生产效率，降低刀具的损耗等。在安排粗加工或半精加工的切削进给路线时，应同时兼顾到被加工零件的刚度及加工的工艺性要求，不要顾此失彼。

如图 2—34 所示为粗车某轮廓时几种不同切削进给路线的安排。其中，图 2—34a 所示为利用数控系统具有的封闭式复合循环功能控制车刀沿着工件轮廓进行进给的路线；图 2—34b 所示为利用其程序循环功能安排的三角形进给路线；图 2—34c 所示为利用其矩形循环功能安排的矩形进给路线。

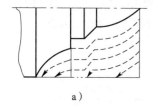 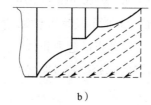 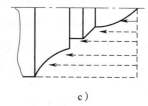

图 2—34　切削进给路线的安排

a）封闭循环路线　b）三角形进给路线　c）矩形进给路线

通过对以上三种切削进给路线进行分析和判断后可知，矩形循环进给路线的进给长度总和最短。因此，在同等条件下，其切削所需时间（不含空行程）最短，刀具的损耗小，生产效率较高，应用较多。

2. 选用合理的切削路线

如图 2—35 所示为粗车半圆弧凹表面时几种常见切削路线的形式。其中，图 2—35a 所示为同心圆形式，图 2—35b 所示为等径圆弧（不同心）形式，图 2—35c 所示为三角形形式，图 2—35d 所示为梯形形式。

 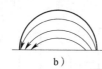 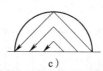 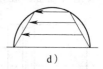

图 2—35　切削路线的形式

a）同心圆形式　b）等径圆弧（不同心）形式　c）三角形形式　d）梯形形式

不同形式的切削路线有不同的特点，了解它们各自的特点，有利于合理地安排进给路线。现分析上述几种切削路线：

（1）程序段最少的为同心圆及等径圆弧形式。

（2）进给路线最短的为同心圆形式，其余依次为三角形、梯形及等径圆弧形式。

（3）计算和编程最简单的为等径圆弧形式（可利用程序循环功能），其余依次为同心圆、三角形和梯形形式。

（4）金属切除率最高、切削力分布最合理的为梯形形式。

（5）精车余量最均匀的为同心圆形式。

3. 特殊进给路线

（1）巧用切断刀。巧用切断（槽）刀加工切断面带倒角要求的零件如图2—36a所示，在批量车削加工中比较普遍，为了便于切断并避免掉头倒角，可巧用切断刀同时完成车倒角和切断两个工序，效果很好。

图2—36b所示为用切断刀先按4 mm×φ32 mm的工序尺寸安排车槽，这样既为倒角提供了方便，也减小了刀具切断较大直径的毛坯时的长时间摩擦，同时还有利于切断时的排屑。

图2—36c所示为倒角时切断刀刀位点的起、止位置。

图2—36d所示为切断时切断刀的起始位置及路径。

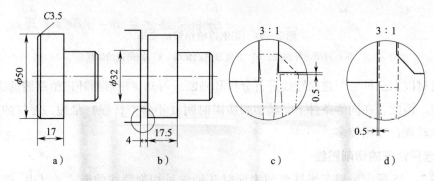

图2—36　巧用切断刀（一）

加工如图2—37所示的轧辊，可以将切断刀三个方向的进给编入子程序中，通过调用子程序来完成轧辊的粗加工。

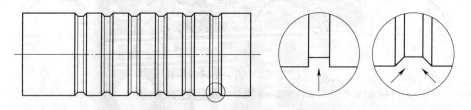

图2—37　巧用切断刀（二）

（2）合理安排进给方向。在数控车削加工中，一般情况下，*Z*坐标轴方向的进给运动都是沿着负方向进给的，但有时按其常规的负方向安排进给路线并不合理，甚至可能车坏工件、损伤刀具。

例如，图2—38所示采用尖形车刀加工大圆弧内表面零件时，安排两种不同的进给方法，其结果也不相同。对于图 2—38a 所示的第一种进给方法（负 Z 向进给），因切削时尖形车刀的主偏角为 $100° \sim 105°$，这时切削力在 X 向的较大分力 F_x 将沿着图 2—39 所示的正 X 方向作用，加上切削时进给过程受到螺旋副存在的机械传动间隙的影响，刀尖运动到圆弧的换象限处，即在由负 Z、负 X 向变换为负 Z、正 X 向时，力 F_x 就可能使刀尖嵌入零件表面（俗称扎刀），其嵌入量在理论上等于其机械传动间隙量 e。即使该间隙量很小，由于刀尖在 X 方向换向时，横向滑板进给过程的位移量变化也很小，加上处于动摩擦与静摩擦之间呈过渡状态的滑板惯性的影响，仍会导致横向滑板产生严重的爬行现象，从而大大降低零件的表面质量。

对于图 2—38b 所示的第二种进给方法（正 Z 向进给），因这时尖形车刀的主偏角为 $10° \sim 15°$，其切削力在正 X 方向上的分力比较小，加上该切削分力始终使横向滑板在正 X 方向紧紧顶住丝杠，不会再受螺旋副的机械传动间隙所影响，也不存在产生爬行现象的可能性，所以图 2—40 所示的进给方案是较合理的。

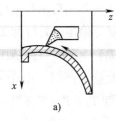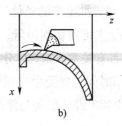

图 2—38　两种不同的进给方法

a) 负 Z 向进给　b) 正 Z 向进给

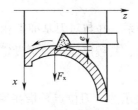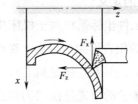

图 2—39　嵌刀现象的产生　　　图 2—40　合理的进给方案

六、时间定额的确定

1. 时间定额的概念

时间定额是指在一定的生产条件下，规定生产一件产品或完成一道工序所需消耗的时间。完成一个零件的一道工序的时间定额称为单件时间定额。它是安排作业计划，核算生产成本，确定设备数量、人员编制以及规划生产面积的重要依据。因此时间定额是工艺规程中的重要组成部分。

2. 时间定额的组成及计算

（1）基本时间 T_j。对于切削加工，基本时间就是从工件上切除余量所消耗的时间。

（2）辅助时间 T_f。各种辅助动作所消耗的时间。包括装卸工件、开停机床、引进或退出刀具、改变切削用量、转换刀具、试切和测量工件等所消耗的时间。

基本时间和辅助时间的总和称为作业时间。它是直接用于制造产品所消耗的时间。

（3）服务时间 T_w。是布置工作地时间，它不是直接消耗在每个工件上的，而是消耗在一个工作班内的时间，再折算到每个工件上，一般按作业时间的 2% ~ 7% 估算。

（4）休息与生理需要时间 T_x。工人恢复体力和满足生理需要所消耗的时间，一般按作业时间的 2% 估算。

（5）准备与终结时间 T_z。工人生产一批产品进行准备和结束工作所消耗的时间。T_z 是消耗在一批工件上的时间，因而分摊到每个工件的时间为 T_z/n，其中 n 为批量。

故单件生产和成批生产的单件工时定额 T_d 应为 $T_d = T_j + T_f + T_w + T_x + T_z/n$。

实际计算中，T_j 可由切削用量、单边余量和行程长度等确定。T_f 与加工方式、生产批量、加工设备等都有关系，需具体分析。T_w 一般取 $(T_j + T_f) \times 5\%$。T_x 一般取 $(T_j + T_f) \times 2\%$。准备与终结时间主要受生产批量的影响，当大批大量生产时，由于 n 的数值很大，$T_z/n \approx 0$，故平均到单件的准备与终结时间可忽略不计，即 $T_d = T_j + T_f + T_w + T_x$。

七、确定对刀点位置

1. 对刀点的定义

用以确定工件坐标系相对于机床坐标系之间的关系，并与对刀基准点相重合（或经刀补后能重合）的位置称为对刀点。在编制加工程序时，其程序原点通常设定在对刀点位置上。一般情况下，对刀点就是加工程序执行的起点。

刀具在机床上的位置是由"刀位点"的位置来表示的。刀位点是指在编制加工程序中用以表示刀具特征的点。不同的刀具，其刀位点是不同的，对于车刀，各类车刀的刀位点如图 2—41 所示。

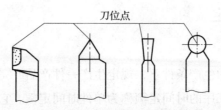

图 2—41 各类车刀的刀位点

2. 对刀点位置的确定

对刀点找正的准确度直接影响加工精度，对刀时，应使刀位点与对刀点一致，对刀点位置的选择原则如下：

（1）尽量与工件的尺寸设计基准或工艺基准相一致。

（2）尽量使加工程序的编制工作简单和方便。

（3）便于用常规量具和量仪在机床上进行找正。

（4）该点的对刀误差应较小，或可能引起加工的误差为最小。

（5）尽量使加工程序中的引入（或返回）路线短，并便于换（转）刀。

（6）必要时，对刀点可设在工件的某一要素或其延长线上。

以内孔车刀和螺纹刀加工为例，选择对刀点示例如图 2—42 所示。

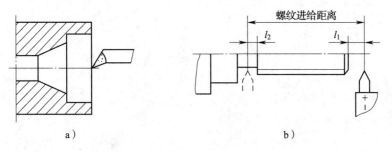

a）　　　　　　　　　　　　　b）

图 2—42　选择对刀点示例

a）用内孔车刀车孔　b）用螺纹刀加工螺纹

第3章

数控车床编程

第1节 数控车床编程准备知识

 学习单元1 数控车床编程入门

 学习目标

1. 了解程序编制的定义
2. 掌握程序编制的一般步骤
3. 熟悉程序编制的方法

 知识要求

一、程序编制的定义

在编制数控加工程序前，应首先了解数控程序编制的主要工作内容、程序编制的工作步骤、每一步应遵循的工作原则等，最终才能获得满足要求的数控程序。

编制数控加工程序是使用数控机床的一项重要技术工作，理想的数控程序不仅应该保证加工出符合零件图样要求的合格零件，还应该使数控机床的功能得到合理的应用与充分的发挥，使数控机床能安全、可靠、高效地工作。

二、程序编制的一般步骤

在数控车床上加工零件时，要把零件的全部工艺过程、工艺参数及其他辅助动作，按动作顺序，根据数控机床规定的指令格式编写加工程序，记录于控制介质中，然后输入数控装置，从而指挥机床工作。这种将从零件图样到获得数控机床所需的控制介质的全过程称为程序编制，即编程。如图3—1所示为数控车床加工零件的过程。编程的一般步骤如下：

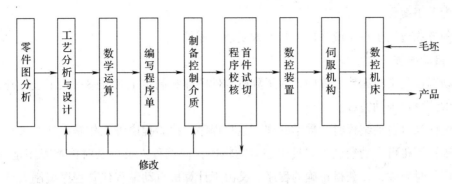

图 3—1　数控车床加工零件的过程

1.　分析零件图样，制定工艺过程及工艺路线

对零件图样要求的形状、尺寸、精度、材料及毛坯形状和热处理进行分析，明确加工内容和要求；确定工件的定位基准；选用刀具及夹具；确定对刀方式，选择对刀点；确定合理的进给路线，选择合理的切削用量等。

2.　数值处理

根据零件的几何尺寸、加工路线，计算出零件轮廓线上几何元素的有关坐标。

3.　编写加工程序

数控机床进行零件加工前，须把加工过程转换为程序，即编写加工程序。按照数控系统规定使用的功能指令代码及程序段格式，逐段编写加工程序单。程序编制人员应对数控机床的性能、程序指令及代码非常熟悉，才能编写出正确的加工程序。

4.　程序输入

可以通过键盘直接将程序输入数控系统，称为 MDI 方式输入。也可以先制作控制介质，再将控制介质上的程序通过计算机通信接口输入数控系统。数控程序目前用得最多的控制介质是数控机床读写存储器。

5.　程序检验

对有图形显示功能的数控机床可进行图形模拟，检查轨迹是否正确。但这只能表示轨迹形状的正确性，不能决定被加工零件的精度。因此，需要对工件进行首件试切，当发现误差时，应分析误差产生的原因并加以修正。

三、程序编制的方法

数控加工程序的编制方法主要有手工编程和自动编程两种。

1.　手工编程

由人工完成零件图样分析、工艺处理、数值计算、编写程序清单，直到程序输入、校

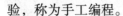

验，称为手工编程。

此种方法适用于点位或几何形状不太复杂的零件。

2. 自动编程

自动编程是指在编程过程中，除了分析零件图样和制定工艺方案由人工进行外，其余工作均由计算机辅助完成。

采用计算机自动编程时，数学处理、编写程序、检验程序等工作是由计算机自动完成的，由于计算机可自动绘制出刀具中心运动轨迹，使编程人员可及时检查程序是否正确，需要时可及时修改，以获得正确的程序。又由于计算机自动编程代替程序编制人员完成了烦琐的数值计算，可提高编程效率几十倍乃至上百倍，因此，解决了手工编程无法解决的许多复杂零件的编程难题。因而，自动编程的特点就在于编程工作效率高，可解决复杂形状零件的编程难题。

 学习单元2　数控车床坐标系

 学习目标

1. 了解坐标系的命名原则
2. 熟悉机床坐标系的确定方法
3. 掌握工件坐标系的设定方法

 知识要求

一、数控车床标准坐标系

为了便于编程时描述机床的运动，简化编程及保证程序的通用性，国际标准化组织对数控机床的坐标和方向制定了统一的标准，即 ISO 441 标准。规定直线运动的坐标轴用 X、Y、Z 表示，围绕 X、Y、Z 轴旋转的圆周进给坐标轴分别用 A、B、C 表示。

1. 标准坐标系规定原则

在数控机床上，机床的动作是由数控装置来控制的，为了确定机床上的成形运动和辅助运动，必须先确定机床上运动的方向和运动的距离，这就需要一个坐标系才能实现，这个坐标系就称为机床坐标系。

数控机床上的坐标系采用右手直角笛卡儿坐标系。如图3—2所示，右手的拇指、食指和中指保持相互垂直，拇指的方向为 X 轴的正方向，食指为 Y 轴的正方向，中指为 Z 轴的正方向。围绕 X、Y、Z 各轴的回转运动分别用 A、B、C 表示，其正向用右手螺旋定则确定。与 $+X$、$+Y$、$+Z$、…、$+C$ 相反的方向用带 "'" 的 $+X'$、$+Y'$、$+Z'$、…、$+C'$ 表示。

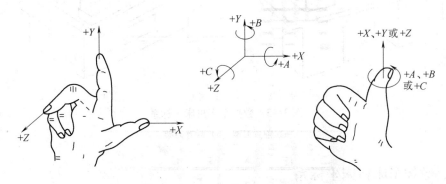

图3—2　右手直角笛卡儿坐标系

2. 刀具相对于静止工件而运动的原则

这一原则使编程人员在编程时只需依据零件图样，确定机床加工过程及编程。该原则规定：永远假定工件是静止的，而刀具相对于静止的工件运动。如果在坐标轴命名时，把刀具看作相对静止不动，工件移动，那么工件移动的坐标系就是 $+X'$、$+Y'$、$+Z'$等。

3. 运动部件正方向的规定

（1）Z 轴是首先要指定的轴。规定机床的主轴为 Z 轴，由它提供切削功率。如果机床没有主轴（如数控刨床），则取 Z 轴为垂直于工件装夹表面方向。如果一个机床有多个主轴，则取常用的主轴为 Z 轴。

（2）X 轴通常是水平轴。对于工件旋转的机床（见图3—3），X 轴的方向取水平的径向。其正方向为刀具远离工件旋转中心的方向。对于刀具旋转的机床，若 Z 轴是垂直的，当从主轴向立柱看时，X 轴正方向指向右；若 Z 轴是水平的，当从主轴向工件方向看时，X 轴正方向指向右。对刀具和工件均不旋转的机床，X 坐标平行于主要切削方向，并以切削方向为正方向。

（3）Y 轴垂直于 X、Z 轴。Y 轴根据 X、Z 轴，按照右手直角笛卡儿坐标系确定。

（4）旋转坐标 A、B、C。A、B、C 分别表示其轴线平行于 X、Y、Z 轴的旋转坐标。A、B、C 的正方向相应地表示在 X、Y、Z 坐标的正方向上，按照右旋螺纹前进的方向。

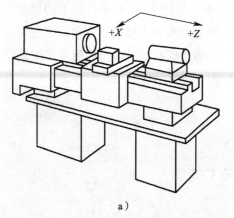 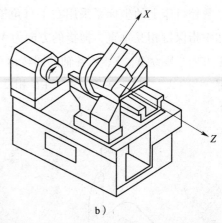

a)   b)

图 3—3   数控车床机床坐标系

a）前置刀架   b）后置刀架

二、数控车床机床坐标系

1. 机床坐标系的建立

以机床原点为坐标原点建立起来的直角坐标系称为机床坐标系，如图 3—3 所示。机床坐标系是机床固有的，它是制造和调整机床的基础，也是设置工件坐标系的基础。坐标轴及方向按标准规定，坐标原点的位置则由各机床生产厂设定，一般情况下不允许用户随意变动。

2. 机床原点

机床原点（见图 3—4）又称机械原点，是机床坐标系的原点。该点是机床上一个固定的点，其位置是由机床设计和制造单位确定的，通常不允许用户改变。

机床原点是工件坐标系、机床参考点的基准点，也是制造和调整机床的基础。数控车床的机床原点一般设在卡盘后端面的中心。

3. 机床参考点

机床参考点（见图 3—4）是为设置机床坐标系的一个基准点。对于具有绝对编码器的机床来说，机床参考点是没有必要的，这是因为每一个瞬间都可以直接读出运动轴的准确坐标值。机床参考点是用于相对编码器来确定机床坐标系的，是机床坐标系的测量基准点，可由机床各轴方向的机械挡块来设定，不能随意

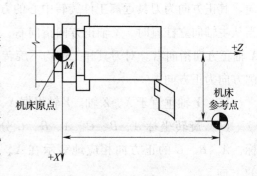

图 3—4   数控车床机床原点与机床参考点

调整。

机床坐标系的设定是通过用手动返回机床参考点的操作来完成的，只要不断电就一直保持。因此，数控机床开机时必须先确定机床参考点。机床参考点在以下三种情况下必须设定：

（1）机床关机以后重新接通电源开关时。

（2）机床解除急停状态后。

（3）机床超程报警信号解除后。

有的机床参考点与机床零点重合，这时回参考点的操作又称机床回零。机床参考点可以与机床零点重合，也可以不重合，通过参数指定机床参考点到机床零点的距离。机床回到参考点位置，也就知道了该坐标轴的零点位置，找到所有坐标轴的参考点，数控车床就建立起了机床坐标系。

三、数控车床工件坐标系

1. 工件坐标系

工件坐标系是由编程人员根据零件图样及加工工艺，以零件上某一固定点为原点建立的坐标系，又称编程坐标系或工作坐标系。

2. 工件原点

工件坐标系的原点即为工件零点。选择工件零点时，最好把工件零点放在零件图的尺寸能够方便地转换成坐标值的地方。车床工件零点一般设在主轴中心线上工件的右端面或左端面，如图 3—5 所示。

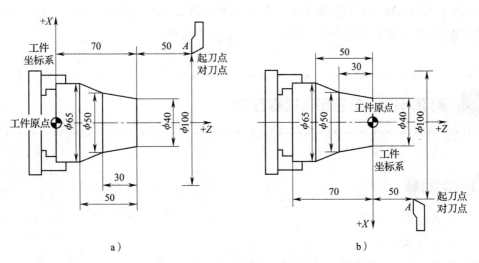

图 3—5 数控车床工件坐标系及原点的选择

a）工件原点位于工件左端面 b）工件原点位于工件右端面

工件零点的一般选用原则如下：

（1）工件零点选在零件图样的尺寸基准上，这样可以直接用图样标注的尺寸作为编程点的坐标值，减少计算工作量。

（2）能使工件方便地装夹、测量和检验。

（3）工件零点尽量选在尺寸精度较高的工件表面上，这样可以提高工件的加工精度和同一批零件的一致性。

（4）对于有对称形状的几何零件，工件零点最好选在对称中心线上。

3. 对刀点

如图 3—5 所示，对刀点就是在数控加工时刀具相对于工件运动的起点（编制程序时，无论实际是刀具相对于工件运动，或是工件相对于刀具运动，都看作工件是相对静止的，而刀具在运动），程序就是从这一点开始的。对刀点也可以称为程序起点或起刀点。

编制程序时应首先考虑对刀点位置的选择。具体的选定原则如下：

（1）选定的对刀点位置应使程序编制简单。

（2）对刀点在机床上找正容易。

（3）加工过程中检查方便。

（4）引起的加工误差小。

对刀点可以设在被加工零件上，也可以设在夹具上，但是必须与零件的定位基准有一定的坐标尺寸联系，这样才能确定机床坐标系与工件坐标系的相互关系。对刀点不仅是程序的起点，而且往往又是程序的终点。因此，在批量生产中就要考虑对刀的重复精度，通常对刀的重复精度在绝对坐标系统的数控机床上可由对刀点距机床原点的坐标值来校核；在相对坐标系统的数控机床上，则经常要人工检查对刀精度。

学习单元3　数控车床编程方法

学习目标

1. 熟悉程序的结构

2. 掌握程序段格式

3. 掌握程序字功能含义

4. 熟悉编程规则

 **知识要求**

每种数控系统，根据其本身的特点及编程需要，都有一定的程序格式，对于不同的机床，程序的格式也有所不同。

一、程序的结构

一个完整的加工程序由若干个程序段组成，开头是程序名，中间是程序内容，最后是结束指令。例如，下面一个数控车床的加工程序由 14 个程序段组成。

O1234；   程序号
N10 T0101；   程序内容
N20 M03 S1000；
N30 G00 X50. Z20. ；
N40 G01 X40. F0. 3. ；
…
N120 G00 Z20. ；
N130 M05；
N140 M30；   程序结束

1. 程序号

程序号为程序的开始部分，每个程序都要有编号，在编号前采用编号地址码。如在 FANUC‑0i 系统中一般由地址码 O 和 4 位编号数字（0001～9999）组成，如 O0001，也可写为 O1；在 PA8000‑NT 系统中由地址码 P 和 6 位编号数字组成，如 P000001，也可写为 P1。SIEMENS 数控系统规定程序名由文件名和文件扩展名组成。".MPF"表示主程序，如"AB123.MPF"；".SPF"表示子程序，如"L345.SPF"。

2. 程序内容

程序内容是整个程序的核心，由许多程序段组成，每个程序段由一个或多个指令组成，表示数控车床要完成的全部动作。

3. 程序结束

程序结束指令 M02 或 M30 作为整个程序结束的符号来结束整个程序。

二、程序段格式

一个程序段是由若干个指令字组成的，一个程序段中含有执行所需的全部功能。指令字通常由英文字母表示的地址符及地址符后面的数字和符号组成。

目前，使用最多的是字地址程序段格式，这种格式以地址符开头，后面跟随数字或符号组成程序字，每个程序字根据地址来确定其含义。因此，不需要的程序字或与上一程序段相同的程序字都可以省略。各程序字也可以不按顺序。

通常字地址程序段中程序字的顺序及形式如图 3—6 所示。

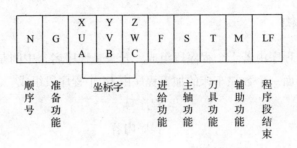

图3—6　字地址程序段中程序字的顺序及形式

三、程序字功能含义

1. 程序段号字

程序段号字是用以识别程序段的编号，是转移、调用时的地址入口。由地址码 N 和后面的若干位数字组成，如用 N20 表示。程序段号在某些系统中可以省略，但在 PA8000 - NT 系统中，每个程序段都必须有程序段号，且要按从小到大的顺序排列。

2. 准备功能字 （G 功能）

准备功能指令又称 G 代码指令，是使数控机床做好某种操作准备的指令。G 代码指令用地址 G 和两位数字表示，G00 ~ G99 共 100 种。

3. 坐标字

坐标字由地址码、符号及绝对 （或增量） 数值构成。坐标字的地址码有 X、Y、Z、U、V、W、P、Q、R、I、J、K、D 等，如 X20. Y -40.，坐标字中 " + "可省略。

4. 进给功能字 F

F 表示刀具的进给速度。由地址码 F 和后面若干位数字构成，称为进给速度指令。后面的数字表示所选定的进给速度，其单位取决于程序中进给速度的指定方法。

通常数控车床使用每转进给 （mm/r） 与每分钟进给 （mm/min） 两种方式表示进给速度，FANUC -0i 系统用 G98、G99 指令来选择，例如，"G99 F0.2;"表示进给速度为 0.2 mm/r，"G98 F100;"表示进给速度为 100 mm/min。

PA8000 -NT 系统通过 G95、G94 指令来选择，G94 选择进给速度单位为 mm/min，

G95 选择进给速度单位为 mm/r。

当 F 值保持不变时，在下一个程序段中可省略不写。

5. 主轴功能字

主轴功能字由地址码 S 和若干位数字构成，后面的数字表示主轴转速，其单位取决于程序中主轴转速的指定方法，一般为 r/min。车床中有时也采用切削线速度控制主轴转速，单位为 m/min。FANUC － 0i 系统与 PA8000 － NT 系统都通过 G96、G97 指令来选择转速单位。例如，"G97 S1000；"表示主轴转速为 1 000 r/min，"G96 S100；"表示主轴转速为 100 m/min。

注意：车削过程中，随着工件直径越来越小，主轴转速会越来越高，如果超过机床允许的最高转速，工件有可能从卡盘中飞出。为了防止发生事故，可采用 G50 指令限制主轴最高转速，如"G50 S2000；"表示主轴最高转速被限制为 2 000 r/min。

6. 刀具功能字

刀具功能字由地址符 T 和数字组成，具有选择、调用刀具的功能。FANUC － 0i 系统中数控车床的刀具指令由地址符和 4 位数字组成，如"T0101"，前两位数字为刀具号，后两位数字为刀具补偿号。刀具补偿包括刀具位置补偿和刀尖圆弧半径补偿。没有换刀功能的一般没有 T 功能。

7. 辅助功能字（M 功能）

辅助功能字是表示机床的一些辅助动作的指令，由地址码 M 和后面的两位数字构成，如 M00 ~ M99。

8. 程序段结束符

程序段结束符表示一段程序结束，各个系统程序段的结束符不同，FANUC 系统为"；"；PA8000 － NT 系统为回车键，程序结束处无标记；"⌐"为 SIEMENS 系统的程序段结束符。

四、编程规则

1. 直径编程与半径编程

数控车床的加工程序中工件通常都是横截面为圆的轴类零件，因此，可通过系统参数设定为采用工件直径尺寸或半径尺寸编程。数控车床出厂时均设置为直径编程，所以在编程时与 X 轴有关的各项尺寸一定要用直径编程。

直径编程中，直接取图样中的直径值作为 X 轴的值。半径编程中，取从中心线至外表面的尺寸，即半径值为 X 轴的值。

2. 绝对值编程与增量值编程、混合编程

数控车床编程时，可采用绝对值编程、增量值编程或两者混合编程。

（1）绝对值编程。绝对值编程是根据设定的编程原点（即工件坐标系原点）计算出工件轮廓基点或节点绝对坐标尺寸进行编程的一种方法。首先找出编程原点的位置，并用地址 X、Z 表示工件轮廓基点或节点绝对坐标，然后进行编程。

（2）增量值编程。增量值是根据与前一位置的坐标值增量来表示位置的一种编程方法，即程序中的终点坐标是相对于起点坐标而言的。

FANUC－0i 系统中用地址符区分绝对值编程或增量值编程：

绝对值编程：G00 X __ Z __；

增量值编程：G00 U __ W __；

而 SIEMENS 802S、PA8000－NT 系统中则用 G 代码进行区分：

绝对值编程：G90 X __ Z __；

增量值编程：G91 X __ Z __；

（3）混合编程。设定工件坐标系后，绝对值编程与增量值编程混合起来进行编程的方法称为混合编程。数控编程时采用哪种编程方式主要取决于数据处理的方便程度。

（4）编程举例。如图 3—7 所示，在 FANUC－0i 系统中采用三种方式编程举例如下：编写刀具从 $P_0 \rightarrow P_1 \rightarrow P_2$ 的程序。

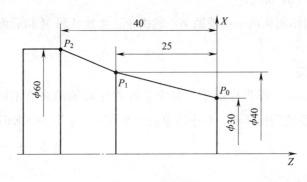

图 3—7　编程图例

1）绝对值编程

…

N10 G01 X30.0 Z0 F0.2；（以工件右端面中心为工件坐标系原点，刀具至 P_0 点）

N15 X40.0 Z－25.0；（刀具至 P_1 点）

N20 X60.0 Z－40.0；（刀具至 P_2 点）

…

2）增量值编程

…

N10 G01 U10.0 W－25.0 F0.2；（刀具至 P_1 点）

N15 U20.0 W－15.0；（刀具至 P_2 点）

…

3）混合编程

…

N10 G01 U10.0 Z－25.0 F0.2；

N15 X60.0 W－15.0；

…

3. 编程小数点的规定

一般的数控系统允许使用小数点输入数值，也可以不用（如 PA8000 系统）。小数点是否可用视功能字性质、格式的规定而确定，小数点一般用于距离、时间等单位。

（1）表示距离的小数点单位是 mm 或 in；表示时间的小数点的单位是 s。例如，X35.0 表示 X 为 35 mm 或 35 in；F1.5 表示 F1.5 mm/r 或 F1.5 in/r；G04 X2.0 表示暂停 2 s。

（2）有与无小数点含义不同。小数点输入中指令值单位为 mm 或 in；无小数点时的指令值为最小设定单位。例如，G21 X1. 表示 X1 mm；G21 X1 表示 X0.001 mm 或 0.01 mm（因参数设定而异）；G20 X1. 表示 X1 in。G20 X1 表示 X0.0001 in 或 X0.001 in（因参数设定而异）。

（3）小数点有无可混合使用。如 X1000 Z6.2 表示 X1 mm，Z6.2 mm。

（4）P 参数后不能有小数点。可以使用小数点指令的常用地址包括 X、Y、Z、A、B、C、I、J、K、R、F。小数点输入不允许用于地址 P。

4. 米制编程与英制编程

FANUC－0i 系统中编程时输入单位是米制，用 G21 指令；输入单位是英制，用 G20 指令。在 PA8000 和 SIEMENS 系统中，米制用 G71 指令，英制用 G70 指令。米制、英制 G 代码的切换要在程序开始设定工件坐标系之前，用单独的程序段指令。电源接通时 G21、G20 与电源切断前相同。

5. 模态与非模态

准备功能 G 代码按其功能不同分为若干组。G 代码有两种，即模态 G 代码和非模态 G 代码。00 组的 G 代码属于非模态 G 代码，又称一次性 G 代码，只在被指令的程序段中有效，其余组的 G 代码属于模态 G 代码。

FANUC - 0i 和 SIEMENS 系统中在同一个程序段中可以指定几个不同组的 G 代码，如果在同一个程序段中指令了两个以上的同组 G 代码时，只有最后一个 G 代码有效。PA8000 系统在一个程序段中只能指令一个 G 代码。

6. 准备功能

准备功能即 G 功能或 G 指令。它是用来指令机床进行加工运动和插补方式的功能。不同的数控系统，G 指令的含义不同，FANUC - 0i、PA8000、SIEMENS 数控系统常用 G 代码及其功能见表 3—1。

表 3—1　　　　　　　　　　　　G 代码及其功能

G 功能字	FANUC - 0i	PA8000	SIEMENS
* G00	快速点定位	快速点定位	快速点定位
G01	直线插补	直线插补	直线插补
G02	顺时针圆弧插补	顺时针圆弧插补（圆心参数）	顺时针圆弧插补
G03	逆时针圆弧插补	逆时针圆弧插补（圆心参数）	逆时针圆弧插补
G04	暂停	暂停	暂停
G12		顺时针圆弧插补（半径参数）	
G13		逆时针圆弧插补（半径参数）	
* G17	选择 XOY 平面	选择 XOY 平面	选择 XOY 平面
G18	选择 ZOX 平面	选择 ZOX 平面	选择 ZOX 平面
G19	选择 YOZ 平面	选择 YOZ 平面	选择 YOZ 平面
G20	用英制尺寸输入		
* G21	用公制尺寸输入		
G28	自动返回参考点		相当于 G74
G29	从参考点移出		
G31	跳步功能		
G32	螺纹切削		
G33		等螺距螺纹切削	恒螺距螺纹切削
G34		可变螺距螺纹切削	
* G39		镜像功能关断	相当于 MIRROR
* G40	刀尖半径补偿注销	刀尖半径补偿注销	刀尖半径补偿注销
G41	刀尖半径左补偿	刀尖半径左补偿	刀尖半径左补偿
G42	刀尖半径右补偿	刀尖半径右补偿	刀尖半径右补偿
* G50	设定坐标系，限制主轴最高转速		

G 功能字	FANUC－0i	PA8000	SIEMENS
＊G53	选择机床坐标系	选择机床坐标系	选择机床坐标系
G54	选择第一工件坐标系	选择第一工件坐标系	选择第一工件坐标系
G55	选择第二工件坐标系	选择第二工件坐标系	选择第二工件坐标系
G56	选择第三工件坐标系	选择第三工件坐标系	选择第三工件坐标系
G57	选择第四工件坐标系	选择第四工件坐标系	选择第四工件坐标系
G58	选择第五工件坐标系	选择第五工件坐标系	选择第五工件坐标系
G59	选择第六工件坐标系	选择第六工件坐标系	选择第六工件坐标系
G70	精加工复合循环	用英制尺寸输入	用英制尺寸输入
＊G71	粗加工复合循环	用公制尺寸输入	用公制尺寸输入
G72	平端面粗加工复合循环		
G73	型车复循环		
G74	端面切槽循环		
G75	径向切槽（钻孔）循环		
G76	切削螺纹循环		
＊G90	外圆切削循环	绝对值编程	绝对值编程
G91		增量值编程	增量值编程
G92	设定工件坐标系 螺纹切削循环	设定工件坐标系 最大主轴转速	
G94	端面切削循环	每分钟进给	每分钟进给
G95		每转进给	每转进给
G96	主轴线速度恒定	主轴线速度恒定	主轴线速度恒定
G97	取消主轴线速度恒定	取消主轴线速度恒定	取消主轴线速度恒定
＊G98	每分钟进给量		
G99	每转进给量		
G190		取消直径编程	
G191		直径编程	

＊表示数控系统通电后的状态。

7. 辅助功能

辅助功能代码用地址字 M 及两位数字表示，又称 M 功能或 M 指令。它用来指令数控机床辅助装置的接通和断开，如主轴的启停、切削液的开关等。常用的 M 指令功能见表3—2。

表 3—2　　　　　　　　　　　　常用的 M 指令功能

序号	代码	功能
1	M00	程序暂停
2	M01	任选停止
3	M02	程序结束
4	M03	主轴正转
5	M04	主轴反转
6	M05	主轴停转
7	M08	切削液开
8	M09	切削液关
9	M30	程序结束
10	M98	调用子程序
11	M99	返回子程序

 学习单元4　程序编制的数学处理

 学习目标

1. 了解插补原理
2. 了解程序编制中的误差
3. 熟悉数学计算公式
4. 掌握基点与节点的计算方法

 知识要求

一、插补原理

数控装置按照加工程序的要求，向各坐标轴输出一系列的脉冲，控制刀具沿各坐标轴移动相应的位移量，达到要求的位置和速度。数控机床的脉冲当量（mm/脉冲）是指数控机床移动部件的每个脉冲信号所产生的移动量，数控系统所规定的最小设定单位就是数控机床的脉冲当量，也是移动部件最小理论移动量。

当走刀轨迹为直线或圆弧时，数控装置则在线段的起点和终点坐标值之间进行"数据点的密化"，求出一系列中间点的坐标值，然后按中间点的坐标值向各坐标输出脉冲数，保证加工出需要的直线和圆弧轮廓。数控装置进行的这种"数据点的密化"称为插补。

如图3—8所示，已知曲线 L 的起点为 A，终点为 B。在一个插补周期内可计算出微小直线段的各坐标分量 Δx_i 和 Δy_i。经过若干插补周期，可计算出曲线 L 的若干微小直线段 $(\Delta x_1，\Delta y_1)$，$(\Delta x_2，\Delta y_2)$，…，$(\Delta x_n，\Delta y_n)$。每个插补周期所计算出的微小直线段 $(\Delta x_i，\Delta y_i)$ 都足够小，以保证轨迹精度，因此，插补运动的轨迹与理论轨迹有所不同。

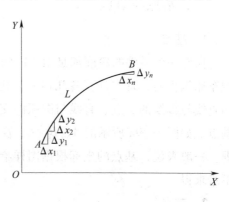

图3—8　插补原理

一般数控装置都具有对基本数字函数（如直线函数和圆函数等）进行插补的功能。数控系统的脉冲当量越小，数控轨迹插补越精细，加工零件的表面粗糙度值越低。

二、程序编制中的误差

确定程序编制的允许误差，不仅为制定加工方案提供了重要的依据，还对工艺准备工作中的某些要求（如夹具的定位、刀具的对刀等）提供了具体的参考数据。

在数控加工中，其加工误差 $\Delta_{加}$ 由多种误差决定：

$$\Delta_{加} = f(\Delta_{编}，\Delta_{控}，\Delta_{伺}，\Delta_{刀}，\Delta_{定})$$

式中　$\Delta_{编}$——程序编制误差；

$\Delta_{控}$——数控装置系统误差；

$\Delta_{伺}$——伺服驱动系统误差；

$\Delta_{刀}$——对刀误差；

$\Delta_{定}$——工件的定位误差。

程序编制误差 $\Delta_{编}$ 主要由以下两种误差决定：

$$\Delta_{编} = f(\Delta_{拟}，\Delta_{计})$$

式中　$\Delta_{拟}$——用直线或圆弧拟合零件轮廓曲线时所产生的误差；

$\Delta_{计}$——在数学处理中，由计算过程而产生的数值计算误差。

在数控加工误差中，由于数控装置系统误差一般极小，可忽略不计，对刀误差可通过自动补偿给予排除，因此，伺服驱动系统误差和工件的定位误差占数控加工误差的比例很大，程序编制误差 $\Delta_{编}$ 允许占数控加工误差 $\Delta_{加}$ 的比例较小。确定编制程序允许误差 $\delta_{允}$ 的途径主要是通过按一定比例压缩其工件公差 T 而实现的。在数控加工实践中，一般取 $\delta_{允}$ 为工件公差的 1/3 左右，对精度要求较高的工件，则取其工件公差的 1/15～1/10。

三、基点与节点

1. 基点

任何一个零件的轮廓都是由不同的几何元素（如直线、圆弧及曲线等）组成的，数控车床编程时，首先计算各几何元素之间的交点坐标。各个元素间的连接点称为基点，如直线与直线的交点、直线与圆弧的交点或切点、圆弧与圆弧的交点或切点等，均属于基点。如图 3—9a 所示的 A、B、C、D、E 等即为基点。基点的坐标是编程中的主要数据。一般来说，基点的坐标根据图样给定的尺寸，利用一般的解析几何或三角函数关系不难求得。

2. 节点

一般数控系统都具有直线和圆弧插补功能，当零件的轮廓为非圆曲线时，常用直线段或圆弧段等去逼近实际轮廓曲线，逼近直线或逼近圆弧与非圆曲线的交点或切点称为节点。如图 3—9b 所示的曲线 PE 用直线段逼近时，其交点 A、B、C、D 就是节点。节点的计算比较复杂，方法也很多，是手工编程的难点。有条件时应尽可能借助于计算机来完成，以减小计算误差，减轻编程人员的工作量。

一般称基点和节点为切削点，即刀具切削部位必须切到的点。

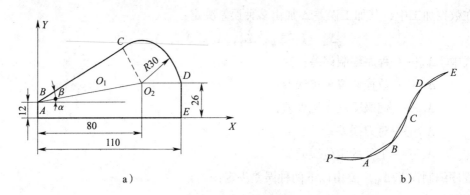

a)   b)

图 3—9　零件轮廓的基点和节点

a）基点　b）节点

四、数学计算公式

基点常用的数学计算公式见表 3—3。

表3—3　　　　　　　　　　　　　　基点常用的数学计算公式

图示	直角边 a	直角边 b	斜边 c
	$a = \sqrt{c^2 - b^2}$	$b = \sqrt{c^2 - a^2}$	$c = \sqrt{a^2 + b^2}$
	$a = b\tan\alpha$	$b = \dfrac{a}{\tan\alpha}$	$c = \dfrac{a}{\sin\alpha}$
	$a = c\sin\alpha$	$b = c\cos\alpha$	$c = \dfrac{b}{\cos\alpha}$
	特殊角度三角函数值		
	$\sin 30° = \dfrac{1}{2} = 0.5$	$\sin 45° = \dfrac{\sqrt{2}}{2} = 0.707$	$\sin 60° = \dfrac{\sqrt{3}}{2} = 0.866$
	$\cos 30° = \dfrac{\sqrt{3}}{2} = 0.866$	$\cos 45° = \dfrac{\sqrt{2}}{2} = 0.707$	$\cos 60° = \dfrac{1}{2} = 0.5$
	$\tan 30° = \dfrac{\sqrt{3}}{3} = 0.577$	$\tan 45° = 1$	$\tan 60° = \sqrt{3} = 1.732$

 学习单元5　计算机辅助编程基础

 学习目标

1. 了解 CAD/CAM 软件的基本知识
2. 熟悉计算机辅助编程的基本步骤

 知识要求

一、CAD/CAM 软件的基本知识

数控程序的编制目前有手工编程和计算机自动编程两种基本手段。手工编程适用于零件不太复杂、计算较简单、程序较短的场合，经济性较好。当加工相当复杂的、特别是曲面零件时，一般可采用计算机来完成自动程序编制，又称计算机辅助编程。

1. 计算机辅助设计（CAD）

计算机辅助设计（Computer Aided Design，CAD）是指用计算机辅助设计一个单独的

零件或一个系统，CAD 系统是一个设计工具，它支持设计过程的所有阶段——方案设计、初步设计和最后设计。常用的 Auto CAD 软件是典型的 CAD 操作系统。

设计目标的显示是 CAD 系统最有价值的特征之一，计算机图形学使设计人员能够在计算机屏幕上显示、放大、缩小、旋转设计目标，以便对其进行研究。

2. 计算机辅助制造（CAM）

计算机辅助制造（Computer Aided Manufacturing，CAM）是指使用计算机辅助制造一个零件。CAM 的应用有两种类型：一是联机应用，使用计算机实时控制制造系统，即 DNC 加工方式；二是脱机应用，使用计算机进行生产计划的编制和非实时地辅助制造零件，如模拟显示刀具轨迹等。

编程人员既能在 CAM 软件包中建立零件几何模型，也能直接从 CAD/CAM 数据库中提取几何模型。指定所使用的刀具、加工方式和数据系统后，编程软件会自动产生符合数控系统要求的数控程序，并能进行刀具运动轨迹校验。

二、常用 CAD/CAM 软件

CAD/CAM 是一个统一的软件系统，其中 CAD 系统在计算机内部与 CAM 系统相连接，用于设计和制造全过程，通常 CAM 系统是既有 CAD 功能又有 CAM 功能的集成系统，交互式图形编程就是通常所说的利用 CAD/CAM 软件进行编程，它们包括指定产品规格、方案设计、最后设计、绘图、制造和检验。

目前，常用的 CAM 软件中 CAXA 为具有自主知识产权的国产系统；UG 属于高端的 CAD/CAM 系统；SolidCAM 是完全关联于 SolidWorks 模型的计算机辅助制造软件，是一种插件形式的嵌入式系统。

三、计算机辅助编程的基本步骤

1. CAM 操作步骤

CAM 操作的一般步骤是造型—加工—仿真—编程，其基本流程如图 3—10 所示。

2. CAM 建模

利用软件编程的第一步，必须获得 CAD 模型，CAD 模型是 NC 编程的前提和基础，任何 CAM 的程序编制必须由 CAD 模型为加工对象进行编程。通常获得 CAD 模型的方法有以下两种：

（1）直接造型。一般 CAM 软件都带有与之同步使用的 CAD 模块，因此，可以利用该模块对所需要加工的零件进行造型。例如，实体键槽属于成形特征建模方式，旋转体属于扫描特征建模方式。如图 3—11 所示为 SolidWorks 软件的建模。

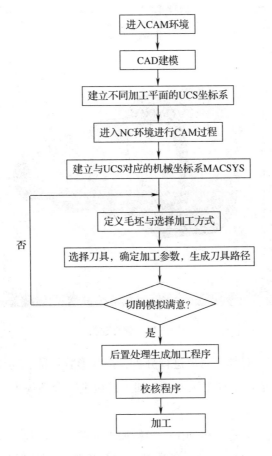

图 3—10　CAM 基本流程

（2）数据转换。CAM 可以使用其他软件集成的 CAD 所创建的模型，但首先要利用软件的数据接口将其导入所使用的 CAM 软件中。常用的 CAD 文件转换格式有 IGES、STEP、VDA、Parasolid 等。

不一定只有实体模型才可作为 CAM 的加工对象，回转类零件可以是二维线框。

3．加工工艺分析

CAM 的加工工艺参数不是由计算机自动确定，而是由操作者根据工艺知识设定的。

（1）确定加工对象。通过对模型的分析，确定这一工件的哪些部位需要在数控铣床上加工。数控铣的工艺适应性也是有一定限制的，对于尖角部位、细小的肋条等部位是不适合加工的，应使用线切割或者电火花成形加工来加工；而回转体可以使用车床进行加工；一般型腔和曲面则属于 CAM 铣削工艺加工范围。

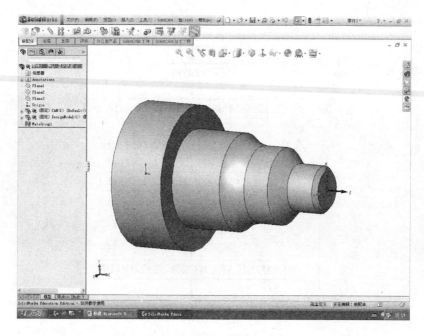

图 3—11　软件建模

（2）划分加工区域。对加工对象进行分析，按其形状特征、功能特征及精度、表面粗糙度要求将加工对象分成数个加工区域。对加工区域进行合理规划可以达到提高加工效率和加工质量的目的。

（3）确定加工工艺。确定从粗加工→半精加工→精加工的流程及加工余量的分配。

（4）设置加工参数。参数设置可视为对工艺分析和规划的具体实施，它构成了利用CAD/CAM 软件进行 NC 编程的主要操作内容，直接影响 NC 程序的生成质量。

1）切削方式（走刀路径）设置。用于指定刀具轨迹的类型及相关参数。

2）加工对象设置。是指用户通过交互手段选择被加工的几何体或其中的加工分区、毛坯、避让区域等。

3）刀具及机械参数设置。是指针对每一个加工工序选择适合的加工刀具并在 CAD/CAM 软件中设置相应的机械参数，包括主轴转速、切削进给、切削液控制、安全高度等。

4）加工程序参数设置。包括设置进刀和退刀位置及方式、切削用量、行间距、加工余量、安全高度等。

在完成上述参数设置后，即可进行刀路的计算。软件可自动生成刀具参考点的运动曲线，非常直观地判断出刀路是否满足零件加工及加工效率要求，若不满足要求，可修改相应参数后重新计算刀路，直到满足要求为止。

4. 刀具路径校验

生成刀路之后，还不能立即进行后置处理，生成加工程序，为确保加工的安全性，必须对生成的刀轨在计算机上进行模拟仿真，如图3—12所示，CAM的加工仿真主要检验零件的形状是否正确。检查有无过切或者加工不到位，同时检查是否会与工件、夹具等发生干涉。CAM软件中一般都带有实体模拟切削功能，在设定相应的毛坯后即可进行仿真加工，如图3—13所示，直接在计算机屏幕上观察加工效果，该加工过程与实际机床加工完全类似，一般出现红色区域后，就代表此处发生过切或干涉。若检查中发现问题，应调整参数设置，重新进行刀路计算，再做实体验证。

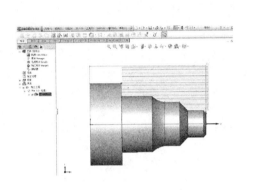

图3—12 刀具路径图

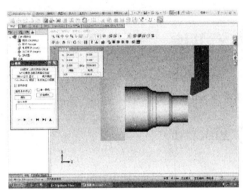

图3—13 模拟仿真加工

5. CAM 后置处理

CAM的后置处理是指自动编程过程，通常一个CAM软件能生成多种符合数控系统要求的NC程序。CAM软件所生成的刀路文件（即NCI文件）是不能用来直接控制机床的，后置处理程序将CAM系统通过机床的CNC系统与机床数控加工紧密结合起来。

后置处理最重要的是将CAM软件生成的刀位轨迹转化为适合数控系统加工的NC程序，通过读取刀位文件，根据机床运动结构及控制指令格式，进行坐标运动变换和指令格式转换。

通用后置处理程序是在标准的刀位轨迹和通用CNC系统的运动配置及控制指令的基础上进行处理的，它包含机床坐标运动变换、非线性运动误差校验、进给速度校验、数控程序格式变换及数控程序输出等方面的内容。只有采用正确的后置处理系统，才能将刀位轨迹输出为相应数控系统机床能正确进行加工的数控程序。

第2节 数控车床编程指令

 学习单元 1 基本编程指令

 学习目标

1. 掌握辅助功能常用指令
2. 掌握准备功能常用指令

 知识要求

一、辅助功能常用指令

辅助功能代码用地址字 M 及两位数字表示，又称 M 功能或 M 指令。它用来指令数控机床辅助装置的接通和断开，如主轴的启停、切削液的开关等。常用的 M 指令功能如下：

1. 切削液开关指令

（1）M07 切削液开（第一切削液）。

（2）M08 切削液开（第二切削液）。

（3）M09 切削液关。

2. 程序结束指令

（1）M02 程序结束。该指令用于加工程序或子程序全部结束。执行该指令后，机床便停止自动运转，切削液关，机床复位。

（2）M30 程序结束。在完成程序段所有指令后，使主轴、进给和切削液都停止，机床及控制系统复位，光标和屏幕显示自动返回程序的开头处。

3. 主轴控制指令

（1）M03 主轴正转。对于车床，所谓正转，设定为由 Z 轴正方向向负方向看去，主轴顺时针方向旋转。

（2）M04 主轴反转。主轴逆时针方向旋转。

（3）M05 主轴停转。

4. 程序暂停与选择暂停指令

（1）M00 程序暂停。当执行有 M00 指令的程序段后，不执行下段。相当于执行单程序段操作。当按下操作面板上的循环启动按钮后，程序继续执行。该指令可应用于自动加工过程中停车进行某些手动操作，如手动变速、换刀、关键尺寸的抽样检查等。

（2）M01 任选停止。该指令的作用与 M00 相似，但它必须在预先按下操作面板上的"选择停止"按钮的情况下，当执行有 M01 指令的程序段后，才会停止执行程序。如果不按下"选择停止"按钮，M01 指令无效，程序继续执行。

二、准备功能常用指令

1. 快速点定位指令

（1）G00 指令格式

G00 X（U）__ Z（W）__；

其中：格式中两轴可单动也可联动；X、Z 的值为点定位后的终点坐标值；只要是非切削的移动，通常使用 G00 指令。

绝对值编程时，刀具分别以各轴的快速进给速度运动到工件坐标系 X、Z；增量值编程时，刀具以各轴的快速进给速度运动到距离现有位置为 U、W 的点。

（2）说明

1）以数控系统预先调定的最大进给速度移动，可以通过控制面板上的"快速进给率"按钮调整。

2）快速点定位指令控制刀具以点位控制的方式快速移到目标位置，其移动速度由参数来设定。指令执行开始后，刀具沿着各个坐标方向同时按参数设定的速度移动，最后减速到达终点。

3）一般都设定成斜进 45°（又称非直线型定位）方式，而不以直线型定位方式移动。采用斜进 45°方式移动时，X、Y 轴皆以相同的速率同时移动，再检测已定位至某一轴坐标位置后，只移动另一轴至坐标点为止，如图 3—14a 所示。

4）若采用直线型定位方式移动，如图 3—14b 所示，则每次都要计算其斜率后，再命令 X 轴和 Y 轴移动，如此增加计算机的负荷，反应速度也较慢，故一般 CNC 机床开机时大都自动设定 G00 以斜进 45°方式移动。

5）编程人员应了解所使用数控系统的刀具移动轨迹情况，以避免快速定位时可能出现的碰撞情况。

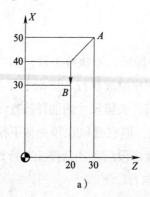 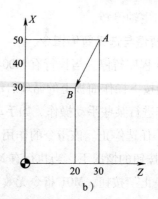

图3—14 快速定位路径

（3）如图3—15所示，从起点 A 快速移到 B 点，其程序段如下：

绝对值编程：G00 X120.0 Z100.0;

增量值编程：GOO U80.0 W80.0;

2. 直线插补指令 G01

（1）G01 指令格式

G01 X __ Z __ F __;

G01 是模态指令，连续进行直线插补时，后面的程序段可省略 G01；X、Z 的值是直线插补的终点坐标值，其坐标值取决于绝对值编程还是增量值编程，由尺寸字地址决定；F 为进给速度（F 是持续有效的指令，故切削速率相同时下一程序段可省略），单位是 mm/min；F 指令也是模态指令，它可以用 G00 指令取消。

（2）说明：如果在 G01 程序段之前的程序段没有 F 指令，而现在的 G01 程序段中也没有 F 指令，则机床不运动。因此，G01 程序中必须含有 F 指令；可二轴联动或单轴移动。

（3）如图3—16所示，从起点 A 移到 B 点，其程序段如下：

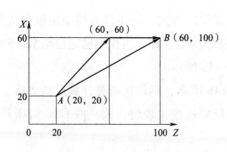

图3—15 G00 指令的应用

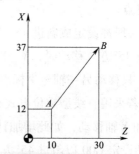

绝对值编程：G01 X37. Z30.;

增量值编程：G01 U25. W20.;

图3—16 G01 指令应用

3. 圆弧插补指令 G02/G03

（1）数控车床加工圆弧顺圆、逆圆判断。圆弧插补指令可指令刀具沿圆弧移动，圆弧有顺圆与逆圆之分。对于数控车床，根据 X、Z 轴的正方向，用右手法则判断出 Y 轴的正方向。从 Y 轴正方向向负方向看过去，顺着加工方向，是顺时针方向的圆弧即为顺圆，逆时针方向的圆弧即为逆圆，如图 3—17 所示。

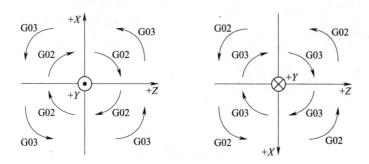

图 3—17　圆弧顺逆的判断

（2）G02/G03 指令格式

1）FANUC 系统：$\begin{Bmatrix} G02 \\ G03 \end{Bmatrix} X \_\_ \ Z \_\_ \begin{Bmatrix} I \_\_ K \_\_ \\ R \_\_ \end{Bmatrix} F \_\_ ;$

2）SIEMENS 系统：$\begin{Bmatrix} G02 \\ G03 \end{Bmatrix} X \_\_ \quad Z \_\_ \begin{Bmatrix} I \_\_ K \_\_ \\ CR = \_\_ \end{Bmatrix} F \_\_ \urcorner$

3）PA8000 系统的指令格式，用 I、K 时同 FANUC、SIEMENS 系统，只是两个以上 G 指令不能出现在同一程序段中。用半径编程时的格式如下：

$\begin{Bmatrix} G12 \\ G13 \end{Bmatrix} X \_\_ \quad Z \_\_ \quad K \_\_ \quad F \_\_ ;$

其中，X __ Z __ 是圆弧插补的终点坐标，可用绝对值或增量值表示；采用半径法时，R 是圆弧半径，以半径值表示；当圆弧对应的圆心角小于等于 180°时，R 是正值；当圆弧对应的圆心角大于 180°时，R 是负值；采用圆心法时，I、K 是圆心相对于圆弧起点 X、Z 的坐标增量。

（3）说明

1）同一程序段中同时出现 I、K 和 R 时，以 R 为优先（即有效），I、K 无效。

2）若 I 或 K 为 0 时，可省略不写。

3）若要插补一整圆时，只能用圆心法表示。

4）F 为沿圆弧切线方向的进给率或进给速度。

（4）如图3—18所示，其程序段如下：

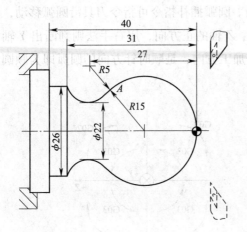

G00 X0.0 Z5.0；

G01 Z0.0 F60.0；

G03 X24.0 Z－24.0 R15.0；

G02 X26.0 Z－31.0 R5.0；

…

图3—18　G02/G03 指令应用

4. 暂停指令 G04

（1）G04 指令格式

G04 X __；或 G04 U __；或 G04 P __；

其中，X、U 指定的时间允许有小数点，单位为 s；P 指定的时间不允许有小数点，单位为 ms。

例如，G04 X2.0；或 G04 P2000；

（2）说明

1）指定刀具做短暂的无进给光整加工，如车槽时的槽底暂停、钻孔时的孔底暂停。

2）G04 指令为非模态指令，只在本程序段有效。

3）暂停延时指令 G04 不能与刀具补偿指令 G41、G42 在同一程序段中指定，也不能与进给功能指令（F 指令）在同一程序段中指定。

5. 倒角指令

（1）45°倒角

1）Z 轴向 X 轴倒角指令格式

G01 Z(W)__　C(I) __　F __；

由轴向切削向端面切削倒角，即由 Z 轴向 X 轴倒角，C(I) 值的正负根据倒角是向 X 轴正向还是负向确定，如图3—19a 所示。

2）X 轴向 Z 轴倒角指令格式

G01 X(U) __　C(K) __ F __；

由端面切削向轴向切削倒角，即由 X 轴向 Z 轴倒角，K 的正负根据倒角是向 Z 轴正向还是负向确定，如图 3—19b 所示。

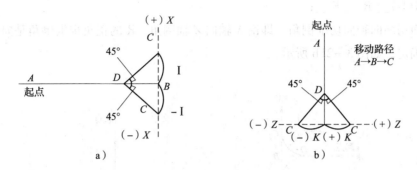

图 3—19 45°倒角

a) Z 轴向 X 轴 b) X 轴向 Z 轴

（2）任意角度倒角。在直线进给程序段尾部加上"C __"可自动插入任意角度的倒角。C 的数值是从假设没有倒角的拐角交点距倒角始点与终点之间的距离，如图 3—20a 所示。

如图 3—20b 所示，可用下列程序段表示：

G01 X50. C15. ;

X100. Z－100. ;

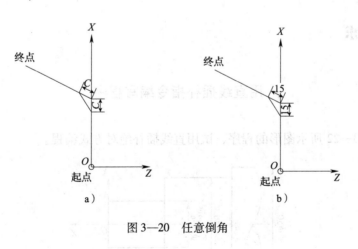

图 3—20 任意倒角

（3）倒圆角

1）Z 轴向 X 轴倒角指令格式

G01 Z(W) ____ R ____ F ____ ;

由轴向切削向端面切削倒圆角，即由 Z 轴向 X 轴倒角，R 的正负根据倒角是向 X 轴正向还是负向确定，如图3—21a所示。

2）X轴向Z轴倒角指令格式

G01 X（U）__ R __ F __;

由端面切削向轴向切削倒角，即由X轴向Z轴倒角，R的正负根据倒角是向Z轴正向还是负向确定，如图3—21b所示。

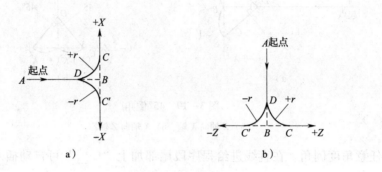

图3—21　倒圆角

a）Z轴向X轴　b）X轴向Z轴

3）说明：对于倒角或倒圆角R的移动必须是以G01方式沿X轴或Z轴的单个移动，下一个程序段必须是沿X轴或Z轴的垂直于前一个程序段的单个移动。I或K和R的命令值为半径编程。

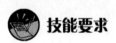 **技能要求**

用直线插补指令编写程序

编写如图3—22所示图形的程序，试用直线插补绝对方式编程。

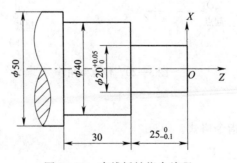

图3—22　直线插补指令编程

操作步骤

步骤1 编程坐标系的确定

工件坐标系建立在工件的右端面，工件原点为轴线与端面的交点。

步骤2 程序编制（见表3—4）

表3—4 程序表（FANUC–0i 系统）

O0001；	程序名
T0101；	调用1号端面车刀，设定工件坐标系
S1000 M03；	主轴正转，转速为1 000 r/min
G00 X42. Z2. M08；	刀具快速定位，打开切削液
G01 X36. F0.2；	X 向进给，进给速度为0.2 mm/r
G01 Z–25.；	Z 向切削，背吃刀量为4 mm
G01 X42.；	X 向退出
G00 Z2.；	Z 向快速退出
G01 X32.；	X 向进给
G01 Z–25.；	Z 向切削，背吃刀量为4 mm
G01 X42.；	X 向退出
G00 Z2.；	Z 向快速退出
G01 X28.；	Z 向进给
G01 Z–25.；	X 向切削，背吃刀量为1 mm
G01 X42.；	X 向退出
G00 Z2.；	Z 向快速退出
G01 X24.；	X 向进给
G01 Z–25.；	Z 向切削，背吃刀量为2 mm
G01 X42.；	X 向退出
G00 Z2.；	Z 向快速退出
G01 X20.；	Z 向进给
G01 Z–25.；	X 向切削，背吃刀量为1 mm
G01 X42.；	X 向退出
G00 Z2.；	Z 向快速退出
M09；	关闭切削液
M05；	主轴停转
M30；	程序结束并复位

用圆弧插补指令编写程序

编写如图3—23所示图形的程序，试用圆弧插补绝对方式编程。

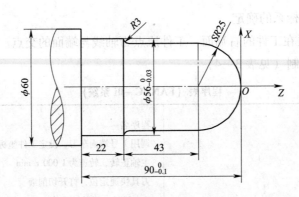

图 3—23　圆弧插补指令编程

操作步骤

步骤 1　编程坐标系的确定

工件坐标系建立在工件的右端面，工件原点为轴线与端面的交点。

步骤 2　程序编制（见表 3—5）

表 3—5　　　　　　　　　　程序表（FANUC-0i 系统）

O0001；	程序名
T0101；	调用 1 号端面车刀，设定工件坐标系
S800 M03 G40；	主轴正转，转速为 800 r/min
G00 G42 X62. Z2. M08；	刀具快速定位，建立刀具半径补偿，打开切削液
G01 Z0. F0.2；	Z 向进给，进给速度为 0.2 mm/r
G03 X56. Z-25. R28.；	车圆弧 SR28 mm
G01 X56. Z-68.；	车圆柱面
G00 X60.；	X 向快速退出
G01 Z20.；	Z 向退出
G01 X0 Z1.5；	进到起刀点
G03 X53. Z-25. R26.5.；	车圆弧 SR26.5 mm
G01 X53. Z-66.5；	车圆柱面
G02 X56. Z-68. R1.5；	车倒角弧 R1.5 mm
G01 X60.；	X 向快速退出
G01 Z20.；	Z 向退出
G01 X0 Z0.5；	进到起刀点
G03 X51. Z-25. R25.5；	车圆弧 R25.5 mm

G01 X51. Z-65.5;	车圆柱面
G02 X56. Z-68. R2.5;	车倒角弧 *R*2.5 mm
G01 X60.;	*X* 向退出
G01 Z20.;	*Z* 向退出
G01 X0 Z0;	进到起刀点
G03 X50. Z-25. R25.;	车圆弧 *SR*25 mm
G01 X50. Z-65.;	车圆柱面
G02 X56. Z-68. R3.;	车倒角弧 *R*3 mm
G01 X60.;	*X* 向退出
G01 G40 Z20. M09;	*Z* 向退出，撤销刀具半径补偿，切削液关闭
M05;	主轴停转
M30;	程序结束并返回程序开始

学习单元 2　刀尖圆弧半径补偿

学习目标

1. 熟悉刀尖圆弧半径补偿指令
2. 掌握刀尖圆弧半径补偿的方法
3. 掌握刀尖圆弧半径补偿的使用要点

知识要求

一、刀尖圆弧半径补偿的目的

数控车床是按车刀刀尖对刀的，在实际加工中，由于刀具产生磨损及精加工时车刀刀尖磨成半径不大的圆弧，因此，车刀的刀尖不可能绝对尖，总有一个小圆弧，所以对刀刀尖的位置是一个假想刀尖 *A*，如图 3—24 所示，编程时是按假想刀尖轨迹编程，即工件轮廓与假想刀尖 *A* 重合，车削时实际起作用的切削刃却是圆弧各切点，这样就引起加工表面形状误差。

车内、外圆柱和端面时无误差产生，实际切削刃的轨迹与工件轮廓轨迹一致。车锥面时，工件轮廓（即编程轨迹）与实际形状（实际切削刃）有误差，如图3—25所示。同样，车削外圆弧面也产生误差，如图3—26所示。

若工件要求不高或留有精加工余量，可忽略此误差；否则，应考虑刀尖圆弧半径对工件形状的影响。

为保持工件轮廓形状，加工时不允许刀具中心轨迹与被加工工件轮廓重合，而应与工件轮廓偏移一个半径值 R，这种偏移称为刀尖圆弧半径补偿。采用刀尖圆弧半径补偿功能后，编程者仍按工件轮廓编程，数控系统计算刀尖轨迹，并按刀尖轨迹运动，从而消除了刀尖圆弧半径对工件形状的影响，如图3—27所示。

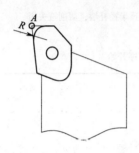

图3—24　理想刀尖

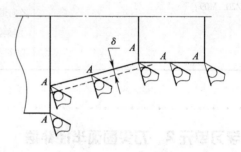

图3—25　车削圆锥产生的误差

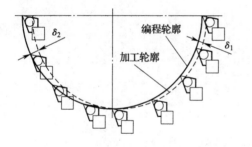

图3—26　车削圆弧面产生的误差

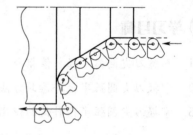

图3—27　半径补偿后的刀具轨迹

二、刀尖圆弧半径补偿的基本原理

一般数控装置都有刀具半径补偿功能，为编制程序提供了方便。采用有刀具半径补偿功能的数控系统编制零件加工程序时，不需要计算刀具中心运动轨迹，而只按零件轮廓编程。使用刀具半径补偿指令，并在控制面板上手工输入刀尖圆弧半径，数控装置便能自动计算出刀具中心轨迹，并按刀具中心轨迹运动。即执行刀具半径补偿后，刀具自动偏离工件轮廓一个刀具半径值，从而加工出所要求的工件轮廓。

三、刀尖圆弧半径补偿的方法

1. 刀尖圆弧半径补偿的参数

刀尖圆弧半径所引起的误差进行自动补偿，在加工工件前，必须把刀具半径补偿的有关参数输入 CNC 装置中。参数包括刀尖半径 R 值和刀尖方位参数 T。T 值与车刀的形状和刀尖所处的位置有关，用 $0 \sim 9$ 表示。

2. 刀尖圆弧半径补偿指令 G41/G42/G40

（1）G41/G42/G40 指令格式

Fanuc - 0i 系统：G00/G01 G41/G42 X（U）__ Z（W）__（F __）；

　　　　　　　　G00/G01 G40 X（U）__ Z（W）__ ；

PA8000 - NT 系统：G41/G42 D __

　　　　　　　　G00/G01 X __ Z __ F __

　　　　　　　　G40

其中，从垂直于加工平面坐标轴的正方向朝负方向看过去，沿着刀具运动方向（假设工件不动）看，刀具位于工件左侧的补偿为刀具半径左补偿，用 G41 指令表示；从垂直于加工平面坐标轴的正方向朝负方向看过去，沿着刀具运动方向（假设工件不动）看，刀具位于工件右侧的补偿为刀具半径右补偿，用 G42 指令表示，如图 3—28 所示。PA8000 - NT 中的 D 为刀具半径补偿寄存器地址字，在寄存器中存有刀具半径补偿值。

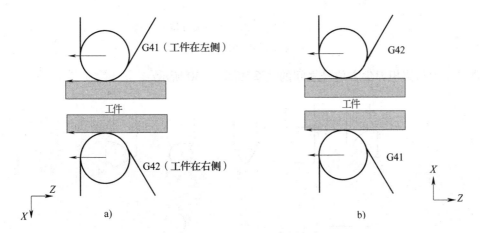

图 3—28　刀具补偿方向

a）前置刀架方向选择　b）后置刀架方向选择

（2）说明

1）G41、G42 不能重复使用，即在程序中前面有了 G41 或 G42 指令后，不能再直接使用 G41 或 G42 指令。若想使用，则必须先用 G40 指令解除原补偿状态后，再使用 G41 或 G42 指令，否则补偿就不正常了。

2）"刀尖半径偏置"应当用 G00 或者 G01 功能来建立或取消。

3）刀尖半径偏置的命令应当在切削进程启动前完成，并且能够防止从工件外部起刀带来的过切现象；反之，要在切削进程后用移动命令来执行偏置的取消。

（3）刀尖方位的确定。具备刀具半径补偿功能的数控系统，除利用刀具半径补偿指令外，还应根据刀具在切削时所处的位置选择假想刀尖的方位，并按假想刀尖的方位确定补偿量。假想刀尖的方位有 8 种位置可以选择，如图 3—29 所示。箭头表示刀尖方向，如果按刀尖圆弧中心编程，则选用 0 或 9。

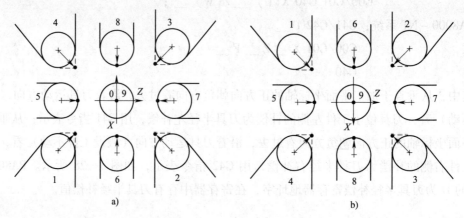

图 3—29 车刀假想刀尖方位

a）后置刀架 b）前置刀架

常见车刀与假想刀尖方位号之间的关系如图 3—30 所示。

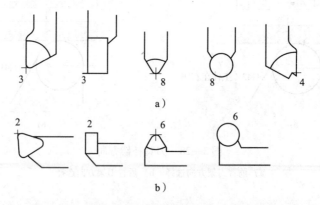

图 3—30 常见车刀与假想刀尖方位号之间的关系

a）外圆加工刀具 b）孔加工刀具

四、刀尖圆弧半径补偿的使用要点

1. 刀尖圆弧半径不宜大于零件凹形轮廓的最小半径，以免发生加工干涉。该半径又不宜选得太小；否则，会因其刀头强度太低或刀体散热能力差而使车刀容易损坏。

2. 刀尖圆弧半径应与最大进给量相适应，它应大于等于最大进给量的 1.25 倍；否则将恶化切削条件，甚至出现螺纹状表面和打刀等问题。另一方面，又要考虑刀尖圆弧半径太大容易导致刀具切削时发生振颤，一般来说，刀尖圆弧半径在 0.8 mm 以下时不容易导致加工振颤。

3. 刀尖圆弧半径与进给量在几何学上与加工表面的残留高度有关，从而影响到加工表面的表面粗糙度。小进给量、大的刀尖圆弧半径可减小残留高度，得到小的表面粗糙度值。

4. 在 CNC 编程加工时，若考虑经测量认定的刀尖圆弧半径，并进行刀尖圆弧半径补偿，该刀具圆弧相当于在加工轮廓上滚动切削，刀具圆弧制造精度和刀尖圆弧半径测量精度应当与轮廓的形状精度相适合。

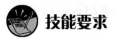 **技能要求**

刀尖圆弧半径补偿指令编程

用刀尖圆弧半径补偿指令编写如图 3—31 所示图形的程序。

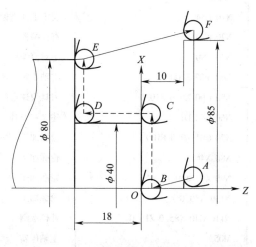

图 3—31　刀尖圆弧半径补偿指令编程

操作步骤

步骤1 编程坐标系的确定

工件坐标系建立在工件的右端面，工件原点为轴线与端面的交点。

步骤2 刀尖圆弧半径补偿

（1）刀尖圆弧半径补偿的建立。如图3—31所示，F到A是刀具补偿的建立，使刀具中心从与编程轨迹重合过渡到与编程轨迹偏离一个刀尖圆弧半径。刀补程序段内必须有G00或G01功能才有效，偏移量补偿必须在一个程序段的执行过程中完成，并且不能省略。

（2）刀尖圆弧半径补偿的执行。执行含G41、G42指令的程序段后，刀具中心始终与编程轨迹相距一个偏移量。G41、G42指令不能重复使用，即在前面使用了G41或G42指令后，不能再直接使用G42或G41指令。若想使用，则必须先用G40指令解除原补偿状态后，再使用G42或G41指令，否则补偿就不正常了。

（3）刀尖圆弧半径补偿的取消。在G41、G42程序后，加入G40程序段，即表示刀具半径补偿的取消。如图3—31中E到F表示取消刀尖圆弧半径补偿的过程。实现刀尖圆弧半径补偿取消的G40程序段执行前，刀尖圆弧中心停留在前一程序段终点的垂直位置上，G40程序段是刀具由终点退出的动作。

步骤3 程序编制（见表3—6）

表3—6　　　　　　　　程序表（FANUC－0i系统与PA8000－NT系统比较）

FANUC－0i系统	PA8000－NT系统	
O00001；	P000001	程序名
T0101；	N10 G54	设定工件坐标系
	N20 G191	直径编程
	N30 G90	绝对值编程
M03 S1000；	N40 M03 S1000	主轴正转，转速为1 000 r/min
G00 X0.0 Z10.0；	N50 G00 X0.0 Z10.0	刀具快速定位
G42 G01 Z0.0 F100；	N60 G42 D1	建立右刀补
	N70 G01 Z0.0 F100	轮廓加工
X40.0；	N80 X40.0	轮廓加工
Z－18.0；	N90 Z－18.0	轮廓加工
X80.0；	N100 X80.0	轮廓加工
G40 G00 X85.0 Z10.0；	N110 G40 X85.0 Z10.0	补偿取消
M05；	M05	主轴停转
M30；	M30	程序结束

学习单元 3　单一固定循环指令　（FANUC –0i 系统）

 学习目标

1. 掌握外圆（或内孔）切削循环指令格式与使用
2. 掌握端面切削循环指令格式与使用

 知识要求

一、外圆（或内孔）单一固定循环指令 G90

1. 指令格式

G90　X（U）＿　Z（W）＿R＿F＿；

其中，X、Z——圆柱面切削的终点坐标值；

　　　U、W——圆柱面切削的终点相对于循环起点坐标增量；

　　　R——圆锥面切削始点与切削终点的半径差，R＝0 时为圆柱面，R 正负号的确定如图 3—32 所示；

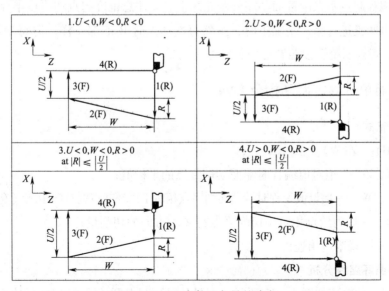

图 3—32　R 参数正负号的确定

F——切削进给速度。

2. 指令循环路线分析

圆柱切削运动轨迹如图 3—33 所示，刀具从 A 点出发，第一段沿 X 轴快速移动到 B 点；第二段以 F 指令的进给速度切削到达 C 点；第三段切削进给退到 D 点；第四段快速退回出发点 A 点，完成一个切削循环。

圆锥切削运动轨迹如图 3—34 所示，循环起点为 A，刀具从 A 到 B 为快速移动，以接近工件；从 B 到 C、C 到 D 为切削进给，进行圆锥面和端面的加工；从 D 点快速返回循环起点。

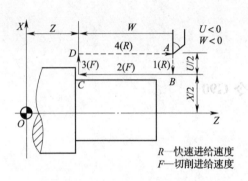

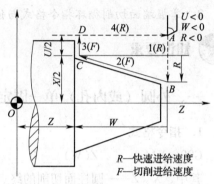

图 3—33　圆柱切削运动轨迹（R=0）　　　图 3—34　圆锥切削运动轨迹（R<0）

3. 说明

（1）当编程起点不在圆锥面小端外圆轮廓上时，注意锥度起点和终点半径差的计算。

（2）在对圆锥进行粗、精加工时，虽然每次加工时 R 值都一样，但每条语句中 R 值都不能省略，否则系统会按照圆柱面轮廓处理。

二、端面单一固定循环指令 G94

1. 指令格式

G94 X(U)__ Z(W)__ R__ F__ ;

其中，X、Z——绝对值编程时端面切削终点的坐标值；

　　　　U、W——增量值编程时端面切削终点相对于循环起点的有向距离（有正负号）；

　　　　R——切削始点相对于切削终点在 Z 轴方向的切削量；

　　　　F——切削进给速度。

2. 指令循环路线分析

平面切削运动轨迹如图 3—35 所示，刀具从循环起点开始沿 ABCDA 的方向运动，从 A

到 B 为快速移动，以接近工件；从 B 到 C、C 到 D 为切削进给，进行端面和圆柱面的加工；从 D 点快速返回循环起点。

锥面切削运动轨迹如图 3—36 所示，刀具从循环起点 A 开始沿逆时针方向运动，每个循环加工结束后刀具都返回循环起点。

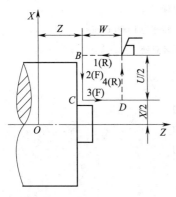 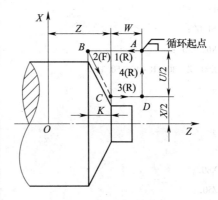

图 3—35　平面切削运动轨迹　　　　图 3—36　锥面切削运动轨迹

 **技能要求**

用单一固定循环指令 G90 编写程序

如图 3—37 所示，以工件右端面与轴线建立工件坐标系，用 G90 编写外圆粗车循环加工程序。

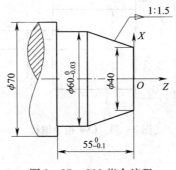

图 3—37　G90 指令编程

操作步骤

步骤 1　编程坐标系的确定

工件坐标系建立在工件的右端面，工件原点为轴线与端面的交点。

步骤 2 程序编制（见表 3—7）

表 3—7 用 G90 指令程序表（FANUC – 0i 系统）

O0001；	程序名
T0101；	建立工件坐标系
M03 S1000；	主轴正转，转速为 1 000 r/min
G00 X62. Z3. ；	快速移至循环点处
G90 X60. Z – 30. R – 10. F0.3；	车削第一刀
X55. ；	车削第二刀
X50. ；	车削第三刀
X45. ；	车削第四刀
X40. ；	车削第五刀
G00 X80. ；	X 向退出
G00 Z50. ；	Z 向退出
M30；	程序结束并复位

用单一固定循环指令 G94 编写程序

如图 3—38 所示，以工件右端面与轴线建立工件坐标系，用 G94 编写外圆粗车循环加工程序。

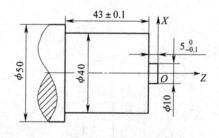

图 3—38 G94 指令编程

操作步骤

步骤 1 编程坐标系的确定

工件坐标系建立在工件的右端面，工件原点为轴线与端面的交点。

步骤 2 程序编制（见表 3—8）

表 3—8 用 G94 指令程序表（FANUC – 0i 系统）

O0001;	程序名
T0101;	调用 1 号端面车刀，设定工件坐标系
S1000 M03;	主轴正转，转速为 1 000 r/min
G00 X42. Z2. M08;	刀具快速定位至循环起点，打开切削液
G94 X10. Z–2. F0.2;	端面切削循环，背吃刀量为 2 mm，进给速度为 0.2 mm/r
G01 Z–4.;	端面切削循环，背吃刀量为 2 mm
G01 Z–5.;	端面切削循环，背吃刀量为 1 mm
M09;	关闭切削液
M05;	主轴停转
M30;	程序结束并复位

 学习单元 4 复合固定循环指令 （FANUC –0i 系统）

 学习目标

1. 掌握外圆（或内孔）粗车循环指令格式和使用
2. 掌握端面粗车循环指令格式和使用
3. 掌握型车复循环指令格式和使用
4. 掌握精加工循环指令格式和使用
5. 掌握端面切槽指令格式和使用
6. 掌握径向切槽（钻孔）循环指令格式和使用

知识要求

一、外圆（或内孔）粗车循环指令 G71

1. G71 指令格式

G71 U（Δd）R（e）；

G71 P（ns）Q（nf）U（Δu）W（Δw）F__ S__ T__；

其中：

Δd：每次切削深度，半径值给定，不带符号，切削方向决定于进刀方向，该值是模态值；

e：退刀量，半径值给定，不带符号，该值为模态值；

ns：指定精加工路线的第一个程序段段号；

nf：指定精加工路线的最后一个程序段段号；

Δu：X 方向上的精加工余量，直径值指定；

Δw：Z 方向上的精加工余量；

F、S、T：粗加工过程中的切削用量及使用刀具。

2. G71 指令加工走刀路线分析

如图 3—39 所示，刀具从循环起点 A 开始，快速退至 C 点，退刀量由 Δw 和 $\Delta u/2$ 决定；快速沿 X 方向进刀 Δd 深度，按照 G01 切削加工，然后按照 45°方向快速退刀，X 方向退刀量为 e，再沿 Z 方向快速退刀，第一次切削加工结束；沿 X 方向进行第二次切削加工，进刀量为 $e+\Delta d$，如此循环直至粗车结束；进行平行于精加工表面的半精加工，刀具沿精加工表面分别留 Δw 和 $\Delta u/2$ 的加工余量；半精加工完成后，刀具快速退至循环起点，结束粗车循环所有动作。

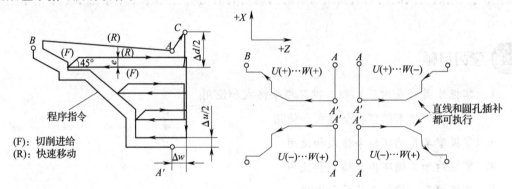

图 3—39　G71 指令走刀路线　　　　图 3—40　G71 指令 U、W 符号判断

3. 说明

（1）G71 指令应用于工件内径轮廓时，就自动成为内径粗车循环，此时径向精车余量 Δu 应指定为负值。图 3—40 中给出了 4 种切削模式（所有这些切削循环都平行于 Z 轴）下 U 和 W 的符号判断。

（2）指令中的 F、S 值是指粗加工中的 F、S 值，该值一经指定，则在程序段段号"ns""nf"之间的所有 F、S 值无效；该值在指令中也可以不加以指定，这时就是沿用前面程序段中的 F、S 值，并可沿用至粗、精加工结束后的程序中去。

（3）轮廓外形必须采用单调递增或单调递减的形式，否则会产生凹形轮廓不是分层切削而是在半精车时一次性进行切削加工，导致切削余量过大而损坏刀具。

（4）循环中的第一个程序段即顺序号为"ns"的程序段必须沿着 X 向进刀，且不能出现 Z 轴的运动指令，否则会出现程序报警。如"G00 X10.0；"正确，而"G00 X10.0 Z1.0；"则错误。

（5）用 G71 粗车完毕后，可用 G70 指令进行精加工。

（6）G71 粗车循环起点的确定主要考虑毛坯的加工余量、进退刀路线等。一般选择在毛坯轮廓外 1～2 mm、端面 1～2 mm 即可，不宜太远，以减少空行程，提高加工效率。

（7）"ns"至"nf"程序段中不能调用子程序。

（8）G71 循环时可以进行刀具位置补偿但不能进行刀尖半径补偿。因此在 G71 指令前必须用 G40 指令取消原有的刀尖半径补偿。在"ns"至"nf"程序段中可以含有 G41、G42 指令，对工件精车轨迹进行刀尖半径补偿。

二、端面粗车循环指令 G72

1. 指令格式

G72 W（Δd）R（e）；

G72 P（ns）Q（nf）U（Δu）W（Δw）F＿＿ S＿＿ T＿＿ ；

其中：

Δd：每次切削深度，无正负号，切削方向取决于进刀方向，该值是模态值；

e：退刀量，无正负号，该值为模态值；

ns：指定精加工路线的第一个程序段段号；

nf：指定精加工路线的最后一个程序段段号；

Δu：X 方向上的精加工余量，直径值指定；

Δw：Z 方向上的精加工余量；

F、S、T：粗加工过程中的切削用量及使用刀具。

2. G72 指令加工走刀路线分析

G72 粗车循环的运动轨迹如图 3—41 所示，与 G71 的运动轨迹相似，不同之处在于 G72 指令是沿着 X 轴方向进行切削加工的。

3. 说明

（1）G72 指令轮廓必须是单调递增或递减，且

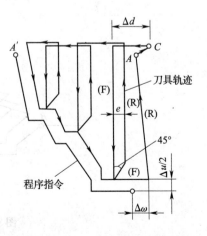

图 3—41　G72 指令走刀路线

"ns"开始的程序段必须以 G00 或 G01 方式沿着 Z 方向进刀，不能有 X 轴运动指令。

（2）其他方面与 G71 相同。

三、成型粗车复合循环指令 G73

1. 指令格式

G73 U（Δi）W（Δk）R（d）；

G73 P（ns）Q（nf）U（Δu）W（Δw）F＿ S＿ T＿；

其中：

Δi：X 方向总退刀量，半径值指定，为模态值；

Δk：Z 方向总退刀量，为模态值；

d：分层次数，此值与粗切重复次数相同，为模态值；

ns：指定精加工路线的第一个程序段段号；

nf：指定精加工路线的最后一个程序段段号；

Δu：X 方向上的精加工余量，直径值指定；

Δw：Z 方向上的精加工余量；

F、S、T：粗加工过程中的切削用量及使用刀具。

2. G73 指令走刀路线分析

G73 指令走刀路线如图 3—42 所示，执行指令时每一刀切削路线的轨迹形状是相同的，只是位置不断向工件轮廓推进，这样就可以将成形毛坯（铸件或锻件）待加工表面加工余量分层均匀切削掉，留出精加工余量。

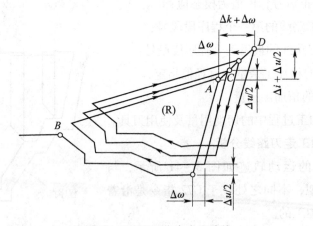

图 3—42　G73 指令走刀路线

3. 说明

（1）G73 指令只适合于已经初步成形的毛坯粗加工。对于不具备类似成形条件的工件，如果采用 G73 指令编程加工，则反而会增加刀具切削时的空行程，而且不便于计算粗车余量。

（2）"ns" 程序段允许有 X、Z 方向的移动。

四、精加工循环指令 G70

1. G70 指令格式

G70 P（ns）Q（nf）；

其中：

ns：精车循环中的第一个程序段号；

nf：精车循环中的最后一个程序段号。

2. 说明

（1）在精车循环 G70 状态下，"ns" 至 "nf" 程序中指定的 F、S、T 有效；如果 "ns" 至 "nf" 程序中不指定 F、S、T，粗车循环中指定的 F、S、T 有效，其编程方法见上述几例。

（2）在使用 G70 精车循环时，要特别注意快速退刀路线，防止刀具与工件发生干涉，如图 3—43 所示。

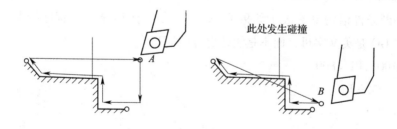

图 3—43 使用 G70 功能可能出现的碰撞

五、PA8000 – NT 系统参数编程方法

1. PA8000 – NT 系统外圆粗加工循环

（1）赋值语句

PA8000 数控系统内存提供了一定的参数地址，如用 P ×（×为数字）表示参数地址，参数地址中存储的内容可以由编程者赋值，PA8000 系统中参数 P 的尺寸单位为 0.001 mm，

P 变量赋值的程序段号前必须加"＊"。

格式：变量 = 表达式；

说明：变量可以为各类变量，P 变量为 P2，P5 等；表达式可以是 P 变量与算术运算符的组合。

如：P1 = P2　　　　　表示 P1 取 P2 的值，并保持 P2 的值不变；

　　P1 = P1 – 2000　表示当前 P1 赋的值是前一个 P1 的值减去 2 000 × 0. 001 = 2 mm；

　　P1 = 40500　　　表示 P1 赋值 40. 5 mm；

　　X = P1　　　　　表示 X 轴的值为 P1 的赋值。

用户可以利用下面的程序段来代替 N110 G00 X85：

＊N100 P1 = 85000（参数赋值程序段段号前加"＊"）

N110 G00 X = P1

（2）条件语句

通过条件指令和跳转指令，用户可以自行设计所需的循环程序，即用条件指令 IF 来测试一个状态，用跳转指令 GO 或执行指令 DO 来执行一个结果。

格式：IF　表达式 1（ > 或 = 或 < ）；表达式 2　GO；表达式 3 或 DO 赋值语句。

如：＊N10　IF P1 = 5　DO　P2 = P1 ＊ 2

说明：条件 P1 = 5 成立时，执行 P2 = P1 ＊ 2 这个指令，若 P1 ≠ 5 则跳到程序段末尾，继续执行下一段程序。

如：＊N200　IF P1 > 3000 GO80

说明：判断条件语句 IF，表示如果 P1 参数赋值大于 3 mm，则程序指向（GO）N80 程序段。这里 GO 是英文字母，而不是快速定位的简写。

如：＊N100　P1 = 800

　　N110　X = P1

　　……

　　＊N200　P1 = P1 – 1

　　＊N210　IF P1 > 0　GO 110

　　……

则 N110 将被重复执行，直到 P1 ≤ 0 为止。

2. SIEMENS 系统的 R 参数编程

SIEMENS 系统中的参数编程与 PA8000 系统中的 P 参数编程相似，SIEMENS 系统中的 R 参数就相当于 P 参数。同样，在 SIEMENS 系统中，可以通过对 R 参数进行赋值、运算等处理，从而使程序实现一些有规律变化的动作，从而提高编程的灵活性和适用性。

（1）R 参数的表示。R 参数由地址符 R 与若干位（通常为 3 位）数字组成。例：R1，R10，R105 等。

（2）R 参数的应用。除地址符 N、G、L 外，R 参数可以用来代替其他任何地址符后面的数值。但是使用参数时，地址符与参数间必须通过"＝"连接，这一点与 PA8000 系统中 P 参数的使用相同。

如：G01 X＝R10 Y＝R11 F＝100－R12 ¬

当 R10＝100，R11＝50，R12＝20 时，上式即表示为；G01 X100 Y－50 F80 ¬。

参数可以在主程序和子程序中进行定义（赋值），也可以与其他指令编在同一程序段中。

如：N30　R1＝10 R2＝20 R3＝－5 S600 M03 ¬

　　　N40　G01 X＝R1 Z＝R3 F100 ¬

在参数赋值过程中，数值取整数时可省略小数点，正号可以省略不写。R 参数可使用"运算表达式"进行编写的。

六、端面切槽指令 G74

1. 指令格式

G74 R(e)；

G74 X(U)＿ Z(W)＿ P(Δi) Q(Δk) R(Δd) F ＿；

其中：

e：退刀量，该值是模态值；

X（U）、Z（W）：切槽终点处坐标值；

Δi：刀具完成一次轴向切削后，在 X 方向的移动量（该值用不带符号的半径值表示）；

Δk：Z 方向每次切削深度（该值用不带符号的值表示）；

Δd：刀具在切削底部的退刀量，d 的符号总是"＋"值；

F：切槽进给速度。

该循环可实现断屑加工，如果 X（U）和 P（Δi）都被忽略，则是进行中心孔加工。

2. G74 指令走刀路线分析

如图 3—44 所示，刀具端面切槽时，以 Δk 的切深量进行轴向切削，然后回退 e 的距离，方便断屑，再以 Δk 的切深量进行轴向切削，再回退 e 距离，如此往复，直至到达指定的槽深度。

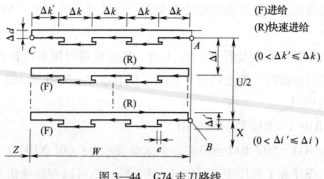

图3—44 G74 走刀路线

刀具逆槽宽加工方向移动一个退刀距离 Δd，并沿轴向回到初始加工的 Z 向坐标位置，然后沿槽宽加工方向刀具移动一个距离 Δi，进行第二次槽深方向加工，如此往复，直至达到槽终点坐标。

七、径向切槽（或钻孔）循环指令 G75

1. 指令格式

G75 R（e）；

G75 X（U）__ Z（W）__ P（Δi）Q（Δk）R（Δd）F__；

其中：

e：退刀量，该值是模态值；

X（U）、Z（W）：切槽终点处坐标值；

Δi：X 方向每次切削深度（该值用不带符号的值表示）；

Δk：刀具完成一次径向切削后，在 Z 方向的移动量；

Δd：刀具在切削底部的退刀量，d 的符号总是"＋"值，可缺省；

F：切槽进给速度。

2. G75 指令走刀路线分析

如图3—45 中 G75 指令走刀路线与 G74 指令类似，只是方向不同；

G75 指令经过切槽循环后刀具又回到了循环起点 A。

3. 切槽相关工艺

（1）关于槽加工刀具的选择。切槽刀的刀头宽度一般根据工件的槽宽、机床功率和刀具的强度综合考虑确定；切槽刀长度为 L = 槽深 ＋（2～3 mm）。

（2）槽加工路线设计。在较窄的沟槽加工且精度要求不高时，可以选择刀头宽度等于槽宽采用横向直进切削而成。

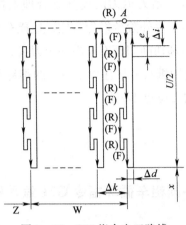

图3—45　G75指令走刀路线

（3）槽宽精度要求较高时，可采用粗车、精车二次进给车成，即第一次进给车沟槽时两壁留有余量；第二次用等宽刀修整，并采用G04指令使刀具在槽底部暂停几秒钟进行无进给光整加工，以提高槽底的表面质量，如图3—46所示。

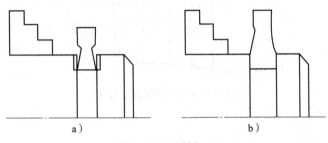

图3—46　沟槽加工

a）沟槽粗加工　b）沟槽精加工

（4）精度要求较高的较宽外圆沟槽加工可以分几次进给，要求每次切削时刀具要有重叠的部分，并在槽沟两侧和底面留一定的精车余量，宽槽加工工艺路线设计如图3—47所示。

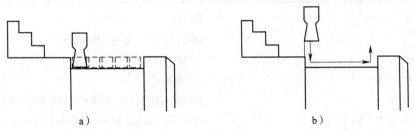

图3—47　宽沟槽加工

a）宽沟槽粗加工　b）宽沟槽精加工

（5）退刀路线。切槽刀或切断刀退刀时要注意合理安排退刀的路线：一般应先退 X 方向，再退 Z 方向，应避免与工件外阶台发生碰撞，造成车刀甚至是机床损坏。

（6）刀位点确定。切槽刀和切断刀都有左右两个刀尖，两个刀尖及切削刃中心都可以成为刀位点，编程时应该根据图纸尺寸标注以及对刀的难易程度确定具体的刀位点。一定要避免编程和实际对刀选用的刀位点不一致。

 技能要求

用外圆粗车循环指令 G71 编写程序

如图 3—48 所示，以工件右端面与轴线建立工件坐标，用 G71 编写外圆初车循环加工程序。

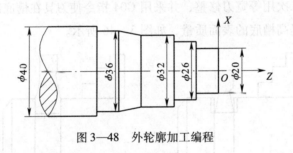

图 3—48 外轮廓加工编程

操作步骤

步骤 1 编程坐标系确定

工件坐标系建立在工件的右端面，工件原点为轴心线与端面的交点。

步骤 2 程序编制（见表 3—9）

表 3—9 程序表（FANUC – 0i 系统）

O0071；	程序名
T0101；	调用 1 号车刀，设定工件坐标系
M03 S1000；	主轴正转，转速 1 000 r/min
G00 X45. Z5. M08；	刀具快速定位
G71 U2.0 R1.0；	调用 G71 循环指令，设置背吃刀量与退刀量
G71 P10 Q20 U0.5 W0.1 F0.2；	设置精加工余量，粗加工进给速度 0.2 mm/r
N10 G01 X20.0 F0.1；	轮廓加工循环开始
Z－8.0；	车削外圆 $\phi 20$

G02 X24.0 Z-10.0 R2.0;	车削圆角 R2
G01 X26.0;	车削台阶
Z-20.0;	车削外圆 ϕ26
G03 X32.0 W-3.0 R3.0;	车削圆角 R3
G01 W-12.0;	车削外圆 ϕ20
X36.0 W-10.0;	车削锥面
Z-55.0;	车削外圆 ϕ36
N20 X42.0;	车削台阶并退出
G00 X50. M09;	X 向快速退出，切削液关闭
M00;	程序暂停
M03 S1200;	主轴正转，转速 1 200 r/min
G00 G42 X45.0 Z5.0;	快速定位并建立刀具补偿
G70 P10 Q20;	精加工循环
G00 G40 X50.0 M09;	X 向退刀，退刀补
Z30.;	Z 向退刀
M05;	主轴停转
M30;	程序结束并复位

用 PA8000 - NT 参数方式编写程序

如图 3—48 所示，以工件右端面与轴线建立工件坐标，设每次切深 1 mm，精加工余量为 0.5 mm（直径值），用 P1 参数变量编写外圆切削循环加工程序。

操作步骤

步骤 1 编程坐标系确定

工件坐标系建立在工件的右端面，工件原点为轴心线与端面的交点。

步骤 2 程序编制（见表 3—10）

表 3—10   程序表（PA8000 - NT 系统）

P000001	程序名
N10 G54	设定工件坐标系
N20 G90	绝对编程
N30 G191	直径编程
N40 S1000 M03	主轴正转，转速 1 000 r/min

N50 G00 X42 Z2 M08	建立刀具补偿
＊N60 P1 = 38500	刀具快速定位，切削液打开
N70 G01 X = P1 F100	P1 初始值
N80 G91	X 向移动到 P1 的赋值，进给速度 100 mm/min
N90 G42	增量编程
N100 G01 Z − 10 D01	车削外圆 φ20
N110 G12 X4 Z − 2 K2	车削圆角 R2
N120 G01 X2	车削台阶
N130 G01 Z − 10	车削外圆 φ26
N140 G13 X6 Z − 3 K3	车削圆角 R3
N150 G01 Z − 12	车削外圆 φ32
N160 G01 X4 Z − 10	车削锥面
N170 G01 Z − 10	车削外圆 φ36
N180 G01 X6	车削台阶并退出
N190 G90	绝对编程
N200 G00 Z2	Z 向快速退出
＊N210 P1 = P1 − 2000	P1 初始值的计算公式
＊N220 IF P1 > 20000 GO 70	转向判断条件
N230 G00 X50 M09	X 向退刀，切削液关闭
N240 G00 Z20	Z 向退刀
N250 M05	主轴停转
N260 M00	程序暂停
N270 G54	设定工件坐标系
N280 G90	绝对编程
N290 M03 S1200	主轴正转，转速 1 000 r/min
N300 G42	建立刀尖圆弧半径补偿
N310 G00 X42 Z2 D01 M08	刀具快速定位，切削液打开
N320 G00 X20	刀具靠近工件
N330 G01 Z − 8 F50	精车外圆 φ26，进给速度 50 mm/min
N340 G12 X24 Z − 10 K2	精车圆角 R2
N350 G01 X26	精车台阶
N360 G01 Z − 20	精车外圆 φ26
N370 G13 X32 Z − 33 K3	精车圆角 R3
N380 G01 Z − 35	精车外圆 φ32
N390 G01 X36 Z − 45	精车锥面

N400 G01 Z – 55	精车外圆 φ36
N410 G01 X42 M09	精车台阶并退出，切削液关闭
N420 G40	刀具补偿取消
N430 G00 Z20	Z 向快速退出
N440 M05	主轴停转
N450 M30	程序结束

用 G75 指令编写程序

如图 3—49 所示，以工件右端面与轴线建立工件坐标，用 G75 编写外槽切削循环加工程序。（设定切槽刀刀刃宽度为 4 mm）

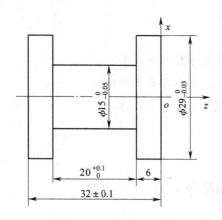

图 3—49　用 G75 指令编程

操作步骤

步骤 1　编程坐标系确定

工件坐标系建立在工件的右端面，工件原点为轴心线与端面的交点。

步骤 2　程序编制（见表 3—11）

表 3—11　　　　　　　　　　程序表（FANUC – 0i 系统）

O0001；	程序名
T0202；	调用 2 号端面车刀，设定工件坐标系
S500 M03；	主轴正转，转速 500 r/min
G00 X30. Z10. M08；	刀具快速定位，打开切削液

G00 Z－10.；	到加工起始位置
G75 R0.3；	切槽循环指令
G75 X15. Z－26. P2000 Q3500 F0.15；	切槽循环指令
G00 X40. Z2.；	退刀
M05；	主轴停转
M30；	程序结束并返回程序开头

学习单元 5　螺纹切削循环指令

学习目标

1. 掌握单行程螺纹切削指令格式和应用
2. 掌握单一固定螺纹切削循环指令和应用
3. 掌握复合螺纹切削循环指令格式和应用

知识目标

一、单行程螺纹切削指令 G32

1. 指令格式

G32 X（U）＿ Z（W）＿ F＿；

其中：

X（U）、Z（W）：螺纹切削的终点坐标值，X 省略时为圆柱螺纹切削，Z 省略时为端面螺纹切削，X、Z 均不省略时为锥螺纹切削；（X 坐标值依据《机械设计手册》查表确定）

F：螺纹导程，单位为 mm。

在 PA8000－NT 系统中，螺纹车削指令（G33）与 FANUC－0i 系统中的螺纹车削指令相同。

指令格式：G33 Z＿ K＿；

其中：

K：螺纹导程。

2. 刀具走刀路线分析

如图 3—50 所示，刀具从 A 点出发以每转一个螺纹导程的速度切削至 B 点，其切削前的进刀和切削后的退刀都要通过其他的程序段来实现。

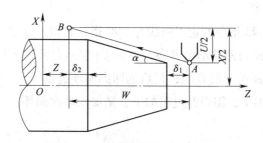

图 3—50　单行程螺纹切削指令图例

3. 说明

（1）车螺纹期间进给速度倍率、主轴速度倍率均无效，始终固定在 100%。

（2）车螺纹期间不要使用恒表面切削速度控制，而要使用 G97 指令指定主轴转速。

（3）车螺纹时，必须设置螺纹加工升速段 L1 和降速段 L2，这样可避免因车刀升、降速而影响螺距的稳定。

（4）螺纹加工时如果牙型深度较深、螺距较大，应该分次进给，每次进给的背吃刀量为用螺纹深度减去精加工背吃刀量所得的差按递减规律分配。

（5）受机床结构及数控系统的影响，车螺纹时主轴的转速有一定的限制。

（6）对于锥螺纹，α 角在 45° 以下，螺纹导程以 Z 轴方向指定；α 角为 45° ～ 90°，螺纹导程以 X 轴方向指定。

（7）在 PA8000 – NT 系统中，螺纹车削指令（G33）与 FANUC – 0i 系统的螺纹车削指令（G32）相同。

二、螺纹切削单一固定循环指令 G92

1. 指令格式

（1）车削加工圆柱螺纹时，指令格式为：

G92　X（U）＿ Z（W）＿ F ＿；

其中：X（U）、Z（W）：螺纹终点坐标；

　　　　F：螺纹导程，单位 mm。

（2）车削加工圆锥螺纹时，指令格式为：

G92　X（U）＿ Z（W）＿ R ＿ F ＿；

其中：X（U）、Z（W）：螺纹终点坐标；

R：圆锥螺纹起点、终点的半径差值，当起点尺寸小于终点尺寸时，R 为负值；

F：螺纹导程，单位 mm。

2. 刀具走刀路线分析

如图 3—51，所示 G92 指令的走刀路线与 G90 指令相似，运动轨迹也是一个矩形。刀具从循环起点 A 沿 X 方向快速移动至 B 点，然后以"导程/转"的进给速度沿 Z 向切削进给至 C 点，再从 X 向快速退刀至 D 点，最后返回到循环起点 A，完成一个螺纹加工循环动作。为了完成整个螺纹加工，需要经过粗加工、精加工多次循环。

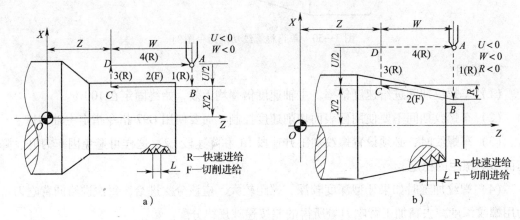

图 3—51　螺纹切削单一固定循环指令

a）圆柱螺纹　b）圆锥螺纹

3. 说明

（1）在螺纹切削过程中，按下循环暂停键时，刀具立即按斜线回退，先回到 X 轴起点，再回到 Z 轴起点。在回退过程中，不能进行另外的暂停。

（2）如果在单段方式下执行 G92 循环，则每执行一次循环必须按 4 次循环启动按钮。

（3）G92 指令是模态指令，当 Z 轴移动量没有变化时，只需对 X 轴指定其移动指令即可重复执行固定循环动作。

（4）在 G92 指令执行过程中，进给速度倍率和主轴速度倍率均无效。

（5）执行 G92 循环指令时，在螺纹切削的收尾处，刀具沿接近 45°的方向斜向退刀，Z 向退刀距离由系统参数设定。

三、螺纹切削复合循环指令 G76

1. 指令格式

G76 P（m）（r）（α）Q（$\Delta d_{\min}$）R（d）；

G76 X（U）__ Z（W）__ R（i）P（k）Q（Δd）F __；

其中：

m：精加工重复次数（取值范围：01～99）；

r：倒角量，即螺纹切削退尾处（45°方向退刀）的 Z 向退刀距离。当螺距用 P 表示时，可以从 0.1P 到 9.9P 设定，单位为 0.1P（表达时用两位数表达：00 到 99）；

α：刀尖角度，可以选择的刀尖角度有：80°、60°、55°、30°、29°和0°，由两位数规定。

如当 $m=2$，$r=1.2P$，$\alpha=60$°时，则表达为 P021260；

Δd_{min}：最小切深（该值用不带小数点的半径值表示），当一次循环运行的切深小于此值时，切深自动修改为此值；

d：精加工余量（该值用不带小数点的半径值表示）；

X（U）、Z（W）：螺纹终点坐标值；

i：锥螺纹起点与终点的半径差，i 为零时表示加工圆柱螺纹；

k：螺纹牙型高度（该值用不带小数点的半径值表示），始终为正值；

Δd：第一刀切削深度（该值用不带小数点的半径值表示），始终为正值；

F：进给速度。

2. 刀具走刀路线分析

如图 3—52 所示，加工圆柱外螺纹时，刀具从循环起点 A 出发，以 G00 方式沿 X 向进给至螺纹牙顶 X 坐标处（即 B 点，该点的 X 坐标值＝小径＋2k），然后沿基本牙型一侧平行的方向进给，X 向切深为 Δd；再以螺纹切削方式切削至离 Z 向终点距离为 r 处，倒角退刀至 D 点，再沿 X 向退刀至 E 点，最后返回 A 点，准备第二刀切削循环。如此分多刀切削循环，直至循环结束。

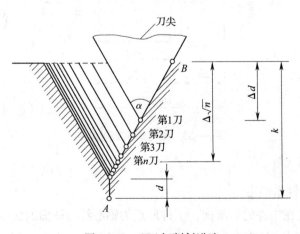

图 3—52　G76 切削斜进法

执行螺纹切削复合循环指令加工时，采用斜进式进刀，背吃刀量是逐步递减的。第一刀切削循环时，背吃刀量为 Δd；第二刀的背吃刀量为 $(\sqrt{2}-1)\,\Delta d$；第 n 刀的背吃刀量为 $(\sqrt{n}-\sqrt{n-1})\,\Delta d$。

3. 说明

（1）G76 可以在 MDI 方式下使用。

（2）在执行 G76 循环时，如按下循环暂停键，则刀具在螺纹切削后的程序段暂停。

（3）G76 指令为非模态指令，所以必须每次指定。

（4）在执行 G76 时，如要进行手动操作，刀具应返回到循环操作停止的位置。如果没有返回到循环停止位置就重新启动循环操作，手动操作的位移将叠加在该条程序段停止时的位置上，刀具轨迹就多移动了一个手动操作的位移量。

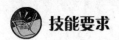 **技能要求**

螺纹切削循环指令编程

编写如图 3—53 所示图形程序，并分别利用 G32、G33、G92、G76 指令编程。

操作条件：前置刀架，螺纹刀正装，主轴正转。

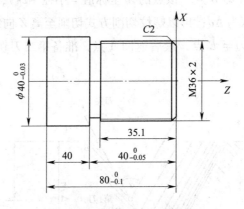

图 3—53　编写螺纹车削程序

操作步骤

步骤 1　编程坐标系确定

工件坐标系建立在工件的右端面，工件原点为轴心线与端面的交点。

步骤 2　程序编制（见表 3—12、表 3—13、表 3—14、表 3—15）

表 3—12 程序表（FANUC－0i 系统，G32 指令）

O0032;	程序名
T0303;	调用 3 号螺纹刀，设定工件坐标系
S600 M03;	主轴正转，转速 600 r/min
G00 X38. Z5. M08;	刀具快速定位，打开切削液
X34.6;	螺纹第 1 刀的 X 向切削位置
G32 Z－37. F2.;	螺纹第 1 刀切削，背吃刀量 1.2 mm，螺距 2 mm
G00 X38.;	X 向快速退出
Z5.;	Z 向快速退出
X34.;	螺纹第 2 刀的 X 向切削位置
G32 Z－37. F2.;	螺纹第 2 刀切削，背吃刀量 0.6 mm
G00 X38.;	X 向快速退出
Z5.;	Z 向快速退出
X33.6;	螺纹第 3 刀的 X 向切削位置
G32 Z－37. F2.;	螺纹第 3 刀切削，背吃刀量 0.4 mm
G00 X38.;	X 向快速退出
Z5.;	Z 向快速退出
X33.5;	螺纹第 4 刀的 X 向切削位置
G32 Z－37. F2.;	螺纹第 4 刀切削，背吃刀量 0.1 mm
G00 X38.;	X 向快速退出
Z5.;	Z 向快速退出
X33.4;	螺纹第 5 刀的 X 向切削位置
G32 Z－37. F2.;	螺纹第 5 刀切削，背吃刀量 0.1 mm
G00 X38. M09;	X 向快速退出，关闭切削液
Z50. M05;	Z 向快速退出，主轴停转
M30;	程序结束并复位

表 3—13 程序表（PA8000－NT 系统，G33 指令）

P000033	程序名
N10 G54	设定工件坐标系
N20 G90	绝对值编程
N30 G191	直径编程
N40 S600 M03	主轴正转，转速 600 r/min
N50 G00 X38 Z5 M08	刀具快速定位，打开切削液
N60 X34.6	螺纹第 1 刀的 X 向切削位置
N70 G33 Z－37 F2	螺纹第 1 刀切削，背吃刀量 1.2 mm，螺距 2 mm

N80 G00 X38	X 向快速退出
N90 Z5	Z 向快速退出
N100 X34	螺纹第 2 刀的 X 向切削位置
N110 G33 Z－37 F2	螺纹第 2 刀切削，背吃刀量 0.6 mm
N120 G00 X38	X 向快速退出
N130 Z5	Z 向快速退出
N140 X33.6	螺纹第 3 刀的 X 向切削位置
N150 G33 Z－37 F2	螺纹第 3 刀切削，背吃刀量 0.4 mm
N160 G00 X38	X 向快速退出
N170 Z5	Z 向快速退出
N180 X33.5	螺纹第 4 刀的 X 向切削位置
N190 G33 Z－37 F2	螺纹第 4 刀切削，背吃刀量 0.1 mm
N200 G00 X38	X 向快速退出
N210 Z5	Z 向快速退出
N220 X33.4	螺纹第 5 刀的 X 向切削位置
N230 G32 Z－37 F2	螺纹第 5 刀切削，背吃刀量 0.1 mm
N240 G00 X38 M09	X 向快速退出，关闭切削液
N250 Z50 M05	Z 向快速退出，主轴停转
N260 M30	程序结束并复位

表 3—14　　　　　　　程序表（FANUC－0i 系统，G92 指令）

O0092；	程序名
T0303；	调用 3 号螺纹刀，设定工件坐标系
S600 M03；	主轴正转，转速 600 r/min
G00 X38. Z5. M08；	刀具快速定位至循环起点，打开切削液
G92 X34.6 Z－37. F2.；	螺纹第 1 次切削循环，背吃刀量 1.2 mm，螺距 2 mm
X34.；	螺纹第 2 次切削循环
X33.6；	螺纹第 3 次切削循环
X33.5；	螺纹第 4 次切削循环
X33.4；	螺纹第 5 次切削循环
G00 X50. M09；	X 向快速退出，关闭切削液
G00 Z5. M05；	Z 向快速退出，主轴停转
M30；	程序结束并复位

表 3—15　　　　　　　　程序表（FANUC-0i 系统，G76 指令）

O0076；	程序名
T0303；	调用 3 号螺纹刀，设定工件坐标系
S600 M03；	主轴正转，转速 600 r/min
G00 X38. Z5. M08；	刀具快速定位至循环起点，打开切削液
G76 P011060 Q100 R0.1；	调用螺纹切削复合循环，设置相关参数
G76 X33.4 Z-37. R0. P1300 Q500 F2.0；	螺距 2 mm
G00 X50. M09；	X 向快速退出，关闭切削液
G00 Z5. M05；	Z 向快速退出，主轴停转
M30；	程序结束并复位

 学习单元6　子程序编程

 学习目标

1. 了解数控车床子程序的个数与嵌套要求
2. 掌握数控车床子程序的调用方法
3. 掌握数控车床子程序的编写格式

 知识要求

一、主程序和子程序的认知

1．主程序

数控车床的加工程序可以分为主程序和子程序两种。主程序是一个完整的零件加工程序，或是零件加工程序的主体部分，它与被加工零件或加工要求一一对应，不同的零件或不同的加工要求，都有唯一的主程序与之对应。

2．子程序

在编制加工程序时，如果一个程序中包含固定加工顺序或频繁重复图形，则会有一个程序段在一个程序中多次出现，或者在几个程序中都要使用该程序段。这个典型的程序段可以做成固定程序存放在存储器中，并单独加以命名，这个程序段就称为子程序。

子程序一般都不可以作为独立的加工程序使用，它只能通过主程序进行调用，实现加工中的局部动作。子程序执行结束后，能自动返回到相应的主程序中。

二、调用子程序

1. FANUC 系统调用子程序

格式：M98 P × × × ×　 × × × × ；

　　　　　　　↑　　　　　　 ↑

　　　　　循环次数　　子程序号

说明：省略循环次数时，默认循环次数为一次。子程序可以由主程序调用，并且已被调用的子程序还可调用其他的子程序。从主程序调用的子程序称为一重，一共可以调用 4 重，如图 3—54 所示。子程序的个数没有限制，子程序嵌套层数有限制。

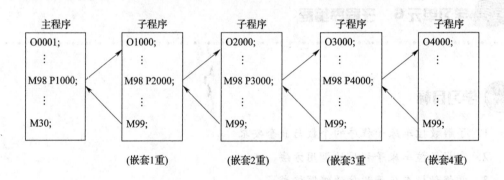

图 3—54　子程序调用（FANUC 系统）

如：M98 P51002 此条指令表示子程序号为 1002 的子程序连续被调用 5 次。也可把 M98 P __ 与移动指令放在同一个程序段中。又如：X100.0 M98 P1200；此条指令表示 X 移动结束后，调用子程序号为 1200 的子程序 1 次。

2. PA8000 系统调用子程序

在 PA8000 系统中，调用子程序是由 Q 指令后跟 NC 子程序号来调用。

格式：Q × × 　 L × ×

　　　　　↑　　　　 ↑

　　　子程序号　 循环次数（调用次数 −1）

说明：子程序可以调用子程序，但对主程序最多可调用 4 层子程序，如图 3—55 所示；

如：N × × Q100　 L5，此条指令表示：程序 100 将被作为子程序调用并总共执行 6（5 +1）次。当调用次数为 1 次时，应不写 L 指令。

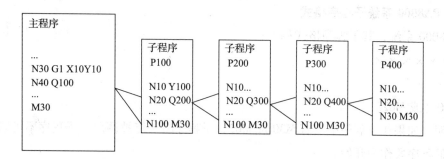

图 3—55 子程序调用（PA8000 系统）

3. SIEMENS 系统调用子程序

在一个程序中（主程序或子程序）可以直接用程序名调用子程序。子程序调用要求占用一个独立的程序段。如果要求多次连续地执行某一子程序，则在编程时必须在所调用子程序的程序名后加地址字 P 以及调用次数。当调用次数为 1 次，可省略 P 指令，调用格式如下：

L×××× P×××┐ 或 ×××× P×××┐

如：N10 L567 P2 ┐   调用 L567 子程序 2 次

N50 BB11 P5 ┐   调用 BB11 子程序 5 次

三、子程序格式

1. FANUC 系统子程序格式

格式：O ××××;   子程序号

......

M99;   程序结束，返回主程序

说明：M99 也可以不作为一个单独的程序段，如：X100.0 Z100.0 M99;

M99 指令为子程序结束并返回主程序 M98 的下一程序段，继续执行主程序，如图 3—56 所示。

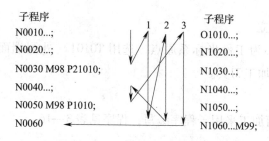

图 3—56 主程序调用子程序的执行顺序

2. PA8000 系统子程序格式

PA8000 系统，其子程序格式如下：

P×××××

……

M30（或 M02）

说明：如果在子程序中没有 M30 或 M02，子程序将不能被调用；子程序不可以采用参数编程的程序段作为开始。

3. SIEMENS 系统子程序格式

（1）子程序的命名

SIEMENS 数控系统规定程序名有文件名和文件扩展名组成，文件名可以由字母或字母＋数字组成。文件扩展名有两种，即".MPF"和".SPF"。其中，".MPF"表示主程序，如"AB123.MPF"；".SPF"表示子程序，如"L345.SPF"。值得注意的是程序名的每个"0"都有具体意义，不能省略，如"L123"不同于"L00123"。

（2）子程序的格式

在 SIEMENS 系统中，子程序的结束通常为 M17、M02 和 RET 指令。子程序除程序后缀和程序结束指令与主程序略有不同外，在内容和结构上与主程序并无本质区别。

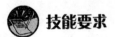 **技能要求**

用 FANUC－0i 系统子程序指令编程

零件图如图 3—57 所示。已知毛坯直径为 $\phi32$ mm，长度为 100 mm，运用子程序编写零件加工程序。

操作步骤

步骤 1 坐标系建立

以工件右端面中心为工件坐标系原点，选用 T0101（外圆端面车刀）、T0202（切槽刀，刀宽 2 mm）作为加工刀具。

步骤 2 编写程序

根据零件特点，槽加工采用子程序编写，程序见表 3—16。

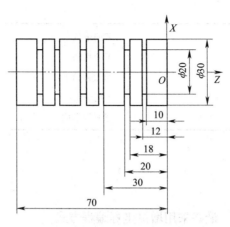

图 3—57　子程序编程

表 3—16	程序表（FANUC–0i 系统）
程序	说明
O0002 ;	程序名
T0101 ;	调用 1 号刀，设定工件坐标系
M03 S1000 ;	主轴正转，转速 1 000 r/min
G00 X35. 0 Z2. 0 ;	刀具快速定位
G90 X30. 0 Z – 75. 0 F0. 2 ;	切削外圆
G00 X100. 0 Z50. 0 ;	刀具返回
T0202 ;	调用 1 号刀，设定工件坐标系
G00 X32. 0 Z0. 0 ;	刀具快速定位
M98 P30203 ;	调用子程序
G00 W – 12. 0 ;	Z 向定位
G01 X2. 0 F0. 2 ;	X 向切削
G00 X100. 0 ;	X 向快速退出
Z50. 0 ;	Z 向快速退出
M05 ;	主轴停转
M30 ;	程序结束
O0203 ;	子程序名
G00 W – 12. 0 ;	Z 向快速定位
G01 U – 12. 0 F0. 1 ;	X 向切削
G04 X1. 0 ;	槽底停留 1 s
G00 U12. 0 ;	X 向退出

续表

W‒8.0；	Z 向定位
G01 U‒12.0；	X 向切削
G04 X1.0；	槽底停留 1 s
G00 U12.0；	X 向退出
M99；	子程序返回

 特别提示

（1）在编写子程序时，最好采用增量坐标编程方式。

（2）刀尖圆弧半径补偿模式中的程序指令不能被分隔。

第 4 章

数控车床仿真操作加工

第 1 节　FANUC－0i 仿真系统操作

 学习单元 1　轴类零件加工仿真系统操作

 学习目标

1. 了解仿真软件的安装

2. 了解 FANUC－0i 系统数控车床仿真系统操作界面

3. 掌握基点坐标的计算

4. 能分析零件图

5. 能合理选择刀具、编制数控工艺

6. 能用 FANUC－0i 系统格式编写零件程序

7. 能利用数控加工仿真系统 FANUC－0i 数控系统对轴类零件进行仿真加工

 知识要求

一、宇龙数控仿真软件的安装（网络版）

在局域网中选择一台机器作为教师机，安装网络版数控加工仿真系统，一个局域网内只能有一台教师机；其他机器作为学生机，学生机通常由学生使用。

将加密锁安装在教师机相应接口。

将"数控加工仿真系统"的安装光盘放入光驱。

在"资源管理器"中，点击"光盘"，在显示的文件夹目录中点击"数控加工仿真系统4.8"的文件夹。

选择了适当的文件夹后，点击打开。在显示的文件名目录中双击 setup Setup.exe Macrovision Corp... ，系统弹出如图 4—1 所示的准备安装向导界面。

在系统接着弹出的"欢迎"界面中点击"下一步"按钮，如图 4—2 所示。

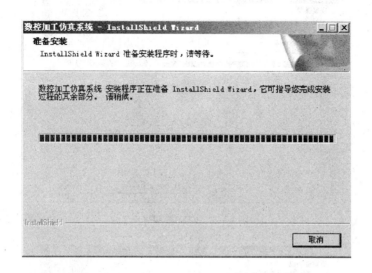

图4—1　准备安装向导界面

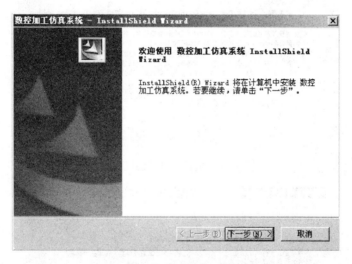

图4—2　软件安装欢迎界面

进入"选择安装类型"界面，选择"教师机"或"学生机"，如图4—3所示。

在系统接着弹出的"软件许可证协议"界面中选择接受，如图4—4所示。

系统弹出"选择目标位置"界面，在"目标文件夹"中点击"浏览"按钮，选择所需的目标文件夹，默认的是"C：\ Program Files \ 数控加工仿真系统"。目标文件夹选择完成后，点击"下一步"按钮，如图4—5所示。

系统进入"可以安装程序"界面，点击"安装"按钮，如图4—6所示。

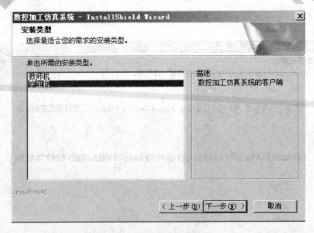

图4—3　安装类型界面

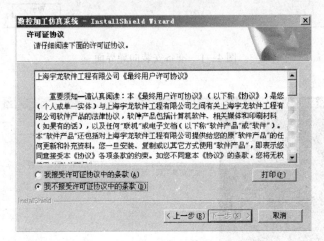

图4—4　软件许可证协议界面

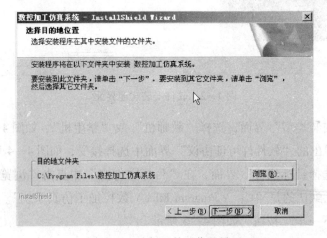

图4—5　选择目的地位置界面

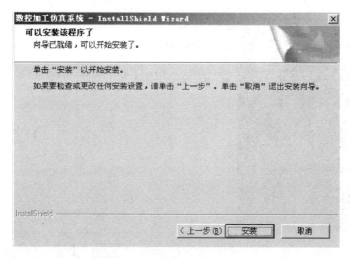

图4—6 程序安装界面

此时弹出数控加工仿真系统的安装界面，如图4—7所示。

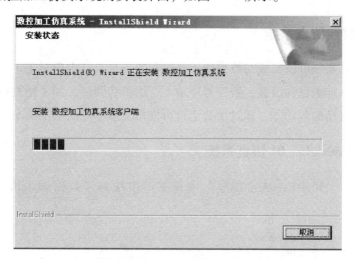

图4—7 安装过程界面

安装完成后，系统弹出"问题"对话框，如图4—8所示。

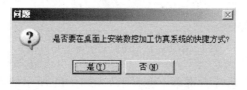

图4—8 快捷方式安装界面

创建完快捷方式后，完成仿真软件的安装，如图4—9所示。

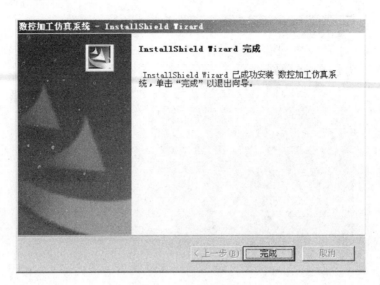

图4—9　安装完成界面

二、认识数控仿真系统

宇龙数控仿真系统可以实现对数控加工全过程的仿真，其中包括毛坯、夹具和刀具定义与选用，零件基准测量和设置，数控程序输入、编辑和调试，加工仿真以及各种错误检测功能，但没有自动编程功能。通过仿真运行可模拟实际零件的加工情况。

三、进入 FANUC–0i 仿真系统

单击 Windows "开始"，从"程序"下拉菜单中找到"数控加工仿真系统"，如图4—10 所示。

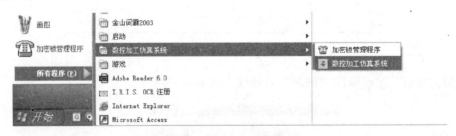

图4—10　数控加工仿真系统下拉菜单

单击"数控加工仿真系统"屏幕上会显示如图4—11所示的界面，可以选择"快速登录"进入该系统。

单击主菜单上的"机床"后再点击下拉菜单"选择机床"，根据需要选择 FANUC 系

统的 0i 系列，如图 4—12 和图 4—13 所示。选择车床，点击"确定"后，进入如图 4—14
所示界面。

图 4—11　数控加工仿真系统登录菜单

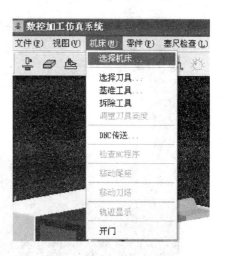

图 4—12　选择机床

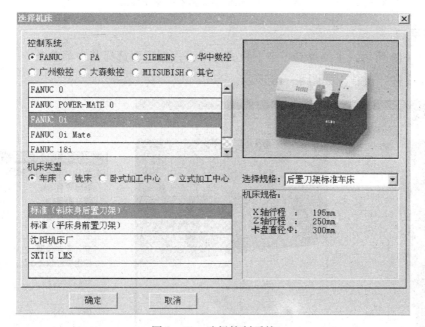

图 4—13　选择控制系统

四、认识数控车床仿真系统操作界面

FANUC - 0i 数控车床操作界面如图 4—14 所示。

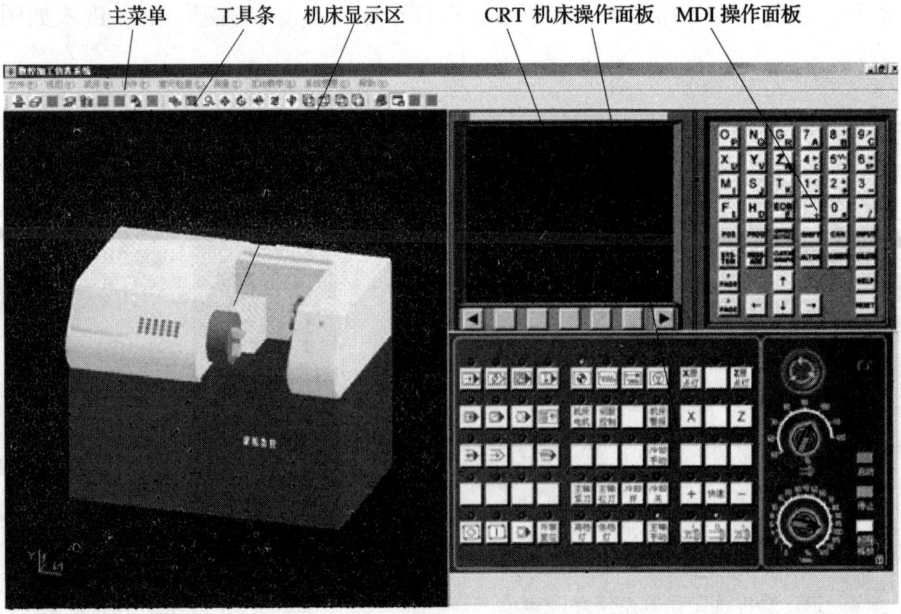

主菜单　　工具条　　机床显示区　　　CRT 机床操作面板　MDI 操作面板

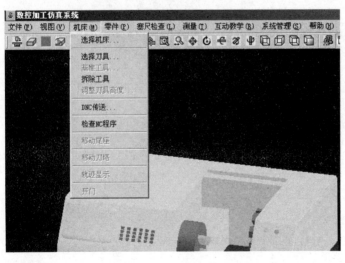

图 4—14　数控车床仿真系统操作界面

1. 主菜单

如图 4—15 所示，主菜单是一个下拉式菜单，根据需要选择其中菜单条。

（1）"文件"菜单。如图 4—16 所示。

图 4—15　下拉式主菜单 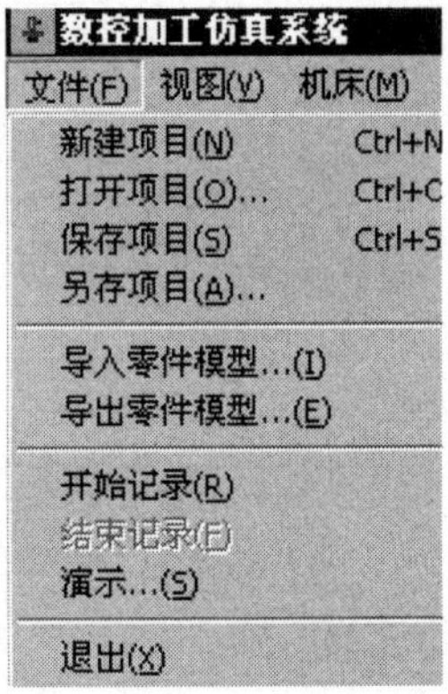　　　　　　　　图 4—16　下拉式"文件"菜单

文件菜单项内容及功能见表 4—1。

（2）"视图"菜单。如图 4—17 所示。

表4—1　　　　　文件菜单项内容及功能

菜单项	功　能
新建项目	开始一个新的仿真文件
打开项目	打开一个已经存在的仿真文件
保存项目	将当前工作状态保存为一个文件，供以后继续使用
另存项目	将当前工作状态换名保存
导入/导出零件模型	用于保存和使用已加工过的零件
开始记录	用于记录操作者的操作过程，需要时可以回放
结束记录	结束操作过程记录，并保存记录
演示	用于模拟仿真考试记录回放
退出	结束数控加工仿真系统程序

图4—17　下拉式"视图"菜单

视图菜单项内容及功能见表4—2。

（3）"机床"菜单。如图4—18所示。

表4—2　　　　　视图菜单项内容及功能

菜单项	功　能
复位	进行缩放、旋转和平移操作后，单击此命令可将视图恢复到原始状态
动态平移	鼠标点击机床显示区机床零件动态平移
动态旋转	鼠标点击机床显示区机床零件动态旋转
动态放缩	实现动态缩放功能
局部放大	实现局部放大功能
绕 X 轴旋转	鼠标点击机床显示区机床零件绕 X 轴旋转
绕 Y 轴旋转	鼠标点击机床显示区机床零件绕 Y 轴旋转
绕 Z 轴旋转	鼠标点击机床显示区机床零件绕 Z 轴旋转
前视图	从正前方观察机床和零件
俯视图	从正上方观察机床和零件
左侧视图	从左边观察机床和零件
右侧视图	从右边观察机床和零件
控制面板切换	显示或者隐藏数控系统操作面板
手脉	显示或者隐藏手摇脉冲发生器
触摸屏工具	打开触摸屏工具箱，鼠标点击控制机床缩放、平移和旋转
选项	显示参数设置

图4—18　下拉式"机床"菜单

机床菜单项内容及功能见表4—3。

表4—3　　　　　　　　　　　　机床菜单项内容及功能

菜单项	功　　能
选择机床	选择加工机床类型
选择刀具	选择车床加工刀具
基准工具	选择对刀基准工具（车床不用）
拆除工具	拆除对刀基准工具（车床不用）
调整刀具高度	设置刀具安装高度
DNC 传送	从文件中读取数控程序，系统将弹出 Windows 打开文件标准对话框，从中选择数控代码存放的文件
检查 NC 程序	对数控加工程序进行语法检查
移动尾座	功能未开发
移动刀塔	功能未开发
轨迹显示	功能未开发
开门	功能未开发

（4）"零件"菜单。如图4—19所示。

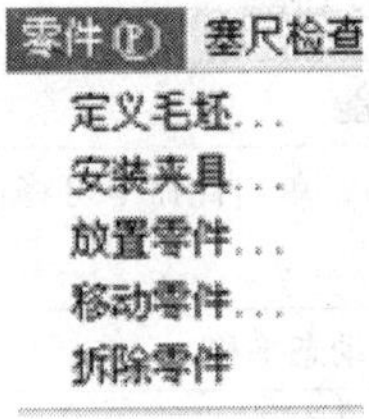

图4—19　下拉式"零件"菜单

零件菜单项内容及功能见表4—4。

表4—4　　　　　　　　　　　　零件菜单项内容及功能

菜单项	功　　能
定义毛坯	确定加工零件毛坯形状和尺寸
安装夹具	车床无此功能
放置零件	在三爪自定心卡盘上放置零件
移动零件	调整零件前后位置
拆除零件	从机床上拆除零件。

（5）"塞尺检查"菜单。车床无此功能。

（6）"测量"菜单。如图4—20所示。

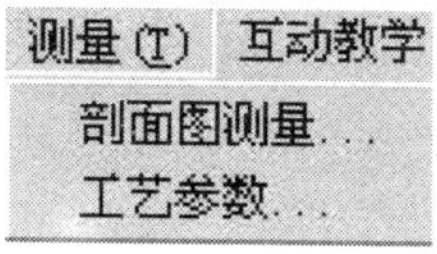

图4—20　下拉式"测量"菜单

测量菜单项内容及功能见表4—5。

表4—5　测量菜单项内容及功能

菜单项	功　能
剖面图测量	零件仿真测量
工艺参数	车削刀具切削工艺参数推荐

（7）其他。除了上述菜单外，还有"互动教学""系统管理"和"帮助"菜单。其中互动教学菜单可以在授课模式下用于教学沟通或考试模式下导出程序、交卷等。系统管理菜单是该软件对用户的管理、系统的设置和刀具的管理等。帮助菜单主要是该软件的安装和操作说明。

2．工具条

位于菜单条的下方，分别对应不同的菜单栏选项，如图4—21所示。

图4—21　工具条

工具条内容及功能见表4—6。

表4—6　工具条内容及功能

工具键	定义	对应菜单项
	机床选择	机床 → 选择机床
	毛坯定义	零件 → 定义毛坯
	放置零件	零件 → 放置零件
	选择刀具	机床 → 选择刀具
	DNC 传送	机床 → DNC 传送
	复位	视图 → 复位
	局部放大	视图 → 局部放大
	动态缩放	视图 → 动态缩放

工具键	定义	对应菜单项
✥	动态平移	视图 → 动态平移
↻	动态旋转	视图 → 动态旋转
⟲	绕 X 轴旋转	视图 → 绕 X 轴旋转
⟳	绕 Y 轴旋转	视图 → 绕 Y 轴旋转
⟲	绕 Z 轴旋转	视图 → 绕 Z 轴旋转
⊡	左视图	视图 → 左侧视图
⊡	右视图	视图 → 右侧视图
⊡	俯视图	视图 → 俯视图
⊡	前视图	视图 → 前视图
▦	选项	视图 → 选项
▣	控制面板切换	视图 → 控制面板切换

3. 机床显示区

机床显示区是一台模拟的机床，它可以显示操作者在装夹工件、刀具选择、对刀过程、零件加工等方面的操作，用虚拟机床让我们可以看到真实机床加工的全过程。

4. CRT/MDI 操作面板

在"视图"下拉菜单或者工具条菜单中选择"控制面板切换"后，数控系统操作键盘会出现在视窗的右上角，其左侧为数控系统显示屏，右侧为数控系统的手动数据输入面板，即 MDI 面板，如图 4—22 所示。用操作键盘结合 CRT 显示屏可以进行数控系统操作。

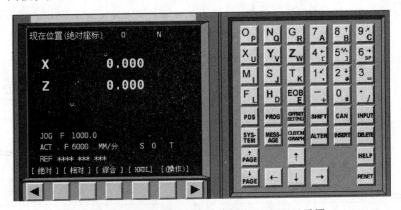

图 4—22　数控系统 MDI 操作键盘和 CRT 显示屏

在 FANUC - 0i 系统中程序的输入和编辑是通过系统的手动数据输入面板（MDI 面板）进行的。如图 4—23 所示是 FANUC - 0i 系统中 MDI 面板之一。

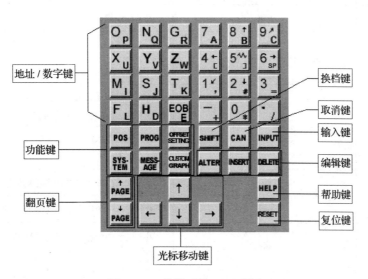

图 4—23　数控系统 MDI 面板

按键简介见表 4—7。

表 4—7　　　　　　　　　　　　　　按键介绍

类别	按键名	功能
功能键	POS	显示现在刀具的位置
	PROG	在 EDIT 方式下，用于编辑、显示存储器里的程序；在 MDI 方式下，用于输入、显示 MDI 数据；在机床自动操作时，用于显示程序指令值
	OFFSET SETTING	用于设定、显示补偿值、宏程序变量和用户参数的设定等
	SYSTEM	用于参数的设定、显示及自诊断数据的显示（仿真软件中目前还没有此功能）
	MESSAGE	用于报警信息的显示（仿真软件中目前还没有此功能）
	CUSTOM GRAPH	用于用户宏画面（仿真软件中目前还没有此功能）和图形的显示
地址/数字键	EOB E	结束一行程序的输入并且换行

续表

类别	按键名	功能
程序编辑键	ALTER	用于程序修改
	INSERT	用于程序插入
	DELETE	用于程序删除
复位键	RESET	当机床自动运行时，按下此键，则机床的所有操作都停下来。同时也用于清除报警
输入键	INPUT	用于输入参数或补偿值等，也可以在 MDI 方式下输入命令数据
取消键	CAN	用于取消已输入到缓冲器里的最后一个字符或符号
换档键	SHIFT	用于选择一个键上有两个字符中的一个字符
帮助键	HELP	用于显示如何操作机床和 CNC 报警时提供报警的详细信息
光标移动键	↑ ← ↓ →	用于光标移动
翻页键	PAGE↑ PAGE↓	用于屏幕换页

5. 机床操作面板

机床操作面板位于窗口的右下侧，如图 4—24 所示，主要用于控制机床的运动和选择机床运行状态，由方式选择旋钮、数控程序运行控制开关等多个部分组成。

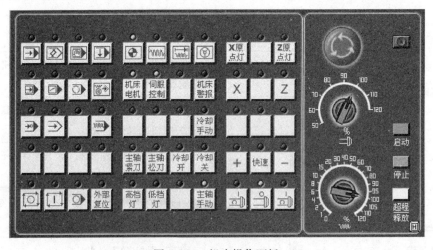

图 4—24　机床操作面板

机床操作按键介绍见表4—8。

表 4—8 机床操作按键

按键名	含义	功能
	自动加工模式	进入自动加工方式
	程序编辑模式	用于直接通过操作面板输入数控程序和编辑程序
	MDI 模式	手动数据输入
	手动脉冲模式	手轮移动刀具
	手动脉冲模式打开显示	
	手动模式	手动连续移动刀具
	DNC 程序传输	从计算机读取一个数控程序
	程序执行	程序开始，刀具开始加工
	进给保持	程序运行暂停，在程序运行过程中，按下此按钮运行暂停
	主轴正转	必须在手动方式下，机床主轴手动正转
	主轴反转	必须在手动方式下，机床主轴手动反转
	手动方式机床主轴停止	必须在手动方式下，机床主轴手动停止
+	正方向移动按钮	刀具正向移动
−	负方向移动按钮	刀具负向移动
快速	快速按钮	与 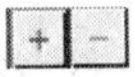 + − 和轴选择按钮配合使用可快速移动刀具
X Z	方向键	手动移动刀具方向选择按钮，使刀具在相应的方向上移动

按键名	含义	功能
  单步执行开关	单步执行开关	按该按钮，上面的指示灯亮，每次执行一条数控指令
	选择跳过开关	按该按钮，上面的指示灯亮，程序中跳过符号"/"有效
	M01 开关	按一下该按钮，则上面的指示灯亮，表示 M01 代码有效
	急停按钮	按下急停按钮，机床处于紧急停止状态，排除故障后，需朝按钮上的箭头方向旋转才能使急停按钮复位
	复位键	急停状态的复位
	显示手轮	显示手轮及相关的旋钮，再单击 ，可隐藏手轮，手轮操作必须单击操作面板上的"手动脉冲"按钮 或 ，使指示灯 变亮
	单步进给量控制旋钮	选择手动移动台面时每一步的距离：×1 为 0.001 mm；×10 为 0.01 mm；×100 为 0.1 mm。置光标于旋钮上，单击鼠标左键，旋钮逆时针转动，单击鼠标右键，旋钮顺时针转动
	轴选择旋钮	置光标于旋钮上，单击左键或右键，选择坐标轴
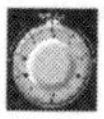	手轮	光标对准手轮，单击左键或右键，精确控制机床的正负移动。按鼠标右键，手轮顺时针转，机床往正方向移动；按鼠标左键，手轮逆时针转，机床往负方向移动
	进给速度（F）调节旋钮	调节数控程序运行中的进给速度，调节范围为 0% ~ 120%，手动方式 下移动台面的速度，调节范围为 0 ~ 2 000 mm/min。置光标于旋钮上，单击鼠标左键，旋钮逆时针转动；单击鼠标右键，旋钮顺时针转动

技能要求

编制数控加工工艺

编制如图 4—25 所示轴类零件的数控加工工艺规程。

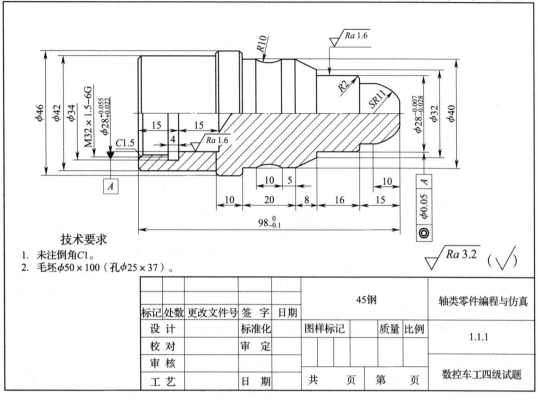

技术要求
1. 未注倒角C1。
2. 毛坯 $\phi 50 \times 100$（孔 $\phi 25 \times 37$）。

标记	处数	更改文件号	签 字	日期		45钢			轴类零件编程与仿真
设 计			标准化		图样标记		质量	比例	1.1.1
校 对			审 定						
审 核									数控车工四级试题
工 艺			日 期		共 页		第 页		

图4—25 零件图

操作准备

图样、空白工艺卡片、空白刀具卡片、笔、尺等。

操作步骤

步骤1 工艺分析

编制数控加工工艺，填写工艺卡片，见表4—9。

表4—9 数控加工工艺卡片

数控加工工艺卡				零件代号		材料名称		零件数量
				1. 1. 1		45 钢		1
设备名称	数控车床	系统型号	FANUC－0i	夹具名称	卡盘	毛坯尺寸		$\phi 100 \times 25$
工序 （工步） 号	工序内容			刀具号	主轴 转速 （r/min）	进给量 （mm/r）	背吃 刀量 （mm）	备注 （程序名）
1	三爪自定心卡盘装夹工件，伸出卡盘45 mm							O1111
（1）	车端面，以工件右端面中心为工件坐标系			1	800			

工序（工步）号	工序内容	刀具号	主轴转速（r/min）	进给量（mm/r）	背吃刀量（mm）	备注（程序名）
（2）	粗车外圆φ46 mm、φ42 mm，留1 mm		800	0.3	2	
（3）	精车外圆至图样尺寸		1 200	0.1	0.5	
（4）	粗镗内台阶孔，工件坐标系不变	2	600	0.15	1	
（5）	精镗内台阶孔，保证φ28 mm尺寸精度		800	0.08	0.5	
（6）	切内孔槽至尺寸	3	600	0.1		
（7）	车内螺纹M32×1.5	4	800	1.5		
2	调头，以φ42 mm外圆定位，保证同轴度，夹紧，车总长	1	1 000	0.2		O1112
（1）	粗车外轮廓，留1 mm		800	0.3	2	
（2）	精车外轮廓至图样尺寸		1 000	0.1	0.5	
3	去毛刺检验					
编制		审核		批准	年 月 日	共1页 第1页

步骤2　刀具选择

根据数控加工工艺，选择所用刀具，填写刀具卡片，见表4—10。

表4—10　　　　　数控刀具卡片

序号	刀具号	刀具名称	刀具规格	刀具材料	备注（半径补偿）
1	1	外圆刀	刀尖角35°	硬质合金	R0.4
2	2	内孔镗刀	φ16 mm，κ_r75°	硬质合金	R0.4
3	3	内孔槽刀	刀宽4 mm	硬质合金	—
4	4	内螺纹刀	φ16 mm，刀尖角60°，螺距1.5 mm	硬质合金	R0.2
编制		审核	批准	年 月 日	共 1 页 第1页

用 FANUC-0i 系统格式编写加工程序

操作准备

图样、函数计算器、工艺卡片、刀具卡片、笔、尺等。

操作步骤

步骤1　工序1程序编写见表4—11。

表 4—11   O1111 程序单

O1111；	T0202；
T0101；	M04 S800；
M04 S800；	G00 X23. Z5. ；
G00 X55. Z5. ；	G70 P30 Q40 F0. 08；
G71 U2. R1. ；	G00 Z100. ；
G71 P10 Q20 U1. W0. F0. 3；	M00；
N10 G01 X40. ；	T0303；
Z0. ；	M04 S600；
G01 X42. Z－1. ；	G00 X23. Z5. ；
Z－29. ；	G01 Z－15. F0. 3；
X44. ；	X34. F0. 1；
X46. Z－30. ；	G00 X23. ；
Z－45. ；	G00 Z100. ；
N20 G01 X55. ；	M00；
G00 Z100. ；	T0404；
M00；	M04 S800；
T0101；	G00 X23. Z5. ；
M04 S1200；	G92 X30. 05 Z－13. F1. 5；
G00 X55. Z5. ；	X30. 77；
G70 P10 Q20 F0. 1；	X31. 31；
G00 Z100. ；	X31. 67；
M00；	X31. 85；
T0202；	G00 Z100. ；
M04 S600；	M05；
G00 X23. Z5. ；	M30；
G71 U1. R1. ；	
G71 P30 Q40 U－1. W0. F0. 15；	
N30 G01 X31. 85；	
Z0. ；	
X30. 05 Z－1. 5；	
Z－15. ；	
X28. 055 Z－16. 5；	
Z－30. ；	
N40 G01 X23. ；	
G00；	
Z100. ；	
M00；	

步骤2 工序2程序编写见表4—12。

表4—12　　　　　　　　　　　　　　O1112 程序单

O1112；	Z－44.；
T0101；	G02 X40. Z－54. R10.；
M04 S800；	G01 X40. Z－59.；
G00 X55. Z5.；	X44.；
G73 U18. R10；	X46. Z－60.；
G73 P10 Q20 U1. W0 F0.3；	N20 G01 X55.；
N10 G01 X0.；	G00 Z100.；
Z0.；	M00；
X9.165；	T0101；
G03 X22. Z－10. R11.；	M04 S1000；
G01 X22. Z－15.；	G42 G00 X55. Z5.；
X23.983；	G70 P10 Q20 F0.1；
G03 X27.983 Z－17. R2.；	G40 G00 Z100.；
G01 X27.983 Z－31.；	M05；
X32.；	M30；
X40. Z－39.；	

用 FANUC－0i 仿真系统数控仿真加工

操作准备

图样、装有宇龙数控仿真系统的计算机、程序单、工艺卡片、刀具卡片等。

操作步骤

步骤1 激活车床

点击"启动"按钮，此时车床电机和伺服控制的指示灯变亮。

检查"急停"按钮是否松开至状态，若未松开，点击"急停"按钮，将其松开。

步骤2 车床回参考点

检查操作面板上回原点指示灯是否亮，若指示灯亮，则已进入回原点模式；若指示灯不亮，则点击"回原点"按钮，转入回原点模式。

在回原点模式下，先将 X 轴回原点，点击操作面板上的"X 轴选择"按钮，使 X

轴方向移动指示灯变亮 ，点击"正方向移动"按钮 ，此时 X 轴回原点，X 轴回原点灯变亮 ，CRT 上的 X 坐标变为"390.00"。同样，再点击"Z 轴选择"按钮 ，使指示灯变亮，点击 ，Z 轴回原点，Z 轴回原点灯变亮 ，此时 CRT 界面如图 4—26 所示。

步骤3 程序输入

按 进入程序编辑状态，按程序键 ，输入程序名"O1111"，按插入键 ，按换行键 ，按插入键 ，输入整段程序"T0101;"，按插入键 ，直到全部程序输入完成并自动保存，如图 4—27 所示。O1112 的输入类似。

图 4—26 回零界面

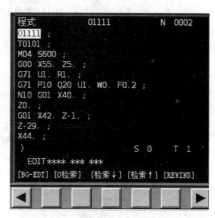

图 4—27 程序输入界面

步骤4 图形轨迹模拟

按编辑键 ，按程序键 ，输入程序名"O1111"，按下标键 ↓ 调用程序，如图 4—27 所示。

再按自动方式键 ，按图形键 ，左侧机床消失，进入图形显示页面，按循环启动键 ，显示程序轨迹，操作"视图"工具条，查看图形轨迹。如图 4—28a、图 4—28b 所示分别为 O1111、O1112 程序的轨迹。

步骤5 工件毛坯选择与装夹

按图形键 取消图形，进入机床显示页面，按定义毛坯键 选择毛坯形状与尺寸，按"确定"，如图 4—29 所示。

按 选择毛坯，按"安装零件" 工件自动装夹在三爪自定心卡盘上，同时出现 根据装夹要求用于调整工件位置，调整完毕后按"退出"即可。

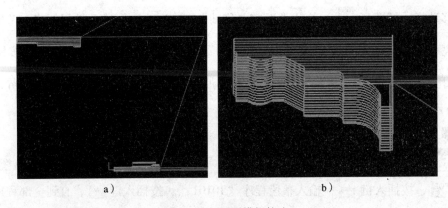

图4—28　图形模拟轨迹

a）O1111 程序的轨迹　b）O1112 程序的轨迹

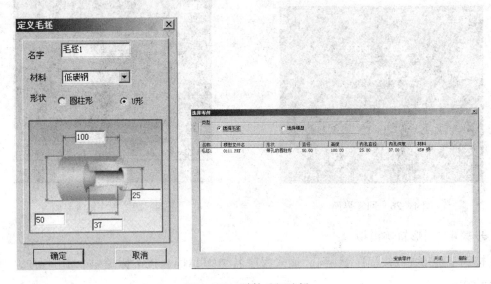

图4—29　零件毛坯选择

步骤6　车刀选择和安装

按 ▓▓ 选择刀具键进入刀具选择界面，如图4—30 所示。

步骤7　对刀及工件坐标系设置

假设数控程序以零件右表面中心点为原点，下面将用试切法说明如何通过对刀来建立工件坐标系。

在手动方式（ ▥ ）下，按主轴反转按钮 ▥，使主轴转动起来。接着在 X 轴或 Z 轴方向上分别进行试切，试切时可用手动或手动脉冲方式，然后单击正方向或负方向按钮或者用手轮进行操作。如图4—31 和图4—32 所示分别是 Z 和 X 轴进行试切的示意图。

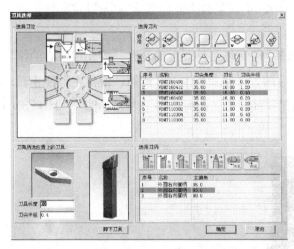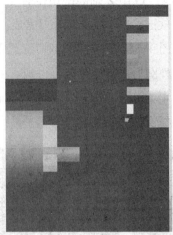

图4—30 车刀选择和安装

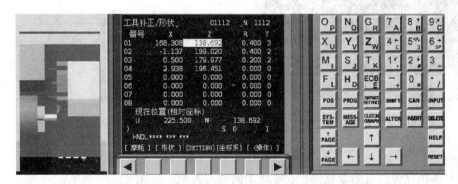

图4—31 Z轴试切位置

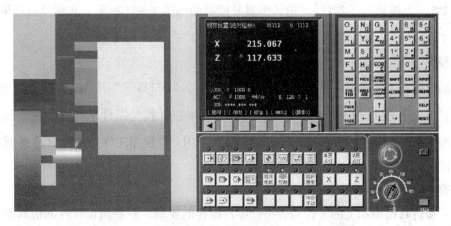

图4—32 X轴试切位置

图4—33中Z轴的试切位置138.692可作为工件坐标系Z方向设定的值，输入Z0，按测量软键，1号刀Z向对刀完成。

而图4—32中X轴的试切位置215.067只能是外圆上的位置，要知道中心的位置还需测量该外圆后进行换算方可得到。测量的方法是：单击 按钮，使得主轴停止转动，然后单击主菜单上"测量"里的"剖面图测量…"，此时屏幕上弹出如图4—34所示的测量参数选择窗口。

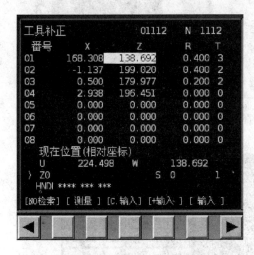

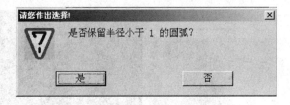

图4—33 Z向对刀参数设置　　　　　　　图4—34 测量参数选择

单击"否"后，屏幕上显示画面如图4—35所示。

输入X46.759，按测量软键，1号刀X向对刀完成，如图4—36所示。

步骤8　刀具补偿设置

按 ，再按软键［形状］，进入刀具补偿界面如图4—37所示，光标分别移至番号1号刀具"R""T"，分别输入刀具补偿值"0.4""3"，按输入键 。

步骤9　模拟仿真加工

按编辑键 ，按程序键 ，分别输入程序名"O1111""O1112"，按下标键 ↓ 调入程序，按自动方式键 ，按 键，检查刀具半径补偿与工件坐标系是否输入，按循环启动键 ，机床模拟仿真加工零件的O1111、O1112程序工序，选择合适视图观察零件加工情况，如图4—38所示的内外轮廓。

步骤10　仿真检测零件

要了解仿真模拟加工的零件是否符合零件图样的要求，需要用该软件的仿真测量功能进行检测。单击下拉菜单条"测量"，出现二级子菜单"剖面图测量"。

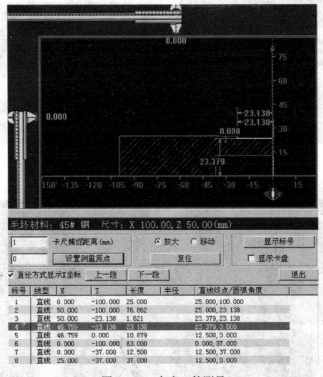

图 4—35 车床工件测量

图 4—36 X 向对刀参数设置　　　　图 4—37 刀具半径补偿界面

选择测量位置，则可显示测量位置零件的尺寸，也可拖动鼠标拉一个窗口进行局部放大等操作。

如图 4—39 所示测量内轮廓尺寸时，点击 $\phi28$ 内孔处，软件显示其尺寸值。

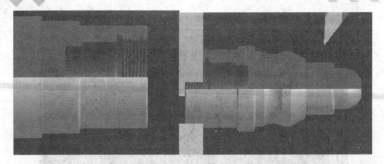

图4—38　轴类零件的仿真加工

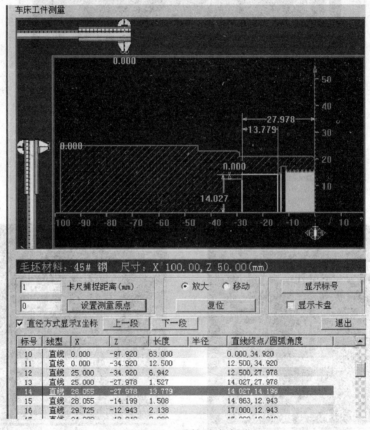

图4—39　零件尺寸检测

 **注意事项**

1. 在进入 FANUC－0i 系统后需释放急停按钮和开启启动按钮，否则不能进行任何操作。

2. 程序输入时可以在数控仿真系统中直接输入，也可以在电脑的记事本中输入后再传输到数控仿真系统中，但考试状态下程序只能在数控仿真系统中直接输入。

3. 程序输入时用插入键 ，机床参数输入时用输入键 ▮ 。

4. 新建一个程序时，程序名与 ▮ 必须分两次输入。

5. 看图形轨迹时，如图形轨迹与图样比例一样，则没有执行刀具半径补偿，凸件轮廓轨迹变大，凹件轮廓轨迹变小。

6. 刀具半径补偿值的计算尽量取零件公差的中间值进行运算。

 特别提示

超程解除的方法：当机床移动轴超程时出现 ⚠ ▮ 报警，先按 确定 再按 起动 与 ▮ ，最后机床重新回零。

 相关链接

电脑的记事本与 FANUC 数控仿真系统的相互传送方法如下：

1. 程序输出

在程序编辑状态 ▮ ，按 PROG ，按［操作］软键，按 ▶ 切换软体菜单，直到［PUNCH］出现，按［PUNCH］软键，输入程序名，按电脑上的 保存 ，则程序输出，存入 FANUC 程序目录下，或选择所要存储程序的文件夹即可。

2. 程序输入

在程序编辑状态 ▮ ，按 PROG ，按［操作］软键，按 ▶ 切换软体菜单，直到［READ］出现，按［READ］软键，输入程序名如"O1221"，按［EXEC］软键，按 ▮ 进入 DNC 传送状态，进入存储程序的文件夹，选择所需传送的程序，按 打开(0) ，程序立即出现在机床界面上。

 **学习单元 2　盘类零件加工仿真系统操作**

 学习目标

1. 能够分析零件图纸
2. 能够熟练计算基点坐标

3．能够熟练编制数控工艺、合理选择刀具

4．能够熟练编写 FANUC – 0i 系统格式零件程序

5．能够熟练利用 FANUC – 0i 系统数控加工仿真系统对盘类零件进行仿真加工

 **技能要求**

编制数控加工工艺

编制如图 4—40 所示盘类零件的数控加工工艺规程。

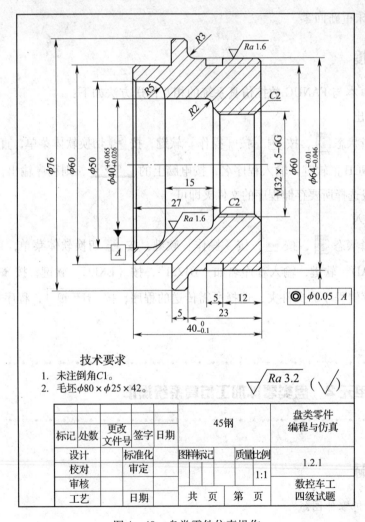

技术要求

1．未注倒角C1。
2．毛坯φ80×φ25×42。

$$\sqrt{Ra\,3.2}\ (\sqrt{\ })$$

标记	处数	更改文件号	签字	日期		45钢		盘类零件编程与仿真
设计		标准化			图样标记		质量比例	1.2.1
校对		审定					1:1	
审核								数控车工四级试题
工艺		日期			共　页		第　页	

图 4—40　盘类零件仿真操作

操作准备

图样、空白工艺卡片、空白刀具卡片、笔、尺等。

操作步骤

步骤1 工艺分析

编制数控加工工艺，填写工艺卡片，见表4—13。

表4—13 数控加工工艺卡片

数控加工工艺卡				零件代号	材料名称		零件数量
				1. 2. 1	45 钢		1
设备名称	数控车床	系统型号	FANUC –0i	夹具名称	卡盘	毛坯尺寸	$\phi 80 \times \phi 25 \times 42$
工序（工步）号	工序内容			刀具号	主轴转速（r/min）	进给量（mm/r）	背吃刀量（mm）	备注（程序名）
1	三爪自定心卡盘装夹工件，伸出卡盘 25 mm							O1211
(1)	车端面，以工件右端面中心为工件坐标系			1	800			
(2)	粗车外圆 $\phi 76$ mm、$\phi 60$ mm，留 1 mm				800	0.2	2	
(3)	精车外圆至图样尺寸				1 200	0.1	0.5	
(4)	粗镗内台阶孔，工件坐标系不变			2	600	0.15	1	
(5)	精镗内台阶孔，保证 $\phi 40$ mm 尺寸精度				800	0.08	0.5	
2	调头，夹 $\phi 60$ mm 外圆，保证同轴度，车总长							O1212
(1)	粗车外轮廓，留 1 mm			1	800	0.2	2	
(2)	精车外轮廓至图样尺寸				1 000	0.1	0.5	
(3)	外圆切槽至尺寸			3	600	0.1		
(4)	粗镗内孔，工件坐标系不变			2	600	0.15	1	
(5)	精镗内孔，保证螺纹底径尺寸				800	0.08	0.5	
(6)	车内螺纹 M32×1.5			4	600	1.5		
3	去毛刺检验							
编制		审核		批准		年 月 日	共1页	第1页

步骤2 刀具选择

根据数控加工工艺，选择所用刀具，填写刀具卡片，见表4—14。

表 4—14　　　　　　　　　　　数控刀具卡片

序号	刀具号	刀具名称	刀具规格	刀具材料	备注（半径补偿）
1	1	外圆刀	刀尖角 35°	硬质合金	$R0.4$
2	2	内孔镗刀	$\phi16$ mm，$\kappa_r 75°$	硬质合金	$R0.4$
3	3	外切槽刀	刀宽 4 mm	硬质合金	—
4	4	内螺纹刀	$\phi16$ mm，刀尖角 60°，螺距 1.5 mm	硬质合金	$R0.2$

编制	/	审核	/	批准	/	年　月　日	共　1　页	第 1 页

用 FANUC - 0i 系统格式编写加工程序

操作准备

图样、函数计算器、工艺卡片、刀具卡片、笔、尺等。

操作步骤

步骤 1　工序 1 程序编写见表 4—15。

表 4—15　　　　　　　　　　　O1211 程序单

O1211；	T0203；
T0101；	M04 S600；
M04 S800；	G00 X23. Z5.；
G00 X85. Z5.；	G71 U1. R0.5；
G71 U1. R0.5；	G71 P30 Q40 U﹣1. W0 F0.15；
G71 P10 Q20 U1. W0 F0.2；	N30 G01 X52.；
N10 G01 X58.；	Z0；
Z0；	X50. Z﹣1.；
X60. Z﹣1.；	Z﹣5.；
Z﹣12.；	G03 X40.045 Z﹣10. R5.；
X74.；	G01 Z﹣23.；
X76. Z﹣13.；	G03 X36. Z﹣25. R2.；
Z﹣18.；	G01 X34.425；
N20 X85.；	X30.425 Z﹣27.；
G00 Z40.；	N40 X23.；
M00；	G00 Z40.；
T0101；	M00；

M04 S1000；	T0203；
G00 X85. Z5.；	M04 S800；
G70 P10 Q20 F0.1；	G41 G00 X23. Z5.；
G00 Z80.；	G70 P30 Q40 F0.08；
M00；	G40 G00 Z80.；
	M30；

步骤 2　工序 2 程序编写见表 4—16。

表 4—16　　　　　　　　　　　**O1212 程序单**

O1212；	T0204；
T0102；	M04 S600；
M04 S800；	G00 X23. Z5.；
G00 X85. Z5.；	G71 U1. R0.5；
G73 U8. R6；	G71 P30 Q40 U－1. W0 F0.15；
G73 P10 Q20 U1. W0 F0.2；	N30 G01 X34.425；
N10 G01 X62.；	Z0；
Z0；	X30.425 Z－2.；
X63.972 Z－1.；	Z－15.；
Z－20.；	N40 X23.；
G02 X70. Z－23. R3.；	G00 Z40.；
G01 X74.；	M00；
X75.98 Z－24.；	T0204；
N20 X85.；	M04 S800；
G00 Z40.；	G00 X23. Z5.；
M00；	G70 P30 Q40 F0.08；
T0102；	G00 Z80.；
M04 S1000；	M00；
G42 G00 X85. Z5.；	T0406；
G70 P10 Q20 F0.1；	M04 S600；
G40 G00 Z80.；	G00 X25. Z5.；
M00；	Z－14.；
T0305；	G92 X30.425 Z0 F1.5；
M04 S600；	X30.9；
G00 X70. Z5.；	X31.35；
Z－17.；	X31.85；

G01 X60. F0.1;	X32.;
X70.;	G00 X25. Z80.;
G00 Z80.;	M30;
M00;	

用 FANUC - 0i 仿真系统数控仿真加工

操作准备

图样、装有宇龙数控仿真系统的计算机、程序单、工艺卡片、刀具卡片等。

操作步骤

步骤1 激活车床

点击"启动"按钮 ，此时车床电机和伺服控制的指示灯变亮 。

检查"急停"按钮是否松开至 状态，若未松开，点击"急停"按钮 ，将其松开。

步骤2 车床回参考点

检查操作面板上回原点指示灯是否亮 ，若指示灯亮，则已进入回原点模式；若指示灯不亮，则点击"回原点"按钮 ，转入回原点模式。

在回原点模式下，先将 X 轴回原点，点击操作面板上的" X 轴选择"按钮 ，使 X 轴方向移动指示灯变亮 ，点击"正方向移动"按钮 ，此时 X 轴将回原点， X 轴回原点灯变亮 ，CRT 上的 X 坐标变为"390.00"。同样，再点击" Z 轴选择"按钮 ，使指示灯变亮，点击 ， Z 轴将回原点， Z 轴回原点灯变亮 ，此时 CRT 界面如图4—41所示。

步骤3 程序输入

按 进入程序编辑状态，按程序键 ，输入程序名"O1211"，按插入键 ，按换行键 ，按插入键 ，输入整段程序"T0101;"，按插入键 ，直到全部程序输入完成并自动保存。O1212 的输入类似。

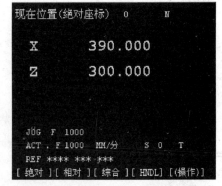

图4—41 回零界面

步骤 4 图形轨迹模拟

按编辑键 ◇ ，按程序键 PROG ，输入程序名 "O1211"，按下标键 ↓ 调用程序。

再按自动方式键 ⇥ ，按图形键 CUSTOM GRAPH ，左侧机床消失，进入图形显示页面，按循环启动键 ⬜ ，显示程序轨迹，操作 "视图" 工具条，查看图形轨迹。如图 4—42a、图 4—42b 所示分别为 O1211、O1212 程序的轨迹。

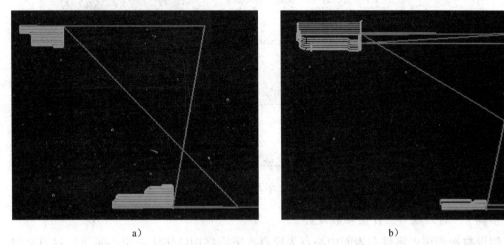

a)   b)

图 4—42　图形模拟轨迹

a）O1211 程序的轨迹　b）O1212 程序的轨迹

步骤 5 工件毛坯选择与装夹

按图形键 CUSTOM GRAPH 取消图形，进入机床显示页面，按定义毛坯键 ⬚ 选择毛坯形状与尺寸，按 "确定"，如图 4—43 所示。

图 4—43　零件毛坯尺寸设置

按 ⬚ 选择毛坯，按 "安装零件" ⬚ 工件自动装夹在三爪自定心卡盘上，同时出现 ⬚⬚⬚ ，根据装夹要求用于调整工件位置，调整完毕后按 "退出" 即可。

步骤6 车刀选择和安装

按选择刀具键 进入刀具选择界面，如图4—44所示。

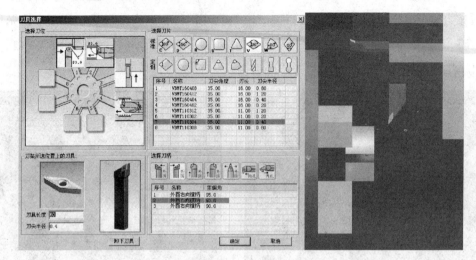

图4—44 车刀选择和安装

步骤7 对刀及刀具补偿参数设置

假设数控程序以零件右表面中心点为原点，下面将用试切法说明如何通过对刀来建立工件坐标系。

在手动方式（ ）下，按主轴反转按钮 ，使主轴转动起来。接着在 X 轴或 Z 轴方向上分别进行试切，试切时可用手动或手动脉冲方式，然后单击正方向或负方向按钮或者用手轮进行操作。如图4—45和图4—46所示分别是 Z 和 X 轴进行试切的示意图。

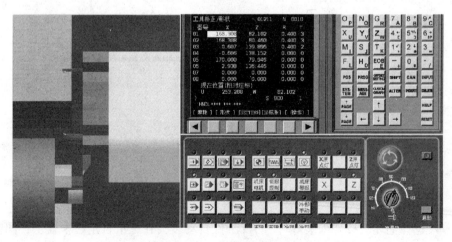

图4—45 Z 轴试切位置

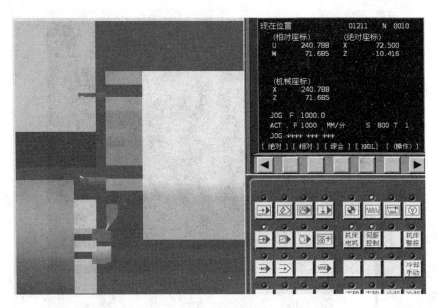

图4—46 X轴试切位置

　　图4—47中Z轴的试切位置82.102可作为工件坐标系Z方向设定的值，输入Z0，按测量软键，1号刀Z向对刀完成。

　　而图4—46中X轴的试切位置240.788只能是外圆上的位置，要知道中心的位置还需测量该外圆后进行换算方可得到。测量的方法是：单击 按钮，使得主轴停止转动，然后单击主菜单上"测量"里的"剖面图测量…"，此时屏幕上弹出如图4—48所示的测量参数选择窗口。

　　单击"否"后，屏幕上显示的画面如图4—49所示。

图4—47 Z向对刀参数设置

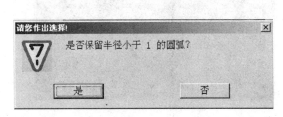

图4—48 测量参数选择

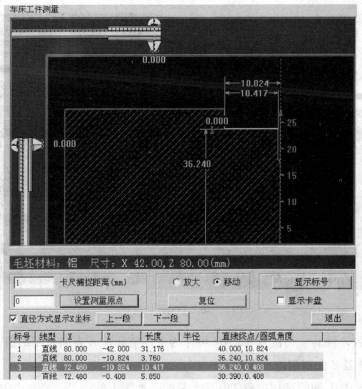

图4—49 车床工件测量

输入 X72.48，按测量软键，1 号刀 X 向对刀完成，如图 4—50 所示。

按 [OFFSET SETTING]，进入刀具补偿界面如图 4—51 所示，再按软键［形状］，光标分别移至番号 1 号刀具 "R" "T"，分别输入刀具补偿值 "0.4" "3"，按输入键 [INPUT]，如图 4—52 所示。

图4—50 X 向对刀参数设置　　　　图4—51 程序输入界面

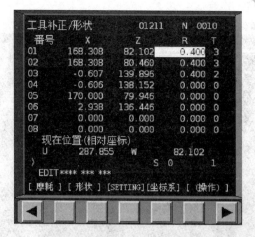

图4—52　刀具半径补偿界面

步骤8　模拟仿真加工

按编辑键 ⟨⟨⟩⟩，按程序键 PROG ，分别输入程序名"O1211""O1212"，按下标键 ↓ 调入程序，按自动方式键 ⟨⟩ ，按 OFFSET SETTING 键，检查刀具半径补偿与工件坐标系是否输入，按循环启动键 ⟨I⟩，机床模拟仿真加工零件的 O1211，O1212 程序工序，选择合适视图观察零件加工情况，如图4—53所示的内外轮廓。

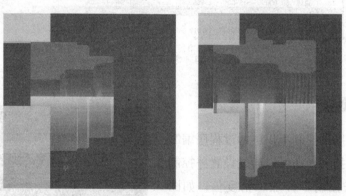

图4—53　盘类零件的仿真加工

步骤9　仿真检测零件

要了解仿真模拟加工的零件是否符合零件图样的要求，需要用该软件的仿真测量功能进行检测。单击下拉菜单条"测量"，出现二级子菜单"剖面图测量"。

选择测量位置，则可显示测量位置零件的尺寸，也可拖动鼠标拉一个窗口进行局部放大等操作。

如图4—54所示测量内轮廓尺寸时，点击 φ64 外圆处，软件显示其尺寸值。

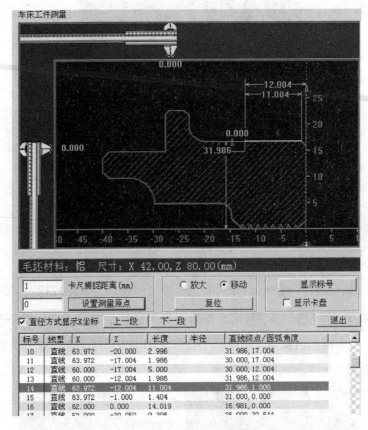

图4—54 零件尺寸检测

 **注意事项**

工件尺寸精度的控制不仅可通过程序编制以及刀具偏置来控制，还可以通过设置并控制磨耗中的数值来控制零件加工精度值，如图4—55所示。

对于外圆车削，磨耗值为正值，精加工余量增大；磨耗值为负值，精加工余量减少。

对于内孔车削，磨耗值为正值，精加工余量减少；磨耗值为负值，精加工余量增大。

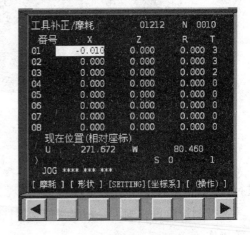

图4—55 零件尺寸检测

第2节 PA8000 仿真系统操作

学习单元1 轴类零件的仿真操作加工

学习目标

1. 掌握 PA8000 系统数控车床仿真系统操作界面
2. 能够分析零件图
3. 熟练计算基点坐标
4. 能够熟练编制数控工艺
5. 能够熟练用 PA8000 系统格式编写零件程序
6. 能够熟练利用 PA8000 数控加工仿真系统对孔系板类零件进行仿真加工

知识要求

一、进入 PA8000 仿真系统

单击 Windows "开始",从"程序"下拉菜单中找到"数控加工仿真系统"。单击"数控加工仿真系统"屏幕上会显示相关的界面,可以选择"快速登录"进入该系统。单击主菜单上的"机床"后再点击下拉菜单"选择机床",选择 PA 系列 ⊙PA 。选择车床,点击"确定",进入 PA8000 仿真系统界面,如图4—56所示。

二、认识数控车床仿真系统操作界面

1. 系统控制面板

PA8000 是开放式数控系统,在"视图"下拉菜单或者工具条菜单中选择"控制面板切换"后,数控系统操作面板会出现在视窗的右上角,如图4—56所示。这是窗口操作系统的界面,与 Windows 操作系统的操作方法相同,只要拖动鼠标点击需要的菜单条即可。

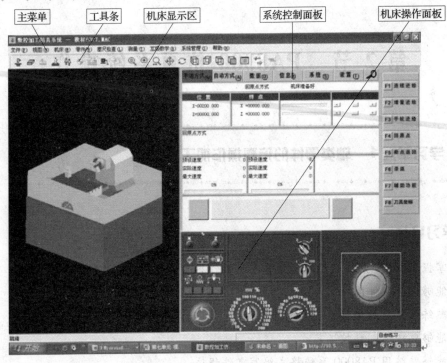

图4—56　车床界面

如图4—57所示为PA8000系统控制面板中的几个区域的划分。

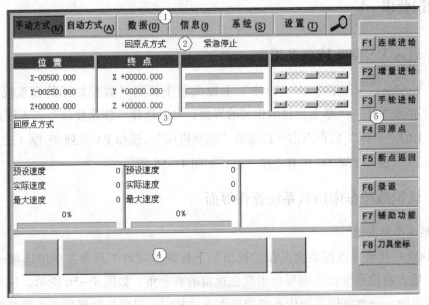

图4—57　PA8000系统控制面板分区

1—主任务栏　2—状态栏　3—机床状况栏　4—报警信息栏　5—子任务栏

（1）主任务栏 。用于切换当前控制的内容。

（2）状态栏 。显示当前机床状态。

（3）机床状况栏 。显示机床其他状态，如机床位置、速度和 NC 工件程序等。

（4）报警信息栏 。显示警告、通知信息等。

（5）子任务栏 。用于实现具体的控制命令。

2. 主任务栏菜单

在系统控制面板中，操作者可以通过各种操作与 CNC 进行对话。PA8000 系统控制界面有六个主任务栏，分别是手动方式栏、自动方式栏、数据栏、信息栏、系统栏和设置栏，每个主任务栏又有若干个子任务栏。

（1）手动方式。单击"手动方式"，系统将切换到手动方式界面，子任务栏以及各功能见表4—17。此时可选择不同的手动方式来移动机床，但需在机床处于准备好状态才可实现，在紧急停止状态时可用键盘上 Ctrl + C 键来取消。

表4—17　　　　　　　　　　　　　　手动方式

主任务栏	子任务栏	次级子任务栏	功能
手动方式	F1 连续进给	X、Z	点动按钮（参见操作面板说明）来移动轴
	F2 增量进给	X、Z	单击增量进给按钮，选择进给轴，设置增量进给量的对话框，使用相应的方向按钮来移动轴
	F3 手轮进给	X、Z	单击手轮进给按钮，用操作面板上的手轮轴选择旋钮选择需移动的轴，使用手轮移动轴
	F4 回原点	X、Z	单击"回原点"按钮，选择所需回原点轴的名称，按启动按钮执行回原点
	F5 断点返回		模拟仿真软件中不能实现该功能
	F6 录返		
	F7 辅助功能		
	F8 刀具坐标		

（2）自动方式。单击主任务栏中"自动方式"，系统将切换到自动方式界面，子任务栏以及各功能见表4—18。在自动方式界面下可以进行与工件加工程序有关的各种运行方式的选择。此时状态栏中显示某个程序将要以何种方式运行。

表 4—18 自动方式

主任务栏	子任务栏	次级子任务栏	功能
自动方式	F1 选择工件程序	F1 选择程序号	选择将要执行的程序，如图4—58所示
		F5 选择程序段	选择当前程序中的某一程序段开始运行，可直接在"请输入"对话框输入行号或单击所需行后，再确定即可
	F2 程序执行1	F1 连续方式	选择连续方式时 NC 程序以连续方式运行
		F2 单段方式	选择单段方式时 NC 程序以单段方式运行
		F3 手动方式	用 MDI "手动数据输入"方式
		F7 测试开始	处于"测试程序"状态时，开始图形模拟仿真
		F8 测试停止	处于图形模拟仿真时，暂停图形模拟仿真
	F3 程序执行2	F1 （/）跳步	选择该功能，当程序段前有/（跳选记号）时，系统跳过此程序段继续运行
		F2 （M01）暂停	选择该功能，程序执行到 M01 程序段时，系统会暂停
		F6 复位	单击复位按钮，程序返回起始段
	F4 回退		模拟仿真软件中不能实现该功能
	F5 测试程序	F3 执行程序	选择此菜单可以利用机床操作面板开关和按钮执行相关程序
		F4 测试程序	选择此功能测试程序而非真正加工零件，机床不会产生移动，显示区将显示程序运行轨迹图
		F5 G00 进给速度	使程序以 G00 速度执行，而非 F 指令后面的速度，与"测试程序"一起选择
		F6 轨迹图形	用于调整轨迹图形的显示情况

（3）数据。在"数据"主任务下，操作者可以载入、储存、管理和修改 NC 工件程序和其他的相关偏置值，其子任务菜单及其功能见表4—19。

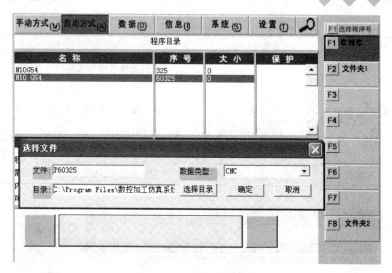

图4—58 选择程序号

表4—19 数据方式

主任务栏	子任务栏	次级子任务栏	功能
数据	F1 数据类型选择	F1 工件程序	用于选择工件程序进行编辑或管理*
		F2 参数 P	用于 P 参数的输入与修改
		F3 长度补偿 H	用于刀具长度补偿值 H 的输入与修改
		F4 路径补偿 D	用于刀具半径补偿值 D 的输入与修改
		F5 工件坐标系 G	用于工件坐标系（G54～G59）的输入与修改
	F2 载入数据	F1 载入所有工件程序	载入当前目录下的所有工件程序
		F2 载入文件	载入系统有关文件，载入工件程序时每次只能载入一个程序
		F3 载入主程序及子程序	只能载入工件程序，当选择的数据类型不是"工件程序"时此按钮将隐藏
	F3 储存数据	F1 储存所有工件程序	将所有内存程序保存到指定目录
		F2 储存文件	保存内存中的文件，类型为当前选择的数据类型，也可通过对话框选择要保存的数据类型
	F4 管理数据	F1 拷贝	拷贝一个已经存在的程序，并赋予此拷贝程序一个新的文件名
		F2 删除	从 NC 存储器中删除文件，对话框中输入程序名或直接在程序目录中选择要删除的文件
		F3 更名	将当前程序名更改为输入程序名
		F6 删除所有工件程序	删除内存中的所有程序

续表

主任务栏	子任务栏	次级子任务栏	功能
数据	F5 修改数据	F1 程序号	选择要修改程序或新建一个程序，如图4—59所示
		F3 选择程序段	用于选择要修改的程序段
		F4 删除程序段	用于删除程序中的一行代码
		F5 修改程序段	用于修改相应的程序行，如图4—60所示
	F8 编辑		用于激活 Windows 的记事本

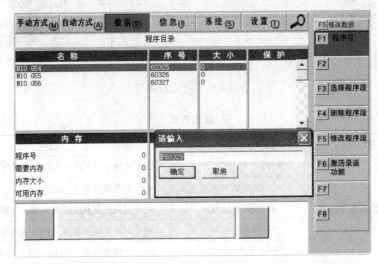

图4—59　修改数据

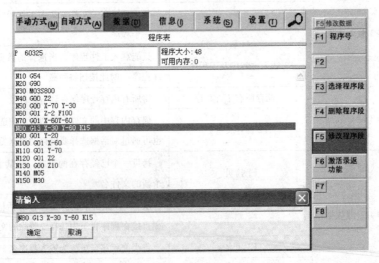

图4—60　修改程序段

3. 机床操作面板

机床操作面板位于窗口的右下侧，如图4—61所示，主要用于控制机床的运动和选择机床运行状态，由方式选择旋钮、数控程序运行控制开关等几个部分组成。

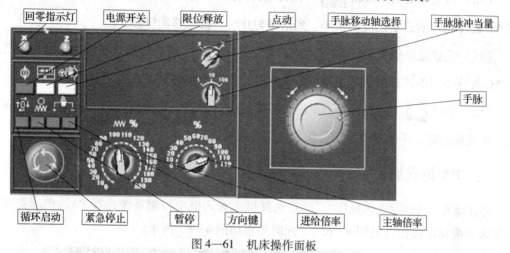

图4—61　机床操作面板

（1）机床回零指示灯 [图] 。当某一轴回过原点后，对应此轴的指示灯亮。在开机后必须使所有轴回零，即对应的所有指示灯亮后才能进行下一步操作。

（2）电源开关 [图] 。对应实际机床的电源开关，在此仿真系统中无效。

（3）限位释放按钮 [图] 。若指定移动超过机床边界，机床将发生死锁现象，此时各手动方式均无法移动机床，单击此按钮可解开死锁，在仿真系统软件中此按钮无效。

（4）主轴点动按钮 [图] 。在手动方式下，用于点动控制主轴旋转。

（5）手脉移动轴选择旋钮 [图] 。在切换到手轮方式时，使用此旋钮选择需移动的轴。

（6）手脉移动量旋钮 [图] 。在手轮移动方式下，调节手轮每转一格时的移动量。

（7）循环启动按钮 [图] 。此按钮有两个功能：其一，在手动回原点方式下，单击此按钮，机床将使系统面板上指定的轴复位到原点。其二，在自动运行方式中，并且不是测试程序状态下，单击此按钮将执行相关的NC程序，机床开始运行。

（8）暂停按钮 [图] 。在自动运行方式下，此按钮可以暂停程序的运行，再次单击循环启动按钮，程序将从暂停处继续运行。

（9）方向按钮 [图] 。在手动方式下，当选择连续进给或增量进给时，单击此按钮将移动指定的轴。在连续进给时，按下此按钮不放，机床将连续进给；在增量进给时，按一次，机床在指定轴的方向上移动一个增量距离。

（10）进给速度倍率旋钮 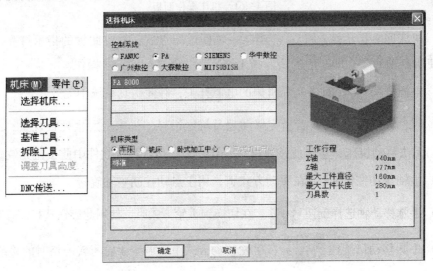。在自动运行方式下，此旋钮指定机床的实际进给速度与 NC 程序指定的进给速度的倍率。当倍率为 0 时，机床移动将停止。

（11）主轴速度倍率旋钮 。在自动运行方式下，此旋钮指定机床主轴的实际转速与 NC 程序指定的转速的倍率。当倍率为 0 时，主轴停止转动。

（12）手脉 。把光标置于手轮上，按鼠标右键，手轮顺时针转，机床往正方向移动；按鼠标左键，手轮逆时针转，机床往负方向移动。

三、PA 仿真加工

单击菜单"机床/选择机床…"，在选择机床对话框中控制系统选择 PA，机床类型选择车床并按确定按钮（见图 4—62），此时界面如图 4—63 所示。

图 4—62　选择机床界面

接着在系统操作面板的手动方式下选择"F4 回原点"，此时可同时选择 X 轴和 Z 轴，也可分别选择其中某一轴，然后单击机床操作面板上的 按钮。这时 X 轴和 Z 轴将回零或 X 轴和 Z 轴中某一轴回零，且操作面板上相应的 X 轴或 Z 轴回零指示灯亮。

1. 工件毛坯与刀具选择

（1）定义毛坯。单击菜单"零件/定义毛坯…"，在定义毛坯对话框（见图 4—64）中可改写零件尺寸的高和直径，按"确定"按钮。取零件直径为 50 mm，高 130 mm。

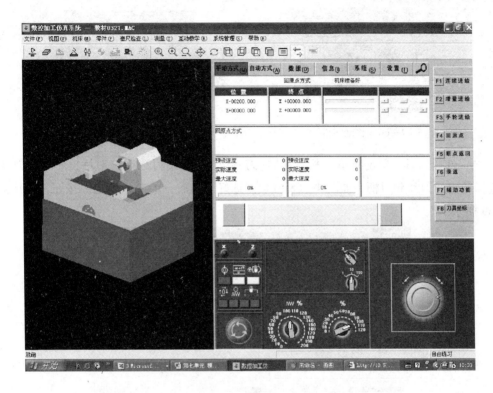

图4—63 选择车床后的界面

（2）放置零件。单击菜单"零件/放置零件…"，在选择零件对话框（见图4—65）中，选取名称为"毛坯1"的零件，并按"安装零件"按钮，界面上出现控制零件移动的面板，可以用其移动零件（见图4—66），此时单击面板上的退出按钮，关闭该面板，此时机床如图4—67所示，零件已放置到机床三爪自定心卡盘上。

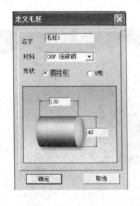

图4—64 "定义毛坯"对话框

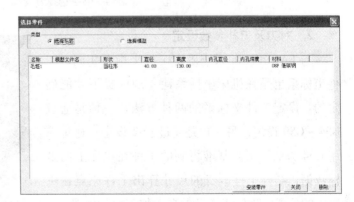

图4—65 选择零件对话框

图 4—66　移动零件

图 4—67　零件装夹

（3）选择刀具。单击菜单"机床/选择刀具"，在"车刀选择"对话框中根据加工方式选择所需的刀片和刀柄，如图 4—68 所示。选好刀具后，单击"确定"按钮，机床如图 4—69 所示。

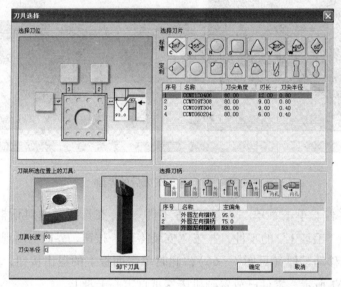

图 4—68　选择刀具

2. 对刀及刀补参数设定

与 FANUC–0i 系统确定工件坐标系相同，工件坐标系也是在机床坐标系建立的前提下才能确定的。设定工件坐标系的两种方法，一种是通过 G54～G59 设定，另一种是通过 G92 设定。这里采用 G54 方法，将对基准得到的工件在机床上的坐标数据，结合工件本身的尺寸算出工件原点在机床中的位置，确定机床开始自动加工时的位置。

假设数控程序以零件上表面中心点为原点，

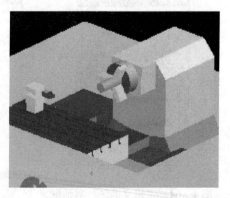

图 4—69　装夹刀具和零件

下面将用试切法说明如何通过对刀来建立工件坐标系。

（1）在自动方式的程序执行 1 下，选择手动编程方式，输入主轴正转指令（例：N10 M03 S800），确定后，按循环启动按钮 ，使主轴转动起来。接着返回到手动方式，在 X 轴或 Z 轴方向上分别进行试切，试切时可用连续进给、增量进给或手轮方式，然后点击 的正或负的方向键或者用手轮进行操作。如图 4—70 和图 4—71 所示分别是 X 轴和 Z 轴进行试切的示意图。

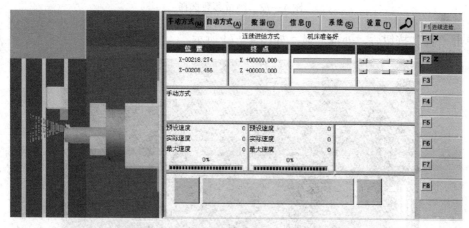

图 4—70　X 轴试切位置

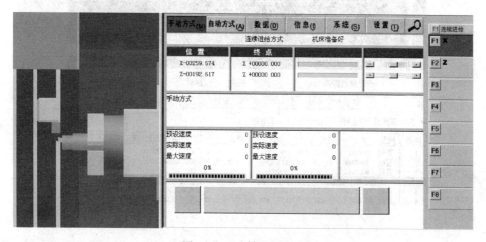

图 4—71　Z 轴试切位置

（2）确定刀具位置。假设零件上表面中心点为原点，图 4—71 中 Z 轴的试切位置 −192.617 可作为工件坐标系 Z 方向设定的值，而 X 轴的试切位置 −218.274 只能是外圆上的位置，要知道中心的位置还需测量该外圆后进行换算方可得到。测量的方法是：先在自动方式的程序执行 1，选择手动编程方式输入一段主轴停转的指令，使得主轴停止转动，然后点主菜单上"测量"里的"剖面图测量…"，此时屏幕上弹出如图 4—72 所示的窗口。

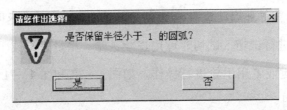

图 4—72　测量参数选择

单击"否"按钮后，屏幕上显示如图 4—73 所示。

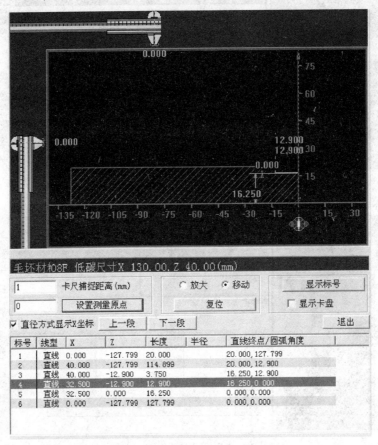

图 4—73　零件测量

可以通过测量知道 X 轴被车削过的外圆尺寸是 $\phi32.5$，所以 X 方向工件坐标系设定的值应为：$-218.274 - 32.5 = -250.774$。

（3）设定工件坐标系。单击主任务栏的"数据"，单击子任务栏的"数据类型选择"，选择子任务栏的"F5 工件坐标系 G",单击主任务栏的"数据,单击子任务栏的"F5 修改数据"进入工件坐标系设定页面,输入前面用试切法得到的设定值,如图 4—74 所示。

图 4—74　工件坐标系设置

3. 模拟仿真加工

完成工件装夹、工件坐标系的参数设置和对刀后,可以按照 PA8000NT 编程的指令格式编制零件加工程序,并输入数控系统中。接下来就是仿真加工零件。该软件也将模拟仿真加工分为两步进行:第一步是测试运行程序,第二步是进行零件的模拟仿真加工(即执行程序)。不管是测试程序还是执行程序,都必须先选择被加工零件的程序号。

(1)测试运行程序。这是进行仿真加工零件的第一步,具体操作步骤如下:

单击主任务栏的"自动方式",单击子任务栏的"测试程序",再单击下一级子任务栏中的"测试程序",按机床操作面板上的启动按钮[图],此时即可观察数控程序的运行轨迹,也可通过"视图"菜单中的动态旋转、动态缩放、动态平移等方式对运行轨迹进行全方位的动态观察,运行轨迹如图 4—75 所示。

运行轨迹正确,表明输入的程序基本正确。

(2)模拟仿真加工。这是进行仿真加工零件的第二步,具体操作步骤如下:

单击主任务栏的"自动方式",单击子任务栏的"测试程序",再单击下一级子任务栏中的"执行程序",单击机床操作面板上的启动按钮[图]。

此时,数控系统根据所编制的程序控制机床自动完成零件的模拟仿真加工。零件的模拟仿真加工如图 4—76 所示。

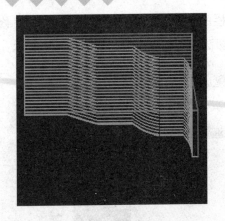

图4—75　仿真加工零件轨迹图

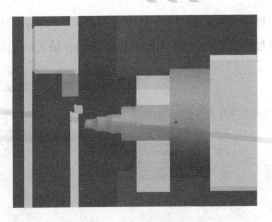

图4—76　零件的模拟仿真加工

4. 用仿真测量功能检测零件

要了解模拟仿真加工的零件是否符合零件图样的要求，需要用该软件的仿真测量功能进行检测，步骤如下：

（1）单击下拉菜单条"测量"，出现二级子菜单"剖面图测量" 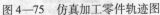，可得到如图4—77所示的测量结果。

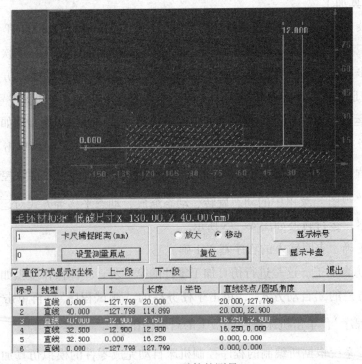

图4—77　零件的测量

（2）单击"上一段"或"下一段"，可显示零件的所有尺寸，也可拖动鼠标拉一个窗口进行局部放大等。

 **技能要求**

编制数控加工工艺

编制如图4—78所示轴类零件车削的数控加工工艺规程。

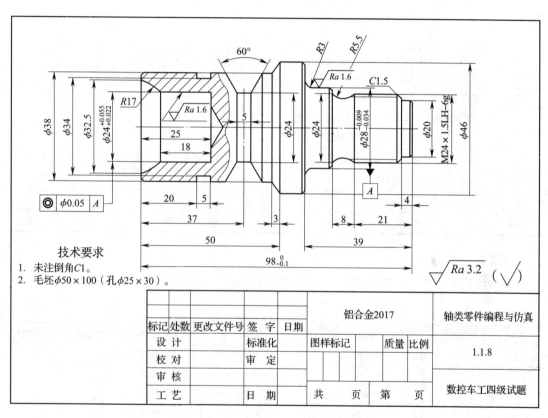

技术要求
1. 未注倒角C1。
2. 毛坯$\phi50 \times 100$（孔$\phi25 \times 30$）。

$\sqrt{Ra\,3.2}$ $(\sqrt{})$

标记	处数	更改文件号	签 字	日 期	铝合金2017			轴类零件编程与仿真
设 计			标准化		图样标记		质量 比例	1.1.8
校 对			审 定					
审 核								数控车工四级试题
工 艺			日 期		共 页	第 页		

图4—78　轴类零件车削仿真操作

操作准备

图样、空白工艺卡片、空白刀具卡片、笔、尺等。

操作步骤

步骤1　工艺分析

编制数控加工工艺，填写工艺卡片，见表4—20。

表4—20 数控加工工艺卡片

数控加工工艺卡				零件代号		材料名称	零件数量
				1.1.8		45 钢	1
设备名称	数控车床	系统型号	PA8000	夹具名称	三爪自定心卡盘	毛坯尺寸	$\phi50 \times 100$（孔$\phi20 \times 30$）
工序（工步）号	工序内容			刀具号	主轴转速（r/min）	进给量（mm/min）	背吃刀量（mm）	备注（程序名）
1	三爪自定心卡盘夹零件右端，伸出长度65 mm，以工件右端面中心为工件坐标系原点							
(1)	粗精车外轮廓			T1	800/1 000	0.2/0.1	2/0.5	P1181
(2)	粗精车内轮廓，保证$\phi24$ mm内孔尺寸			T2	800/1 000	0.2/0.1	2/0.5	P1182
(3)	切V形槽和矩形槽，保证尺寸			T3	600	0.1		P1183
2	工件调头装夹，车总长，保证98 mm尺寸精度，以工件右端面中心为工件坐标系原点							
(1)	粗精车右端外轮廓，保证$\phi28$ mm外圆尺寸			T1	800/1 000	0.2/0.1	2/0.5	P1184
(2)	粗精车 M32×1.5 螺纹			T4	800/1 000	1.5		P1185
3	去毛刺检验							
编制		审核		批准		年 月 日	共1页 第1页

步骤2　刀具选择

根据数控加工工艺，选择所用刀具，填写刀具卡片，见表4—21。

表4—21 数控刀具卡片

序号	刀具号	刀具名称	刀具规格	刀具材料	备注（半径补偿）
1	1	外圆车刀	刀尖角35°	硬质合金	D01
2	3	内孔镗刀	$\phi16$ mm，κ_r75°	硬质合金	D02
3	3	切槽刀	刀宽5 mm	硬质合金	
4	4	外螺纹车刀	M30×1.5	硬质合金	
编制		审核		批准	年 月 日 　共1页 第1页

用 PA8000 系统格式编写加工程序

操作准备

图样、函数计算器、工艺卡片、刀具卡片、笔、尺等。

操作步骤

步骤1 工序1工步1程序编写见表4—22。

表4—22　　　　　　　　　　　　　　　　P1181 程序单

P1181	N230 G00 X50. Z20.
N10 G54	N240 M05
N20 G191	N250 M00
N30 M04 S800	N260 G54
N40 G00 X52. Z5.	N270 G191
N50 M08	N280 G90
* N60 P1 = 12500	N290 G00 X52. Z5.
N70 G01 X = P1 F200	N300 M04 S1000
N80 G91	N310 M08
N85 G42	N320 G42
N87 G00 X24. D01	N322 G00 X28. D01
N90 G01 Z − 5.	N323 G01 Z0 F100
N100 G01 X12.	N324 G01 X36.
N110 G01 X2. Z − 1.	N330 G01 X38. Z − 1.
N140 G01 Z − 46.	N340 G01 Z − 47.
N150 G01 X8. Z − 3.	N350 G01 X46. Z − 50.
N160 G01 Z − 10.	N430 G01 Z − 61.
N195 G90	N440 G40
N200 G00 Z5.	N450 G00 Z50.
N205 G40	N460 M09
* N210 P1 = P1 − 2000	N470 M30
* N220 IFP1 > 0 GO70	

步骤2 工序1工步2程序编写见表4—23。

表4—23　　　　　　　　　　　　　　　　P1182 程序单

P1182	N80 G01 X20.
N10 G55	N90 G00 Z2.
N20 G191	N100 G00 X22.3
N30 M04 S800	N110 G01 Z − 24.9
N40 M08	N120 G01 X20.
N50 G00 X50. Z20.	N130 G00 Z2.
N60 G00 X22. Z5.	N140 G00 X24.5
N70 G1 Z − 24.9 F100	N150 G01 Z − 6.066

N160 G01 X22.	N290 M08
N170 G00 Z2.	N300 G00 X38. Z5.
N180 G00 X28.5	N310 G41 G01 X32.5 Z0 D1 F100
N190 G01 Z – 2.255	N320 G03 Z – 7. X24. K17.
N200 G01 X22.	N330 G01 Z – 25.
N210 G00 Z2.	N340 G01 X20.
N220 G00 X38. Z50.	N350 G00 Z5.
N230 M05	N360 G00 X50.
N240 M09	N370 G00 Z30.
N250 M00	N380 G40
N260 G55	N390 M09
N270 G191	N400 M05
N280 M04 S1000	N410 M30

步骤 3 工序 1 工步 3 程序编写见表 4—24。

表 4—24 P1183 程序单

P1183	N110 G00 X42.
N10 G56	N120 G01 Z – 35.459
N20 G191	N130 G01 X24. Z – 39.5
N30 M04 S800	N140 G00 X42.
N40 G00 X52. Z5.	N150 G00 Z – 25.
N50 M08	N160 G01 X32.5
N60 G00 Z – 39.5	N170 G00 X42.
N70 G01 X24. F200	N180 G00 Z60.
N80 G00 X42.	N190 M05 N200 M09
N90 G01 Z – 43.541	N210 M30
N100 G01 X24. Z – 39.5	

步骤 4 工序 2 工步 1 程序编写见表 4—25。

表 4—25 P1184 程序单

P1184	N40 G00 X52. Z5.
N10 G57	N50 M08
N20 G191	＊N60 P1 = 30500
N30 M04 S800	N70 G01 X = P1 F200

N80 G91	N340 G90
N90 G42	N350 G00 X52. Z5.
N100 G00 X18. D01	N360 M04 S1000
N110 G01 Z – 5.	N370 M08
N120 G01 X2. Z – 1.	N380 G42
N130 G01 Z – 3.	N390 G00 X18. D01
N140 G01 X1.	N400 G01 Z0 F100
N150 G01 X2. 85 Z – 1. 5	N410 G01 X20. Z – 1.
N160 G01 Z – 15. 5	N420 G01 Z – 4.
N170 G02 X0. 15 Z – 8. K5. 5	N430 X21.
N180 G01 X2.	N440 G01 X23. 85 Z – 5. 5
N190 G01 X2 Z – 1.	N450 G01 Z – 21.
N200 G01 Z – 7.	N460 G02 X24. Z – 29. K5. 5
N210 G02 X6. K3.	N470 G01 X26.
N220 G01 X10.	N480 G01 X28. Z – 30.
N230 G01 X4. Z – 1.	N490 G01 Z – 36.
N240 X20.	N500 G02 X34. Z – 39. K3.
N250 G90	N510 G01 X44.
N260 G00 Z5.	N520 G01 X48. Z – 41.
* N270 P1 = P1 – 2000	N530 G00 X55.
* N280 IF P1 > 0 GO70	N540 Z5.
N290 G00 X50. Z20.	N550 G40
N300 M05	N560 G00 Z50.
N310 M00	N570 M09
N320 G57	N580 M30
N330 G191	

步骤 5 工序 2 工步 2 程序编写见表 4—26。

表 4—26   **P1185 程序单**

P1185	N60 G00 X26. Z2.
N10 G58	N70 G00 X22.
N20 G191	N80 G33 Z – 23. K1. 5
N30 M04 S800	N90 G01 X26. F200
N40 G00 X52. Z5.	N100 G00 Z2.
N50 M08	N110 G00 X21. 5

续表

N120 G33 Z – 23. K1. 5	N200 G33 Z – 23. K1. 5
N130 G00 X26.	N210 G01 X26.
N140 G00 Z2.	N220 G00 Z50.
N150 G00 X21. 2	N230 G00 X60.
N160 G33 Z – 23. K1. 5	N240 M09
N170 G01 X26.	N250 M05
N180 G00 Z2.	N260 M30
N190 G00 X20. 9	

用 PA8000 仿真系统数控仿真加工

操作准备

图样、装有宇龙数控仿真系统的计算机、程序单、工艺卡片、刀具卡片等。

操作步骤

步骤 1 机床回零

按 [手动方式(M)] 键，按 [F4 回零点] 键，选择 ▓，按启动键 ▓，完成回零操作，回零指示灯 ▓ 亮，机床位于零点。

步骤 2 程序输入

按 [查看(D)] 键，按 [F1 数据类型选择] 键，选择 [F1 工件程序]，按 [查看(D)] 键，按 [F5 修改数据] 键，在对话框中输入程序名 "P1181"，按 [确定] 键，在对话框中逐段输入程序 [输入]，按 [确定] 键，直到程序全部输入完成，再输入 "P1182" "P1183" "P1184" "P1185"。

步骤 3 刀具半径补偿设置

按 [查看(D)] 键，按 [F1 数据类型选择] 键，选择 [F4 刀沿补偿]，按 [查看(D)] 键，按 [F5 修改数据] 键，移动光标依次输入 D1、D2 刀具半径补偿值： [D001=+00000. 400] [D002=+00000. 400] 。

步骤 4 图形轨迹模拟

按 [自动方式(A)] 键，按 [选择工件程序] 键，按 [F1 选择程序号] 键，在对话框中输入程序名 "P1181"，按 [确定] 键，再按 [自动方式(A)] 键，按 [F5 测试程序] 键，选择 [F4 图形模拟]，再按 [自动方式(A)] 键，按 [F2 程序执行] ，选择 [F1 连续方式]，按 [F7 测试开始] 键，选择合适大小与视图检查图形轨迹，如图 4—79a 所示为 P1181 程序轨迹，如图 4—79b 所示为 P1182 程序轨迹，如图 4—79c 所示为 P1183 程序轨迹，如图 4—79d 所示为 P1184 程序轨迹，如图 4—79e 所示为 P1185 程序轨迹。

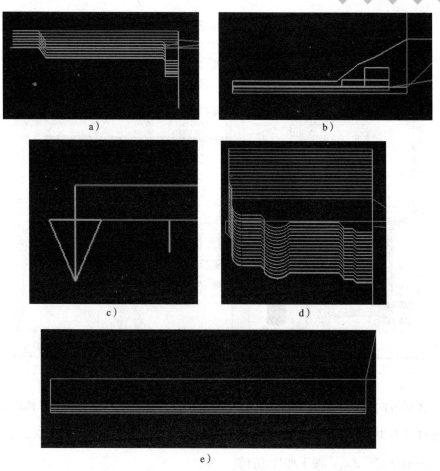

图4—79 孔系板类零件图形模拟轨迹

步骤5 工件毛坯与装夹

按 自动方式(A) 键，按 F5测试程序 键，按 F3执行程序 ，关闭 F4测试程序 F6 G00进给速度 ，进入机床显示页面，按定义毛坯键 ，选择毛坯形状与尺寸：毛坯 $\phi50 \times 100$（孔 $\phi20 \times 30$），按 确定 ，按 选中毛坯1，按 安装零件 ，机床中即刻显示夹具与零件，以及移动键 ，按"退出"即可。

步骤6 刀具安装

按 选择刀具键进入刀具选择界面，如图4—80所示。

按"确定"即完成刀具安装。内孔镗刀及螺纹车刀安装方法相同。

步骤7 工件坐标系设置

（1）X轴方向对刀。移动刀具至工件外圆处，转动工件，使刀具与外圆表面轻微接触 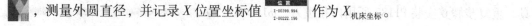，测量外圆直径，并记录 X 位置坐标值 X-00399.994 Z-00222.196 作为 $X_{机床坐标}$。

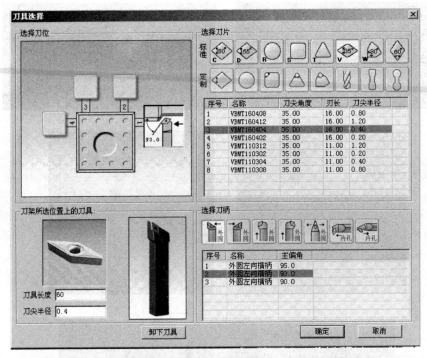

图4—80　刀具选择

（2）Z 轴方向对刀。选择手动方式中的连续进给，利用合适的视图将刀具移动至工件左端，使螺纹刀尖基本与工件左端面平齐，记录 Z 位置坐标值 ▭ 作为 $Z_{机床坐标}$。

（3）计算 X_{G54}、Z_{G54}。按下列公式计算：

$$X_{G54} = X_{机床坐标} + 工件的直径;$$

$$Z_{G54} = Z_{机床坐标}。$$

（4）G54 值输入。按 ▭ 键，按 ▭ 键，选择 ▭，再按 ▭ 键，按 ▭ 键，移动光标输入 G54 工件坐标系数值 ▭ 后按"确定"。

步骤8 模拟仿真加工

按 ▭ 键，按 ▭，按 ▭，再按 ▭ 键，按 ▭ 键，按 ▭ 键，在对话框中输入程序名 ▭，按 ▭ 键，再按 ▭ 键，再按 ▭ 键，开始加工，选择合适视图观察零件加工情况。

步骤9 其余工序模拟仿真加工

按 ▭ 进入刀具界面，按"删除当前刀具"，按"确认"，即删除 P1181 工序用的刀具，重复步骤6 安装 P1182 所用内孔镗刀，$\phi15 \times 45$：▭。

再重复步骤 7，设定工件坐标系 G55 的 G55 X=-00580.987 Z=-00164.712 ，重复步骤 8，模拟仿真加工零件的 P1182、P1183、P1184、P1185 程序工序，如图 4—81 所示。

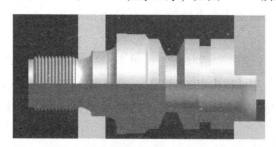

图 4—81　孔系板类零件仿真操作加工

步骤 10　仿真检测零件

单击下拉菜单条"测量"，出现二级子菜单"剖面图测量"。选择需测量的尺寸位置，则可显示零件被测位置的尺寸值，也可拖动鼠标拉一个窗口进行局部放大等操作。

如图 4—82 所示为测量直径和长度位置。

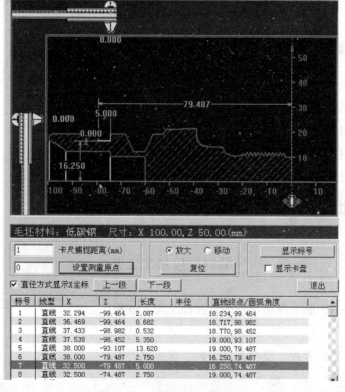

图 4—82　形状尺寸测量界面

相关链接

电脑的记事本与 PA 数控仿真系统的相互传送方法如下：

1. 程序输出

在数据类型为"工件程序"的状态下，单击 ▦ ，选择进入 ▦ 储存数据 子任务栏，单击 ▦ 储存所有工件程序 ，在"选择文件"对话框内点击 选择目录 ，选择所要存储的文件夹，按 确定 ，则所有程序以记事本形式存入选定文件夹内。若选择 F2 储存文件 ，则存储单个文件。

2. 程序载入

在数据类型为"工件程序"的状态下，单击 ▦ ，选择进入 ▦ 载入数据 子任务栏，单击 F1 载入所有工件程序 ，在"选择文件"对话框内点击 选择目录 ，选择要载入程序所在的文件夹，按 确定 ，则该文件夹内所有程序载入数控系统中。若选择 F2 载入文件 ，则载入单个程序。

学习单元2　盘类零件的仿真操作加工

学习目标

1. 能够分析零件图
2. 熟练计算基点坐标
3. 能够熟练编制数控工艺、合理选择刀具
4. 能够熟练编写 PA8000 系统格式零件程序
5. 能够熟练利用 PA8000 系统数控加工仿真系统对曲面盘类零件进行仿真加工

技能要求

编制数控加工工艺

编制如图4—83所示盘类零件的数控加工工艺规程。

操作准备

图样、空白工艺卡片、空白刀具卡片、笔、尺等。

操作步骤

步骤1　工艺分析

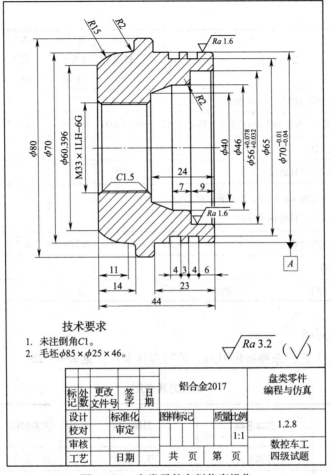

技术要求

1. 未注倒角C1。
2. 毛坯$\phi85 \times \phi25 \times 46$。

$\sqrt{Ra\,3.2}$ ($\sqrt{}$)

标记	处数	更改文件号	签字	日期	铝合金2017		盘类零件编程与仿真
设计		标准化			图样标记	质量比例	1.2.8
校对		审定				1:1	
审核							数控车工四级试题
工艺		日期			共 页	第 页	

图4—83 盘类零件车削仿真操作

编制数控加工工艺，填写工艺卡片，见表4—27。

表4—27 数控加工工艺卡片

数控加工工艺卡				零件代号		材料名称	零件数量
				1. 2. 8		2017 铝	1
设备名称	数控车床	系统型号	PA8000	夹具名称	三爪自定心卡盘	毛坯尺寸	$\phi80 \times \phi25 \times 46$
工序（工步）号	工序内容			刀具号	主轴转速（r/min）	进给量（mm/min）	背吃刀量（mm）	备注（程序名）
1	三爪自定心卡盘夹零件左端，伸出长度32 mm，以工件右端面中心为工件坐标系原点							

工序（工步）号	工序内容	刀具号	主轴转速（r/min）	进给量（mm/min）	背吃刀量（mm）	备注（程序名）
（1）	粗精车外轮廓，保证 $\phi 70$ mm 外圆尺寸精度	T1	800/1 000	0.2/0.1	2/0.5	P1281
（2）	粗精车内轮廓，保证 $\phi 56$ mm 内孔尺寸精度	T2	800/1 000	0.2/0.1	2/0.5	P1282
（3）	切外圆槽，保证尺寸	T3	600	0.1		P1283
（4）	粗精车 M33×1LH 螺纹	T4	600	1.5		P1284
2	工件调头夹 $\phi 70$ mm 外圆，车总长，以工件左端面中心为工件坐标系原点					
（1）	粗精车右端外轮廓	T1	800/1 000	0.2/0.1	2/0.5	P1285
3	去毛刺检验					
编制	/	审核	/	批准	/	年 月 日 共 1 页 第 1 页

步骤 2 刀具选择

根据数控加工工艺，选择所用刀具，填写刀具卡片，见表 4—28。

表 4—28 数控刀具卡片

序号	刀具号	刀具名称	刀具规格	刀具材料	备注（半径补偿）
1	1	外圆车刀	刀尖角 35°	硬质合金	D01
2	2	内孔镗刀	$\phi 16$ mm，$\kappa_r 75°$	硬质合金	D02
3	3	外切槽刀	刀宽 4 mm	硬质合金	
4	4	内螺纹车刀	M33×1 – LH	硬质合金	
编制	/	审核	/	批准	/ 年 月 日 共 1 页 第 1 页

用 PA8000 系统格式编写加工程序

操作准备

图样、函数计算器、工艺卡片、刀具卡片、笔、尺等。

操作步骤

步骤 1 工序 1 工步 1 程序编写见表 4—29。

表4—29   **P1281 程序单**

P1281	N130 G00 Z2.
N10 G54	N140 G00 X66.
N20 M04 S800	N150 G01 Z1.
N30 G191	N160 G01 X70. Z－1.
N40 G00 X90. Z5.	N170 G01 Z－23.
N50 M08	N180 G01 X78.
N60 G00 X77.	N190 G01 X80 Z－24.
N70 G01 Z－22. F200	N200 G01 Z－31.
N80 G01 X82.	N210 G00 X85.
N90 G00 Z2.	N220 G00 Z50.
N100 X74.	N230 M09
N110 G01 Z－22.	N240 M05
N120 G01 X82.	N250 M30

步骤2   工序1工步2程序编写见表4—30。

表4—30   **P1282 程序单**

	N170 G00 Z2.
P1282	N180 G00 X37.
N10 G55	N190 G01 Z－23.
N20 G191	N200 G00 X35.
N30 M04 S800	N210 G00 Z2.
N40 G00 X90. Z10.	N220 G00 X40.
N50 G00 X24. Z2.	N230 G01 Z－21. 152
N60 G00 X28.	N240 G00 X38.
N70 G01 Z－48. F200	N250 G00 Z2.
N80 G00 X24.	N255 G00 X43.
N90 G00 Z2.	N260 G01 Z－17. 152
N100 G00 X31.	N270 G01 X41.
N110 G01 Z－23. 936	N280 G00 Z2.
N120 G00 X22.	N290 G00 X46.
N130 G00 Z2.	N300 G01 Z－8. 764
N140 G00 X34.	N310 G01 X44.
N150 G01 Z－23.	N320 G00 Z2.
N160 G00 X32.	N330 G00 X49.
	N340 G01 Z－8.

N350 G01 X47.	N480 G00 X60. Z1. D02
N360 G00 Z2.	N490 G01 X56. Z – 1.
N370 G00 X52.	N500 G01 Z – 9.
N380 G01 Z – 8.	N510 G01 X50.
N390 G01 X52.	N520 G12 X46. Z – 11 K2.
N400 G00 Z2.	N530 G01 Z – 16.
N410 G00 X55.	N540 G01 X40. Z – 24.
N420 G01 Z – 0.0856	N550 G01 X34.7
N430 G00 X85. Z20.	N560 G01 X31.7 Z – 25.5
N440 M05	N570 G01 Z – 47.
N450 M00	N580 G00 X25.
N455 G55	N590 G00 Z30.
N460 M04 S1000	N600 G00 X90.
N470 G191	N610 M05
N475 G41	N620 M09
	N630 M30

步骤 3 工序 1 工步 3 程序编写见表 4—31。

表 4—31　　　　　　　　　　　P1283 程序单

	N70 G01 X65. F200
P1283	N80 G00 X75.
N10 G56	N90 G00 Z – 10.
N20 G191	N100 G01 X65.
N30 M04 S600	N110 G00 X75.
N40 G00 X75. Z10.	N120 G00 X100. Z50.
N50 M08	N130 M05
N60 G00 Z – 17.	N140 M30

步骤 4 工序 1 工步 4 程序编写见表 4—32。

表 4—32　　　　　　　　　　　P1284 程序单

	N30 M04 S600
P1284	N40 G00 X90. Z10.
N10 G57	N50 G00 X23. Z2.
N20 G191	N60 G00 Z – 47.

N70 G01 X32. F200	N150 G33 Z－22. K1.
N80 G33 Z－22. K1.	N160 G00 X23.
N90 G00 X23.	N170 G00 Z－47.
N95 G00 Z－47.	N180 G01 X33.
N100 G01 X32.6	N190 G33 Z－22. K1.
N110 G33 Z－22. K1.	N200 G00 X23.
N120 G00 X23.	N210 G00 Z50.
N130 G00 Z－47.	N220 M05
N140 G00 X32.8	N230 M30

步骤5 工序2工步1程序编写见表4—33。

表4—33 P1285 程序单

	N210 G00 Z2.
P1285	N220 G01 X65.
N10 G58	N230 G01 Z－1.017
N20 G191	N240 G01 X82.
N30 M04 S800	N250 G00 Z30.
N40 G00 X90. Z10.	N260 M09
N50 G00 Z0	N270 M00
N55 G01 X24. F200	N280 G58
N60 G00 X76.955 Z2.	N290 G191
N70 G01 Z－13.012	N300 G00 X54. Z5.
N80 G01 X82.	N310 G42
N90 Z2.	N320 G01 X60.396 Z0 D01
N100 G00 X73.955	N330 G13 X70. Z－11. K15.
N110 G01 Z－13.013	N340 G01 Z－12.
N120 G01 X82.	N350 G12 X74. Z－14. K2.
N130 G00 Z2.	N360 G01 X78.
N140 G01 X70.976	N370 G01 X82. Z－16.
N150 G01 Z－7.041	N380 G00 X85.
N160 G01 X82.	N390 G00 Z50.
N170 G00 Z2.	N400 G40
N180 G01 X67.989	N410 M05
N190 G01 Z－3.261	N420 M09
N200 G01 X82.	N430 M30

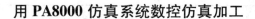

用 PA8000 仿真系统数控仿真加工

操作准备

图样、装有宇龙数控仿真系统的计算机、程序单、工艺卡片、刀具卡片等。

操作步骤

步骤 1 机床回零

按 ▦ 键，按 ▦ 键，选择 ▦，按启动键 ▦，完成回零操作，回零指示灯 ▦ 亮，机床位于零点。

步骤 2 程序输入

按 ▦ 键，按 ▦ 键，选择 ▦，按 ▦ 键，按 ▦ 键，在对话框 ▦ 中输入程序名"P1281"，按 ▦ 键，在对话框中逐段输入程序 ▦，按 ▦ 键，直到程序全部输入完成，再输入"P1282""P1283""P1284""P1285"。

步骤 3 刀具半径补偿设置

按 ▦ 键，按 ▦ 键，选择 ▦，按 ▦ 键，按 ▦ 键，移动光标依次输入 D1、D2 刀具半径补偿值：▦。

步骤 4 图形轨迹模拟

按 ▦ 键，按 ▦ 键，按 ▦ 键，在对话框中输入程序名"P1281"，按 ▦ 键，再按 ▦ 键，按 ▦ 键，选择 ▦，再按 ▦ 键，按 ▦ 键，选择 ▦，按 ▦ 键，选择合适大小与视图检查图形轨迹，如图 4—84a 所示为 P1281 程序轨迹，如图 4—84b 所示为 P1282 程序轨迹，如图 4—84c 所示为 P1283 程序轨迹，如图 4—84d 所示为 P1284 程序轨迹，如图 4—84e 所示为 P1285 程序轨迹。

步骤 5 工件毛坯与装夹

按 ▦ 键，按 ▦ 键，按 ▦，关闭 ▦，进入机床显示页面，按定义毛坯键 ▦，选择毛坯形状与尺寸：毛坯 $\phi80 \times \phi25 \times 46$，按 ▦，按 ▦ 选中毛坯 1，按 ▦，机床中即刻显示夹具与零件，以及移动键 ▦，按"退出"即可。

步骤 6 刀具安装

按 ▦ 选择刀具键进入刀具选择界面，如图 4—85 所示。

按"确定"即完成刀具安装。切槽刀及内螺纹车刀安装时需把外圆刀和内孔镗刀拆下后再安装。

步骤 7 工件坐标系设置

（1）X 轴方向对刀。以内螺纹车刀对刀为例，移动刀具至工件内孔处，转动工件，使刀具与内孔表面轻微接触 ▦，测量内孔直径，并记录 X 位置坐标值 $X_{机床坐标}$。

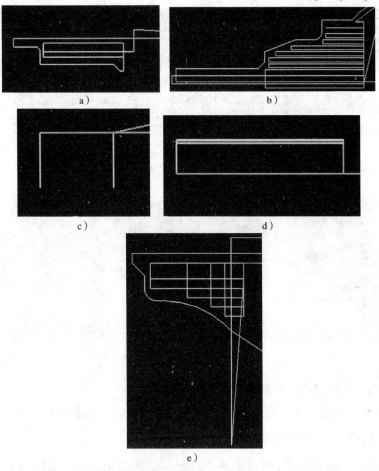

图 4—84　曲面盘类零件图形模拟轨迹

（2）Z 轴方向对刀。选择手动方式中的连续进给，利用合适的视图将刀具移动至工件左端 ，使螺纹刀尖基本与工件左端面平齐，记录 Z 位置坐标值 $Z_{机床坐标}$。

（3）计算 X_{G57}、Z_{G57}。按下列公式计算：

$$X_{G57} = X_{机床坐标} + 工件的直径$$

$$Z_{G57} = Z_{机床坐标}$$

（4）G57 值输入。按 键，按 键，选择 ，再按 键，按 键，移动光标输入 G57 工件坐标系数值 后按"确定"。

步骤 8　模拟仿真加工

按 键，按 ，按 ，再按 键，按 键，按 键，在对话框中输入程序名 ，按 键，再按 键，再按 键，开始加工，选择合适视图观察零件加工情况。

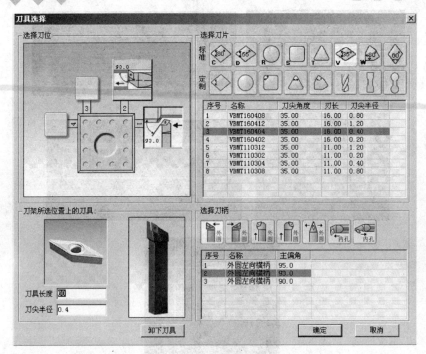

图4—85　刀具选择

步骤9　其余工序模拟仿真加工

按![图标]进入刀具界面，按"删除当前刀具"，按"确认"，即删除 P1281 工序用的刀具，重复步骤6 安装 P1182 所用内孔镗刀。

再重复步骤7，对刀设定工件坐标系![小图]，模拟仿真加工零件的 P1282、P1283、P1284、P1285 程序工序，如图4—86 所示。

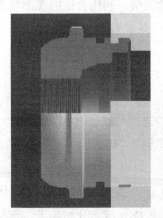

图4—86　盘类零件仿真操作加工

步骤 10　仿真检测零件

单击下拉菜单条"测量",出现二级子菜单"剖面图测量"。根据图样要求选择检测位置,则可显示被测位置的尺寸值,也可拖动鼠标拉一个窗口进行局部放大等操作。如图4—87 所示测量外圆尺寸。

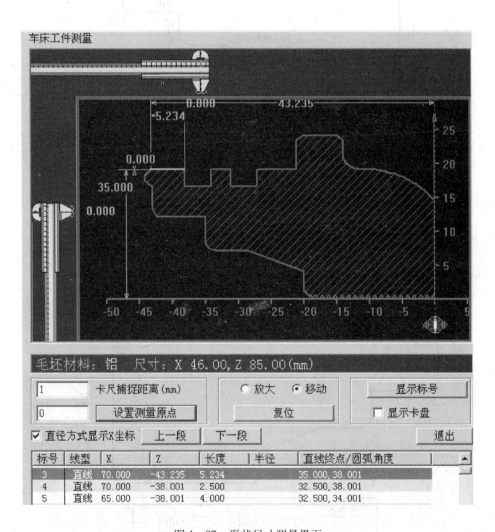

图 4—87　形状尺寸测量界面

注意事项

1. 零件右端编程基点计算,如图 4—88 所示。
2. 零件左端编程基点计算,如图 4—89 所示。

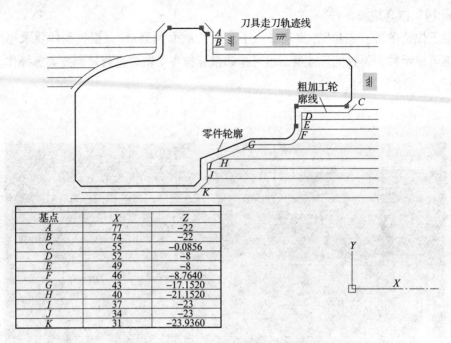

基点	X	Z
A	77	−22
B	74	−22
C	55	−0.0856
D	52	−8
E	49	−8
F	46	−8.7640
G	43	−17.1520
H	40	−21.1520
I	37	−23
J	34	−23
K	31	−23.9360

图 4—88　右端内外轮廓编程基点计算

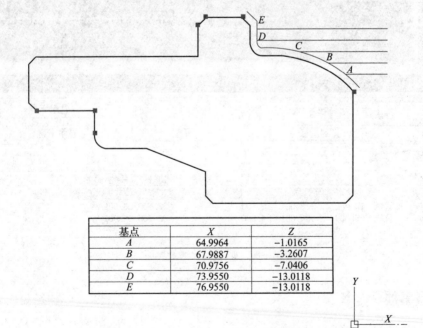

基点	X	Z
A	64.9964	−1.0165
B	67.9887	−3.2607
C	70.9756	−7.0406
D	73.9550	−13.0118
E	76.9550	−13.0118

图 4—89　左端内外轮廓编程基点计算

第 3 节　SIEMENS 802S 仿真系统操作

 学习单元1　轴类零件的仿真操作加工

 学习目标

1. 掌握 SIEMENS 802S 系统数控车床仿真系统操作界面
2. 能够熟练利用 SIEMENS 802S 数控加工仿真系统对孔系板类零件进行仿真加工

 知识要求

一、进入 SIEMENS 802S 仿真系统

单击 Windows "开始"，从"程序"下拉菜单中找到"数控加工仿真系统"。单击"数控加工仿真系统"屏幕上会显示相关的界面，可以选择"快速登录"进入该系统。单击主菜单上的"机床"后再点击下拉菜单"选择机床"，选择 SIEMENS 系列 ⊙ SIEMENS ，选择 SIEMENS 802S (C)，选择车床，点击"确定"，机床及系统选择如图 4—90 所示，进入 SIEMENS 802S 仿真系统界面如图 4—91 所示。

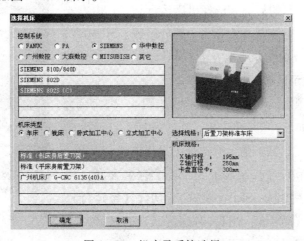

图 4—90　机床及系统选择

菜单栏　工具栏　机床操作面板　显示区　系统显示区　系统控制面板

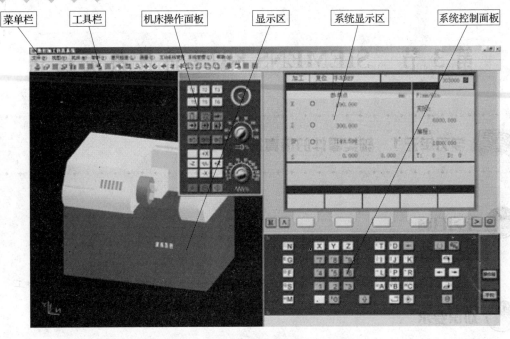

图4—91　SIEMENS 802S 数控车床界面

二、认识数控车床仿真系统操作界面

1. 机床操作面板

SIEMENS 802S 仿真系统的机床操作面板如图 4—92 所示，可以鼠标拖动到屏幕任意位置，可以通过点击右下角的 操作箱 进行显示与隐藏。操作面板主要用于控制机床的运动和选择机床运行状态，由方式选择键、数控程序运行控制开关等几个部分组成。SIEMENS 802S 操作面板按钮及功能介绍见表 4—34。

2. 数控系统显示区域

SIEMENS 802S 数控系统的显示区域如图 4—93 所示，各显示区域的作用如下：

（1）操作模式显示区。显示所选择的操作方式。

（2）通道状态和程序控制显示区。复位、中断和启动显示；程序控制：SKP（跳选）、DRY（空运行）、SBL（单段）、M01（暂停）、PRT（程序测试）的显示。

（3）程序名称显示区。显示当前程序名。

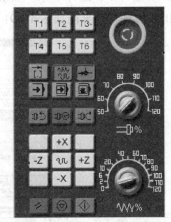

图4—92　SIEMENS 802S 数控车床操作面板

表 4—34 　　　　　　　　　　SIEMENS 802S 操作面板按钮及功能介绍

按钮	名称	功能简介
	紧急停止	按下急停按钮，使机床移动立即停止，并且所有的输出如主轴的转动等都会关闭
	点动距离选择按钮	在单步或手轮方式下，用于选择移动距离
	手动方式	手动方式，连续移动
	回零方式	机床回零，机床必须首先执行回零操作，然后才可以运行
	自动方式	进入自动加工模式
	单段	当此按钮被按下时，运行程序时每次执行一条数控指令
	手动数据输入（MDA）	单程序段执行模式
	主轴正转	按下此按钮，主轴开始正转
	主轴停止	按下此按钮，主轴停止转动
	主轴反转	按下此按钮，主轴开始反转
	快速按钮	在手动方式下，按下此按钮后，再按下移动按钮则可以快速移动机床
+Z -Z +X -X	移动按钮	X、Z 轴正负方向
	复位	按下此键，复位 CNC 系统，包括取消报警、主轴故障复位、中途退出自动操作循环和输入、输出过程等
	循环保持	程序运行暂停，在程序运行过程中，按下此按钮运行暂停，按 [图] 恢复运行
	运行开始	程序运行开始
	主轴倍率修调	将光标移至此旋钮上后，通过点击鼠标的左键或右键来调节主轴倍率
	进给倍率修调	调节数控程序自动运行时的进给速度倍率，调节范围为 0% ~ 120%。置光标于旋钮上，点击鼠标左键，旋钮逆时针转动，点击鼠标右键，旋钮顺时针转动

（4）坐标轴位置显示区。显示各类机床坐标系状态下，各轴的坐标轴数值。

（5）切削参数显示区。显示当前刀具号、刀具补偿号、进给速度、主轴转速。

（6）工作窗口显示。在不同方式情况下，显示工作状态的情况，如程序运行时显示当前程序；设置工件坐标系时，显示刀具测量状态。

（7）横向软体键显示区。用于在不同控制方式下主菜单的显示，如图 4—94 所示。

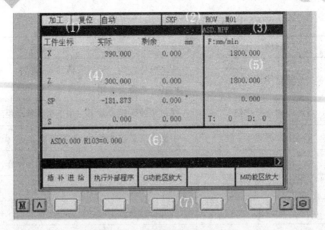

图4—93　数控系统显示区域

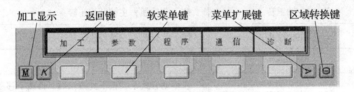

图4—94　横向软体键显示区

SIEMENS 802S 数控系统 ▣ 区域转换键的各级菜单选择如图4—95所示。

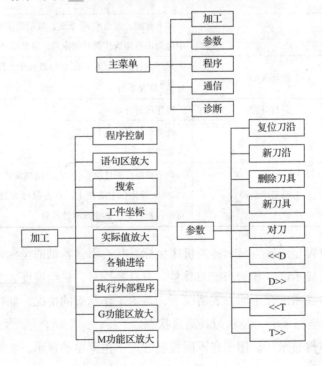

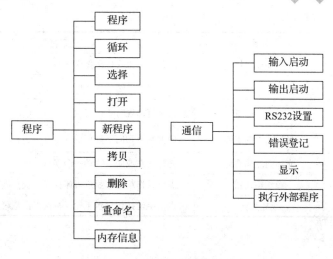

图4—95　区域转换键菜单命令

3. 系统控制面板

SIEMENS 802S 数控系统的控制面板如图4—96所示，面板上除了数字、字母键外，其他面板按钮及功能介绍见表4—35。

图4—96　数控系统控制面板

表4—35　　　　　　　　　　SIEMENS 802S 控制面板按钮及功能介绍

按钮	名称	功能简介
	报警应答键	
	上档键	对键上的两种功能进行转换。用了上档键，当按下字符键时，该键上行的字符（除了光标键）就被输出
	空格键	
	删除键（退格键）	自右向左删除字符
	回车/输入键	（1）接受一个编辑值 （2）打开、关闭一个文件目录 （3）打开文件

按钮	名称	功能简介
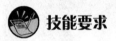	加工操作区域键	按此键，进入机床操作区域
	选择转换键	一般用于单选、多选框
	垂直菜单键	提示符出现时该键有效
	光标向上向下键	向上翻页和向下翻页
	光标向左向右键	光标向左或向右移动一个字符
	操作箱按钮	点击操作箱按钮显示机床控制面板，再次点击隐藏
	手轮按钮	点击手轮按钮显示手轮，再次点击隐藏

技能要求

编制数控加工工艺

编制如图 4—97 所示轴类零件的数控加工工艺规程。

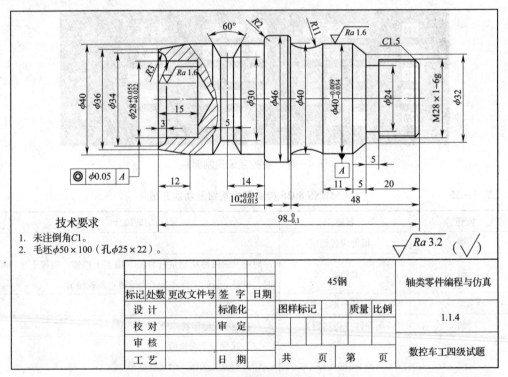

图 4—97 轴类零件仿真加工

操作准备

图样、宇龙数控仿真系统、程序单、工艺卡片、刀具卡片等。

本题轴类零件图样如图 4—97 所示，工艺卡片见表 4—36，刀具卡片见表 4—37，程序单见表 4—38、表 4—39。

操作步骤

步骤 1　工艺分析

编制数控加工工艺，填写工艺卡片，见表 4—36。

表 4—36　　　　　　　　　　　　　数控加工工艺卡片

数控加工工艺卡				零件代号		材料名称	零件数量
				1.1.4		45 钢	1
设备名称	数控车床	系统型号	SIEMENS 802S	夹具名称	三爪自定心卡盘	毛坯尺寸	φ50×100 (孔 φ25×22)
工序(工步)号	工序内容			刀具号	主轴转速(r/min)	进给量(mm/r)	背吃刀量(mm)	备注(程序名)
1	三爪自定心卡盘装夹工件，伸出卡盘60 mm							AB1141
(1)	车端面，以工件右端面中心为工件坐标系			1	800			
(2)	粗车外圆 φ46 mm、φ40 mm，留1 mm				800	0.3	2	
(3)	精车外圆至图样尺寸				1 200	0.1	0.5	
(4)	粗镗内台阶孔，工件坐标系不变			2	600	0.15	1	
(5)	精镗内台阶孔，保证 φ28 mm 尺寸精度				800	0.08	0.5	
(6)	外圆切梯形槽至尺寸			3	600	0.1		
2	掉头，以 φ40 mm 外圆定位，保证同轴度，夹紧，车总长			4	800	1.5		AB1142
(1)	粗车外轮廓 φ40 mm、φ28 mm，留1 mm			1	1 000	0.2	2	
(2)	精车外轮廓至图样尺寸，保证长度10 mm 尺寸公差				800	0.3	0.5	
(3)	切槽 φ24 mm×5 mm				600	0.1		
(4)	车外螺纹 M28×1				1 000	0.1	0.5	
(5)	去毛刺							
(6)	检验上交							
编制		审核		批准		年　月　日	共1页	第1页

步骤 2　刀具选择

根据数控加工工艺，选择所用刀具，填写刀具卡片，见表 4—37。

表 4—37　　　　　　　　　　　数控刀具卡片

序号	刀具号	刀具名称	刀具规格	刀具材料	备注（半径补偿）
1	1	外圆刀	刀尖角 35°	硬质合金	R0.4
2	2	内孔镗刀	ϕ16 mm，κ_r75°	硬质合金	R0.4
3	3	外切槽刀	刀宽 5 mm	硬质合金	—
4	4	外螺纹刀	刀尖角 60°，螺距 1 mm	硬质合金	R0.2
编制	/	审核	/	批准	/	年　月　日	共1页	第1页

用 SIEMENS　802S 系统格式编写加工程序

操作准备

图样、函数计算器、工艺卡片、刀具卡片、笔、尺等。

操作步骤

步骤 1　工序 1 程序编写见表 4—38。

表 4—38　　　　　　　　　　**AB1141. MPF 程序单**

AB1141. MPF	ZA1114. SPF
G95 G40 G00 X60 Z20 T1D1 ⌐	G01 G42 G451 X36 Z0 F0.1 ⌐
M04 S800 ⌐	X40 Z – 12 ⌐
G00 X55 Z5 ⌐	Z – 40 ⌐
G01 Z0 F0.5 ⌐	X42 ⌐
G01 X – 1 ⌐	G03 Z – 42 X46 CR = 2 ⌐
G0 X55 Z5 ⌐	G01 Z – 53 ⌐
G01 X52 Z2 F0.3 ⌐	X55 ⌐
_ CNAME = "ZA1114" ⌐	G40 ⌐
R105 = 9.000 R106 = 1.000 ⌐	M17 ⌐
R108 = 2.000 ⌐	
R109 = 0.000 R110 = 1.000 ⌐	ZA2114. SPF
R111 = 0.300 ⌐	G41 ⌐
R112 = 0.100 ⌐	G01 X34 Z0 ⌐
LCYC95 ⌐	G03 X28 Z – 3 CR = 3 ⌐
G0 X80 Z80 M09 ⌐	G01 Z – 15 ⌐
T2D1 ⌐	X23 ⌐
G0 X24 Z5 ⌐	Z5 ⌐

M04 S800 ⌐	G40 ⌐
⌐ CNAME ="ZA2114" ⌐	M17 ⌐
R105 = 11. 000 R106 = − 1. 000 R108 = 2. 000 ⌐	
R109 = 0. 000 R110 = 1. 000 R111 = 0. 300 ⌐	
R112 = 0. 100 ⌐	
LCYC95 ⌐	
G0 X80 Z60 M09 ⌐	
T3D1 ⌐	
G00 X45 Z5 ⌐	
M04 S600 ⌐	
R100 = 40. 000 ⌐	
R101 = − 28. 113 R105 = 5. 000 ⌐	
R106 = 0. 300 ⌐	
R107 = 5. 000 R108 = 2. 000 ⌐	
R114 = 5. 000 ⌐	
R115 = 5. 000 R116 = 30. 000 ⌐	
R117 = 0. 000 ⌐	
R118 = 0. 000 R119 = 1. 000 ⌐	
LCYC93 ⌐	
G00 X60 Z80 M09 ⌐	
M02 ⌐	

步骤 2 工序 2 程序编写见表 4—39。

表 4—39   **AB1142. MPF 程序单**

AB1142. MPF	ZA1142. SPF
G95 G40 G00 X55. Z5 T1D2 ⌐	G42 ⌐
M04 S800 ⌐	G01 X23 Z1 F0. 3 ⌐
G00Z0 ⌐	X27. 9 Z − 1. 5 ⌐
G01 X − 1 F0. 3 ⌐	Z − 20 ⌐
G01 X55 Z2 F0. 3 ⌐	X32 ⌐
⌐ CNAME ="ZA1142" ⌐	Z − 25 X40 ⌐
R105 = 9. 000 R106 = 1. 000 R108 = 1. 000 ⌐	Z − 36 ⌐
R109 = 0. 000 R110 = 1. 000 R111 = 0. 300 ⌐	G02 X40 Z − 48 CR = 11 ⌐
R112 = 0. 100 ⌐	G01 X44 ⌐
LCYC95 ⌐	Z − 52 X48 ⌐
G0 X60 Z80 M09 ⌐	X60 ⌐

M00	G40
T3D2 M08	M17
M04 S600	
G0 X30 Z5	
G01 Z – 20 F0.3	
X24 F0.1	
G0 X35	
Z80 M09	
M00	
T4D1	
G0 X30 Z5	
R100 = 28.000	
R101 = 0.000 R102 = 28.000	
R103 = – 16.000	
R104 = 1.000 R105 = 1.000	
R106 = 0.100	
R109 = 2.000 R110 = 0.000	
R111 = 0.650	
R112 = 0.000 R113 = 3.000	
R114 = 1.000	
LCYC97	
G0 X60 Z80	
M09 M05	
M02	

用 SIEMENS 802S 仿真系统数控仿真加工

操作步骤

步骤 1 激活机床

检查急停按钮是否松开至 ◉ 状态，若未松开，点击急停按钮 ◎ ，将其松开。

点击操作面板上的"复位"按钮 ⚡ ，使得右上角的 003000 ▣ 标志消失，此时机床完成加工前的准备。

步骤 2 机床回零

1. 检查操作面板上的"手动"和"回原点"按钮是否处于按下状态 ⬚ ⬚ ，否则依次点击按钮 ⬚ 和 ⬚ 使其呈按下状态，此时机床进入回零模式，CRT 界面的状态栏上将

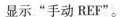

显示"手动 REF"。

2. X 轴回零。按住操作面板上的 ⊞ 按钮,直到 CRT 界面上的 X 轴回零灯亮,如图 4—98 所示。

3. Z 轴回零。按住操作面板上的 ⊞ 按钮,直到 CRT 界面上的 Z 轴回零灯亮。

4. 点击操作面板上的"主轴反转"按钮 ⚙ ,使主轴回零;此时 CRT 界面如图 4—99 所示。

图 4—98 X 轴回零

图 4—99 Z 轴回零

注:在坐标轴回零的过程中,还未到达零点按钮已松开,则机床不能再运动,CRT 界面上出现警告框 020005 ,此时再点击操作面板上的"复位"按钮 ,警告被取消,可继续进行回零操作。

步骤 3 装夹调整工件

1. 装夹工件

依次点击菜单栏中的"零件/放置零件"或者在工具栏中点击图标 ,系统将弹出"选择零件"对话框,如图 4—100 所示。

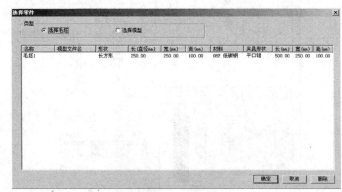

图 4—100 "选择零件"对话框

在列表中点击所需的零件,选中的零件信息将会加亮显示,按下"确定"按钮,系统将自动关闭对话框,零件和夹具(如果已经选择了夹具)将被放到机床上。

2. 调整零件位置

三爪自定心卡盘夹住毛坯后,系统将自动弹出一个小键盘,如图 4—101 所示,通过按动小键盘上的方向按钮，实现零件的平移和旋转或车床零件调头。小键盘上的"退出"按钮用于关闭小键盘。依次点击菜单栏中的"零件/移动零件"也可以打开小键盘。

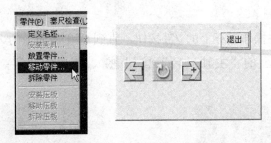

图4—101　移动零件对话框

注：车床中通过点击图4—101中的 图标将零件调头。

步骤4　选用并装夹刀具

依次点击菜单栏中的"机床/选择刀具"或者在工具栏中点击图标 ，系统将弹出"车刀选择"对话框，如图4—102所示。

系统中斜床身后置刀架数控车床允许同时安装8把刀具；平床身前置刀架数控车床的刀架上允许同时安装4把刀具，钻头将被安装在尾座上。

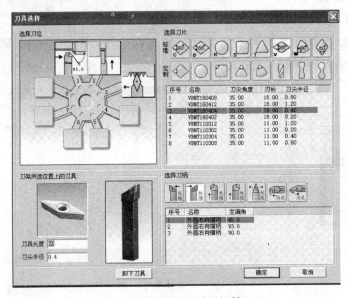

图4—102　车刀选择对话框

1. 选择车刀

（1）在对话框左侧排列的编号1~8中，选择所需的刀位号。刀位号即车床刀架上的位置编号。被选中的刀位编号的背景颜色变为蓝色。

（2）指定加工方式，可选择内圆加工或外圆加工。

（3）在刀片列表框中选择了所需的刀片后，系统自动给出相匹配的刀柄供选择。

（4）选择刀柄。当刀片和刀柄都选择完毕，刀具被确定，并且输入到所选的刀位中，旁边的图片显示其适用的方式。

2. 选择刀尖半径

3. 选择刀具长度

4. 输入钻头直径

5. 删除当前刀具

6. 确认选刀

选择完刀具，完成刀尖半径（钻头直径），刀具长度修改后，按"确认退出"键完成选刀。或者按"取消退出"键退出选刀操作。

步骤5 操作机床

1. 手动（Jog）操作机床

首先进行手动参数设置，如图4—103所示。再点击操作面板上的手动按钮 ⬚，使其呈按下状态 ⬚。

点击操作面板上的 ⁺ˣ 按钮，机床向 X 轴正向移动，点击 ⁻ˣ，机床向 X 轴负方向移动，同理，点击 ⁺ᶻ、⁻ᶻ，机床在 Z 轴方向移动，可以根据加工零件的需要，点击适当的按钮，移动机床。

点击操作面板上的 ⬚ 和 ⬚，使主轴转动，点击 ⬚ 按钮，使主轴停止转动。

注：刀具切削零件时，主轴需转动。加工过程中刀具与零件发生非正常碰撞后（非正常碰撞包括车刀的刀柄与零件发生碰撞；车刀与夹具发生碰撞等），系统弹出警告对话框，同时主轴自动停止转动，调整到适当位置，继续加工时需使主轴重新转动。

2. 手轮操作机床

点击操作面板上的手动按钮 ⬚，使其呈按下状态 ⬚。

选择适当的点动距离。初始状态下，点击 ⬚ 按钮，进给倍率为 0.001 mm，再次点击进给倍率为 0.01 mm，通过点击 ⬚ 按钮，进给倍率可在 0.001 mm 至 1 mm 之间切换。

在如图4—104所示的界面中点击软键 ⬚，点击软键 ⬚ 或 ⬚ 选择当前进给轴，点击"确认"回到相关的界面。

在系统面板的右侧点击按钮 ⬚，打开手轮对话框。

在手轮 ⬚ 上按住鼠标左键，机床向负方向运动；在手轮 ⬚ 上按住鼠标右键，机床向正方向运动。

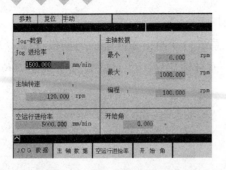

图4—103　Jog参数设置对话框

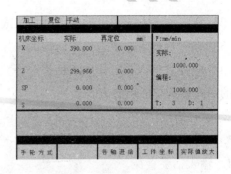

图4—104　加工方式选择对话框

点击 ⬅ 按钮可以关闭手轮对话框。

步骤6　对刀操作

1. 创建刀具

（1）点击操作面板上的 ▣ 按钮，出现如图4—105所示的界面。

（2）依次点击软键 参数 、刀具补偿 、按钮 ＞ 及软键 新刀具 ，弹出如图4—106所示的对话框。

（3）在"T-号"栏中输入刀具号（如："1"）。点击 ⬇ 按钮，光标移到"T-型"栏中，输入刀具类型（车刀：500；钻头：200）。按软键"确认"。完成新刀具的建立，此时进入参数设置界面。

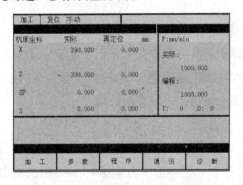

图4—105　加工方式对话框

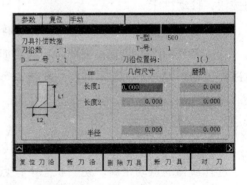

图4—106　设置新刀具对话框

2. 对刀操作及刀具补偿设置

（1）X向

在界面上点击软键 对刀 ，进入如图4—107所示界面。

1）点击操作面板中的 〰 按钮，切换到手动状态，适当点击 X +X -Z Z 按钮，使刀具移动到可切削零件的大致位置。

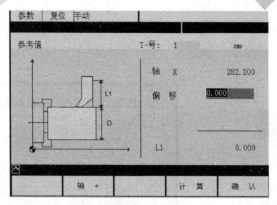

图 4—107 *X* 向对刀

2）点击操作面板上的 按钮，使主轴反转。

3）在界面下点击 按钮回到上级界面。

4）点击 按钮，用所选刀具试切工件外圆，点击 按钮，将刀具退至工件外部，点击操作面板上的 ，使主轴停止转动，如图 4—108 所示。

5）点击菜单"工艺分析/测量"，点击刀具试切外圆时所切线段（选中的线段由红色变为黄色）。记下下面对话框中对应的 *X* 的值，将所测得的直径值的负值写入到偏移所对应的文本框中，按下 键；依次点击软键 计　算 、 确　认 ，进入如图 4—109 所示界面，此时长度 1 被自动设置。

（2）*Z* 向

1）点击软键 轴　+ ，进一步测量 *Z* 方向的零偏。

2）点击 按钮，将刀具移动至工件外圆外面位置，点击操作面板上 按钮，使主轴反转。

3）点击 按钮试切工件端面，如图 4—110 所示，然后点击 将刀具退出到工件外部；点击操作面板上的 ，使主轴停止转动。

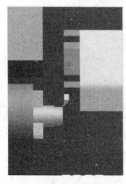

图 4—108　*X* 向对刀

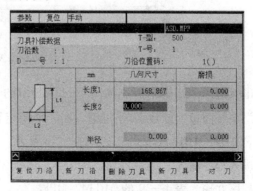

图 4—109　*X* 向对刀数据设置

4）在偏移所对应的文本框中输入0，按下 ⇗ 键。

5）依次点击软键 计 算 、 确 认 ，进入如图4—111所示界面，长度2被自动设置。

图4—110　Z向对刀

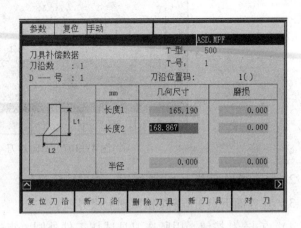

图4—111　Z向对刀数据设置

步骤7　程序输入

在如图4—112所示界面中点击按钮 ＞ ，出现如图4—113所示对话框。

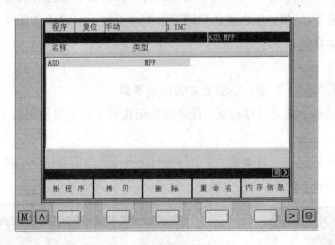

图4—112　程序输入对话框

点击软键 新 程 序 ，弹出如图4—114所示的"新程序"对话框。

点击系统面板上的数字/字母键，在"请指定新程序名"栏中输入要新建的数控程序的程序名，如：AB1141. MPF，如图4—115所示。按软键"确认"，将生成一个新的数控程序，进入程序输入、编辑界面，按表4—38所示程序逐段输入，如图4—116所示。然后新建程序并输入表4—39的AB1142. MPF。

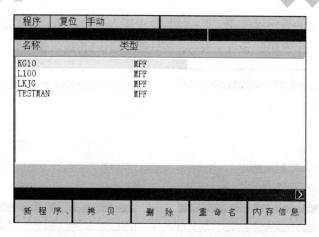

图4—113　程序选择或新建对话框

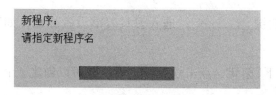

图4—114　新建程序对话框

图4—115　建立新程序

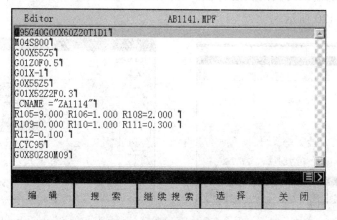

图4—116　程序输入

步骤8　刀具补偿参数设置

依次点击按钮 ⊡ 、软键 参数 、刀具补偿 可以进入刀具参数设置界面，而点击按钮 ∧ 可以退出本界面。

新建刀具，依次点击按钮 ⊡ 、软键 参数 、刀具补偿 、按钮 ＞ 及软键 新刀具 ，显示如图4—117所示对话框。

点击系统面板上的数字键，在"T－号"栏中输入刀号，在"T－型"中输入刀具类型号（钻头：200；车刀：500）。设置完成后，按软键"确认"，进入如图4—118所示的对话框。

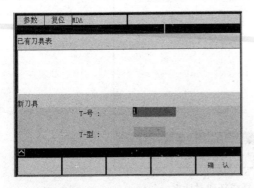

图4—117　新建程序对话框

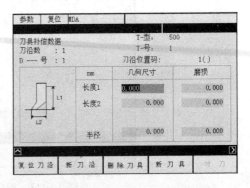

图4—118　对刀参数设置对话框

设置刀具补偿参数，在界面上点击软键 新 刀 沿 ，进入刀具刀沿设置界面，如图4—119所示。

输入需要创建新刀沿的刀具号，并按下 ⬦ 键，点击软键 确 认 ，就可以创建一个新刀沿。

可在此界面上输入刀具的长度补偿，刀尖圆弧半径补偿，刀沿号，刀沿位置码（1～9）等，如图4—120所示。

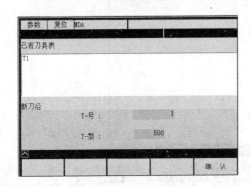

图4—119　刀具刀沿设置

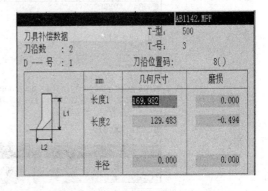

图4—120　刀具参数设置对话框

刀具刀沿位置码的设置如图4—121所示。

步骤9　图形轨迹模拟

检查"系统管理/系统设置"菜单中"SIEMENS属性"是否选中"PRT有效时显示加工轨迹"。若未选中则选择它。具体操作如下：点击菜单"系统管理/系统设置"，弹出如图4—122所示的对话框。

刀具参数DP2给定刀尖位置，位置值可以为1到9：

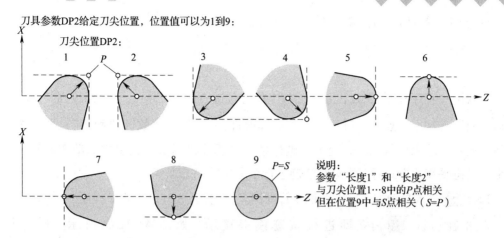

图4—121　刀具刀沿位置码

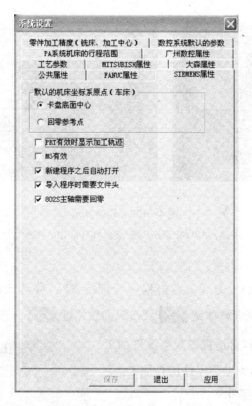

图4—122　系统设置对话框

　　点击"SIEMENS 属性"选项，检查"PRT 有效时显示加工轨迹"选项前面是否有"√"，若没有则点击此选项，使其被选中。按"应用"，再按软键"退出"，完成设定操作。

点击 CRT 界面下方的 Ⓜ 按钮，将控制面板切换到加工界面。

点击操作面板上的"自动模式"按钮 ⇥ ，使其呈按下状态 ⇥ ，机床进入自动加工模式。

按软键"程序控制"，点击系统面板上的方位键 ⬇ 和 ⬆ ，将光标移到"PRT 程序测试有效"选项上，点击按钮 〇 ，将此选项打上"√"，按软键"确认"，即选中了察看轨迹模式，原来显示机床处变为一坐标系，可通过"视图"菜单中的动态旋转、动态放缩、动态平移等方式对三维运行轨迹进行全方位的动态观察。

选择 ⇥ 进入自动方式，点击程序管理键 Prog Man ，打开 AB1141. MPF 程序。

点击启动键 ◇ ，立即进行轨迹模拟显示，如图 4—123a 所示。接着打开 AB1142. MPF，同样轨迹显示如图 4—123b 所示。

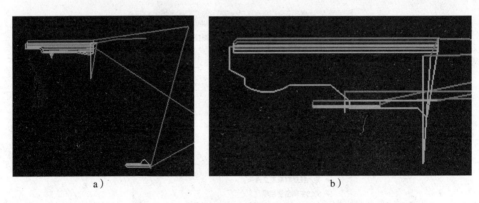

a)   b)

图 4—123　轨迹显示

a) AB1141 程序轨迹　b) AB1142 程序轨迹

步骤 10　模拟仿真加工

点击 ⇥ 选择自动加工方式，点击程序管理键 Prog Man ，移动光标选择所要加工的程序"AB1141. MPF"，点击纵向软体键 打开 ，按纵向软体键 执行 ，按控制面板上的循环启动键 ◇ ，开始加工，选择合适视图观察零件加工情况，如图 4—124 所示为轴类零件仿真加工。

步骤 11　仿真检测零件

单击下拉菜单条"测量"，出现二级子菜单"剖面图测量"。选择测量位置，则可显示测量位置零件的尺寸，也可拖动鼠标拉一个窗口进行局部放大等操作。

图 4—124　轴类零件仿真加工

如图 4—125 所示测量内轮廓尺寸时，点击 ϕ28 内孔处，软件显示其尺寸值。也可拖动鼠标拉一个窗口进行局部放大等操作。

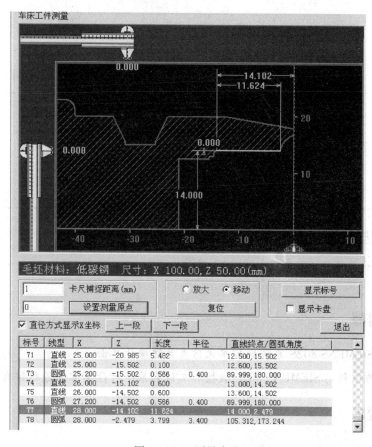

图 4—125　测量内孔

 注意事项

1. 在进入 SIEMENS 系统后需将所有可移动轴回原点，否则不能进行手动操作和自动运行。

2. 各级主菜单与子菜单有多种形式进入，操作总体规则不变。

3. 程序输入时可以在 SIEMENS 数控仿真系统中直接输入，也可在电脑的记事本中输入后存入指定路径。文件名的后缀 .MPF，存储路径 C：\ Program Files \ 数控仿真系统 \ Examples \ SIEMENS802D \ PartProg。

4. 尺寸公差精度可通过调整刀具补偿数据中长度 1（X 向）或长度 2（Z 向）的磨损值来控制，如图 4—126 所示。

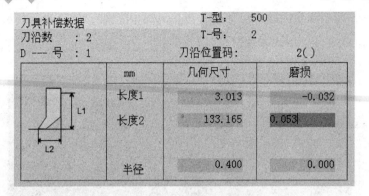

图 4—126　磨损值设置

学习单元2　盘类零件的仿真操作加工

学习目标

1. 掌握 SIEMENS 802S 系统数控车床仿真系统操作界面
2. 能够熟练利用 SIEMENS 802S 数控加工仿真系统对盘类零件进行仿真加工

技能要求

编制数控加工工艺

编制如图 4—127 所示盘类零件的数控加工工艺规程。

操作准备

图样、宇龙数控仿真系统、程序单、工艺卡片、刀具卡片等。

本题盘类零件图样如图 4—127 所示，工艺卡片见表 4—40，刀具卡片见表 4—41，程序单见表 4—42、表 4—43。

操作步骤

步骤1　工艺分析

编制数控加工工艺，填写工艺卡片，见表 4—40。

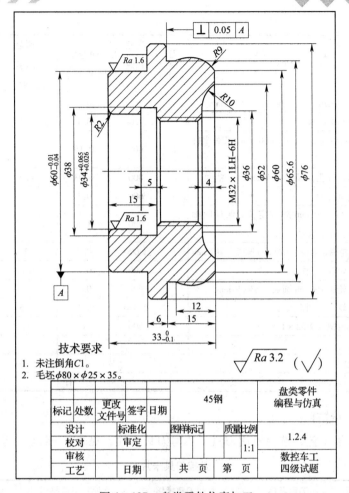

技术要求
1. 未注倒角C1。
2. 毛坯φ80×φ25×35。

$\sqrt{Ra\ 3.2}$ ($\sqrt{}$)

标记	处数	更改文件号	签字	日期	45钢			盘类零件编程与仿真
设计		标准化			图样标记	质量比例		1.2.4
校对		审定				1:1		
审核					共 页	第 页		数控车工四级试题
工艺			日期					

图 4—127　盘类零件仿真加工

表 4—40　　　　　　　　　　　数控加工工艺卡片

盘类零件仿真加工				零件代号	材料名称	零件数量
				1.2.4	45 钢	1
设备名称	数控车床	系统型号	SIEMENS 802S	夹具名称　三爪自定心卡盘	毛坯尺寸	φ80×φ25×35
工序（工步）号	工序内容			刀具号	主轴转速（r/min）　进给量（mm/r）　背吃刀量（mm）		备注（程序名）
1	三爪自定心卡盘装夹工件，伸出卡盘 18 mm						AB1241
(1)	车端面，以工件右端面中心为工件坐标系原点			1	800		

工序（工步）号	工序内容	刀具号	主轴转速（r/min）	进给量（mm/r）	背吃刀量（mm）	备注（程序名）
(2)	粗车外圆 φ76 mm，φ60 mm，留1 mm		800	0.3	2	
(3)	精车外圆至图样尺寸		1 200	0.1	0.5	
(4)	粗镗内台阶孔 φ34 mm，φ30 mm，工件坐标系不变	2	600	0.15	1	
(5)	精镗内台阶孔，保证 φ34 mm 尺寸精度		800	0.08	0.5	
(6)	切内槽至尺寸	3	600	0.1		
2	调头，以 φ60 mm 外圆定位，保证同轴度，夹紧，车总长	4	800	1.5		AB1242
(1)	粗车外轮廓 φ60 mm，R9 mm 圆弧，留1 mm	1	1 000	0.2	2	
(2)	精车外轮廓至图样尺寸		800	0.3	0.5	
(3)	粗车内轮廓 R9 mm 圆弧，φ30.9 mm		600	0.1		
(4)	精车内轮廓至图样尺寸		1 000	0.1	0.5	
(5)	车左旋内螺纹 M32×1		600	1		
(6)	去毛刺					
(7)	检验上交					
编制	审核	批准		年　月　日	共1页	第1页

步骤 2　刀具选择

根据数控加工工艺，选择所用刀具，填写刀具卡片，见表4—41。

表4—41　　　　　　　　　数控刀具卡片

序号	刀具号	刀具名称	刀具规格	刀具材料	备注（半径补偿）
1	1	外圆刀	刀尖角35°	硬质合金	R0.4
2	2	内孔镗刀	φ16 mm，κr75°	硬质合金	R0.4
3	3	内切槽刀	刀宽5 mm	硬质合金	—
4	4	内螺纹刀	φ16 mm，刀尖角60°，螺距1 mm	硬质合金	R0.2
编制	审核	批准		年　月　日	共1页　第1页

用 SIEMENS 802S 系统格式编写加工程序

操作准备

图样、函数计算器、工艺卡片、刀具卡片、笔、尺等。

操作步骤

工序1和工序2程序编写分别见表4—42和表4—43。

表 4—42   **AB1241. MPF 程序单**

AB1241. MPF	ZA12411. SPF
G95 G40 G00 X90 Z20 T1D1 ¬	G42 ¬
M04 S800 ¬	G01 X60 Z5 F0. 3 ¬
G00 X80 Z0 M08 ¬	G01 X56 Z1 ¬
G01 X − 1 F0. 2 ¬	X60 Z − 1 F0. 1 ¬
G00 X85 Z2 ¬	Z − 12 ¬
_ CNAME ="ZA12411" ¬	X74 ¬
R105 =9. 000 R106 =0 R108 =1. 000 ¬	X76 Z − 13 ¬
R109 =0. 000 R110 =1. 000 ¬	Z − 19 ¬
R111 =0. 300 ¬	X80 ¬
R112 =0. 100 ¬	M17 ¬
LCYC95 ¬	
G0 X90 Z50 M09 ¬	ZA12412. SPF
M05 ¬	G01 X25 Z2 ¬
T2D1 ¬	G41 ¬
G0 X85 Z20 ¬	G01 X38 Z0 ¬
M04 S800 ¬	G02 X34 Z − 2 CR =2 ¬
G0 X23 Z2 M08 ¬	G01 Z − 15 ¬
_ CNAME ="ZA12412" ¬	X32 ¬
R105 =11. 000 R106 = − 0. 5 ¬	X30 Z − 16 ¬
R108 =1. 000 ¬	Z − 35 ¬
R109 =0. 000 R110 =1. 000 ¬	X23 ¬
R111 =0. 200 ¬	G40 ¬
R112 =0. 100 ¬	M17 ¬
LCYC95 ¬	
G0 X85 Z20 M09 ¬	
M05 ¬	
T3D1 ¬	
M04 S600 ¬	
G0 X85 Z20 ¬	
X32 Z5 ¬	
G01 Z − 15 F0. 5 ¬	
X38 F0. 1 ¬	
G0 X23 ¬	
Z5 ¬	
M09 ¬	
M05 ¬	
M02 ¬	

表 4—43　　　　　　　　　　　　**AB1242. MPF 程序单**

AB1242. MPF	ZA12421. SPF
G95 G40 G00 X80 Z20 T1D2 ⌐	G42 ⌐
M04 S800 ⌐	G01 X60 Z0 F0. 1 ⌐
G0 Z0 ⌐	G03 X60 Z－12 CR＝9 ⌐
G01 X20 F0. 3 ⌐	G01 Z－15 ⌐
G0 X80 Z5 ⌐	X74 ⌐
M08 ⌐	X78 Z－17 ⌐
＿ CNAME ＝"ZA12421"⌐	X85 ⌐
R105＝9. 000 R106＝1. 000 ⌐	G40 ⌐
R108＝1. 000 ⌐	M17 ⌐
R109＝0. 000 R110＝1. 000 ⌐	
R111＝0. 300 ⌐	
R112＝0. 100 ⌐	ZA12422. SPF
LCYC95 ⌐	G41 ⌐
G0 X88 Z30 ⌐	G01 X52 Z0 F0. 1 ⌐
M09 M05 ⌐	G03 X38 Z－4 CR＝10 ⌐
T2D2 ⌐	G01 X32. 9 ⌐
G0 X80 Z50 ⌐	G1 X30. 9 Z－5 ⌐
G0 X30 Z5 ⌐	Z－20 ⌐
M04 S800 ⌐	G01 X28 ⌐
G01 X40 Z2 F0. 3 ⌐	G40 ⌐
＿ CNAME ＝"ZA12422"⌐	M17 ⌐
R105＝11. 000 R106＝0. 000 ⌐	
R108＝1. 000 ⌐	
R109＝0. 000 R110＝1. 000 ⌐	
R111＝0. 300 ⌐	
R112＝0. 100 ⌐	
LCYC95 ⌐	
G0 X85 Z130 M09 ⌐	
T4D1 ⌐	
G0 X28 Z5 ⌐	
M04 S800 M08 ⌐	
R100＝32. 000 ⌐	
R101＝－4. 000 R102＝32. 000 ⌐	
R103＝－20. 000 ⌐	
R104＝1. 000 R105＝2. 000 ⌐	
R106＝－0. 100 ⌐	
R109＝2. 000 R110＝2. 000 ⌐	

续表

R111 = 0. 650 ┐ R112 = 0. 000 R113 = 2. 000 ┐ R114 = 1. 000 ┐ LCYC97 ┐ G0 X80 Z40 ┐ M09 ┐ M02 ┐	

用 SIEMENS 802S 仿真系统数控仿真加工

操作步骤

步骤1　激活机床

机床上电，点击急停按钮 ◎ ，将其松开 ◎ 。

点击操作面板上的"复位"按钮 ⚡ ，使得右上角的 003000 ▨ 标志消失，此时机床完成加工前的准备。

步骤2　机床回零

1. 检查操作面板上"手动"和"回原点"按钮是否处于按下状态 ⚟ ↤ ，否则依次点击按钮 ⚟ 和 ↤ 使其呈按下状态，此时机床进入回零模式，CRT 界面的状态栏上将显示"手动 REF"。

2. 回零：按住操作面板上的 +X +Z 按钮，直到 CRT 界面上的 X 轴、Z 轴回零灯亮；点击操作面板上的"主轴正转"按钮 ⮂ 或"主轴反转"按钮 ⮂ ，使主轴回零，此时 CRT 界面如图4—128 所示。

步骤3　装夹调整工件

1. 装夹工件

依次点击菜单栏中的"零件/放置零件"或者在工具栏中点击图标 🖿 ，系统将弹出"选择零件"对话框，如图4—129 所示。

在列表中点击所需的零件，选中的零件信息将会加亮显示，按下"确定"按钮，系统将自动关闭对话框，零件和夹具（如果已经选择了夹具）将被放到机床上。

图4—128　回零操作

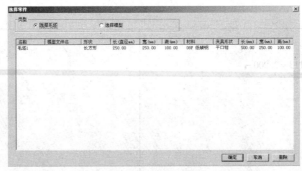

图4—129 "选择零件"对话框

2. 调整零件位置

根据零件加工尺寸要求，调整零件的装夹位置。

步骤4 选用并装夹刀具

依次点击菜单栏中的"机床/选择刀具"或者在工具栏中点击图标，系统将弹出"刀具选择"对话框，如图4—130所示。

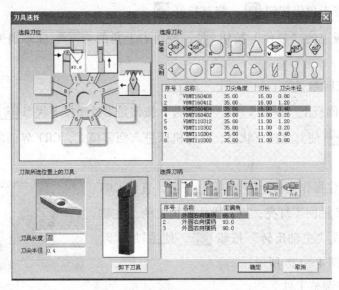

图4—130 "刀具选择"对话框

选择车刀：

1号刀设置为外圆车刀；

2号刀设置为内孔刀；

3号刀设置为内切槽刀；

4号刀设置为内螺纹刀。

步骤5 对刀操作

1. 创建刀具

（1）点击操作面板上的 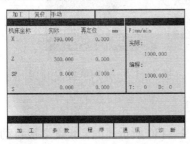 按钮。

（2）依次点击软键 参数 、刀具补偿 、按钮 ＞ 及软键 新刀具 ，弹出如图4—131所示的对话框。

（3）在"T－号"栏中输入刀具号（如："1"）。点击 按钮，光标移到"T－型"栏中，输入刀具类型（车刀：500）。按软键"确认"。完成新刀具的建立。此时进入如图4—132所示的参数设置界面。

图4—131 加工方式对话框

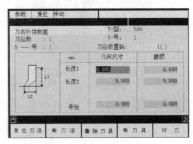

图4—132 刀具参数设置对话框

2. 对刀操作及刀具补偿设置

（1）X向

在界面上点击软键 对 刀 ，进入如图4—133所示界面。

1）点击操作面板中的 按钮，切换到手动状态，适当点击 x +x -z -z 按钮，移动刀具到可切削零件的大致位置。

2）点击操作面板上的 按钮，使主轴反转。

3）点击 ∧ 按钮回到上级界面。

4）点击 -z 按钮，用所选刀具试切工件外圆，点击 +z 按钮，将刀具退至工件外部，点击操作面板上的 ，使主轴停止转动。

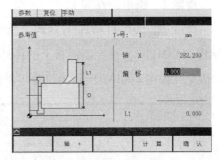

图4—133 X向对刀

5）点击菜单"工艺分析/测量"，点击刀具试切外圆时所切线段（选中的线段由红色变为黄色）。记下下面对话框中对应的X的值，将所测得的直径值的负值写入到偏移所对应的文本框中，按下 键；依次点击软键 计 算 、确 认 。

（2）Z向

1）点击软键 轴 ＋ ，进一步测量Z方向的零偏。

2）点击 $\boxed{+z}$ 按钮，将刀具移动到如图4—134所示的位置，点击操作面板上的 $\boxed{oc}$ 按钮，控制主轴的转动。

3）点击 $\boxed{-x}$ 按钮试切工件端面，如图4—135所示，然后点击 $\boxed{+x}$ 将刀具退出到工件外部；点击操作面板上的 $\boxed{\text{Io}}$ ，使主轴停止转动。

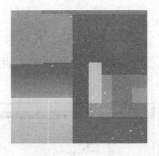

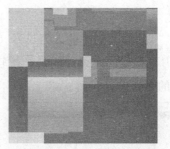

图4—134　Z向对刀　　　　　　　　图4—135　Z向试切

4）在偏移所对应的文本框中输入0，按下 $\boxed{\rightarrow}$ 键。

5）依次点击软键 $\boxed{\text{计 算}}$ 、 $\boxed{\text{确 认}}$ ，进入如图4—136所示界面，长度2被自动设置。

6）刀具方位角位置号及刀尖半径补偿参数设置如图4—136所示。

步骤6　程序输入

程序输入同轴类零件。

步骤7　模拟仿真加工

点击 $\boxed{\rightarrow}$ 选择自动加工方式，点击程序管理键 $\boxed{\text{Prog Man}}$ ，移动光标选择所要加工的程序"AB1241. MPF"，按控制面板上的循环启动键 $\boxed{\diamondsuit}$ ，开始加工，选择合适视图观察零件加工情况，如图4—137所示为盘类零件仿真加工。

刀具补偿数据		T—型：	500	
刀沿数 ：1		T—号：	3	
D——号 ：1		刀沿位置码：	1（）	
mm		几何尺寸	磨损	
长度1		0.500	0.000	
长度2		114.325	0.000	
半径		0.400	0.000	

复位刀沿	新刀沿	删除刀具	新刀具	对刀

图4—136　刀具参数设置对话框　　　　图4—137　盘类零件仿真加工

步骤8 仿真检测零件

单击下拉菜单条"测量",出现二级子菜单"剖面图测量"。选择测量位置,则可显示测量位置零件的尺寸,也可拖动鼠标拉一个窗口进行局部放大等操作。

如图4—138所示测量外轮廓尺寸时,点击φ60内孔处,软件显示其尺寸值。也可拖动鼠标拉一个窗口进行局部放大等操作。

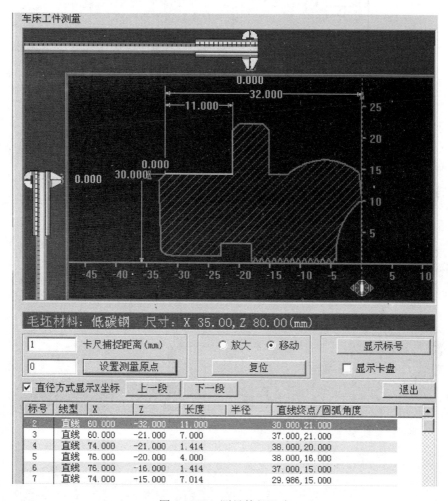

图4—138 测量外径尺寸

 **注意事项**

φ60、φ34的尺寸公差精度可分别通过调整外圆刀和内孔刀的刀具补偿数据中长度1（*X*向）的磨损值来控制,如图4—139和图4—140所示。

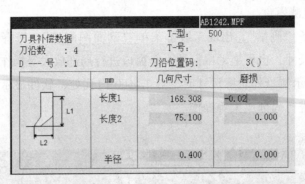

图4—139　外圆刀磨损值设置

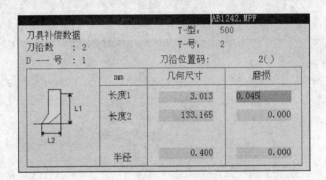

图4—140　内孔刀磨损值设置

第 5 章

数控车床实际操作加工

第 1 节　FANUC － 0i 系统数控车床操作

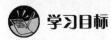

学习单元 1　轴类零件的实际操作加工

学习目标

1. 能够了解数控车床的基本结构和加工技术参数
2. 能够熟练操作 FANUC － 0i 系统数控车床面板
3. 能够熟练装夹零件、刀具及试切对刀设置工件坐标系
4. 熟练对程序进行校验、修正程序中切削参数
5. 能够熟练应用 FANUC － 0i 程序对轴类零件进行车削加工
6. 能够熟练调整有关参数、保证零件加工精度
7. 能够做到文明操作、做好数控车床日常维护
8. 能够排除数控车床一般超程故障

知识要求

一、认识数控车床

数控车床是用计算机数字控制的车床。和普通车床相比，数控车床是将编制好的加工程序输入到数控系统中，由数控系统通过车床 X、Z 坐标轴的伺服电动机去控制车床进给运动部件的动作顺序、移动量和进给速度，再配以主轴的转速和转向，便能加工出各种形状不同的轴类或盘类回转体零件，它是目前使用较为广泛的一种数控机床。本书以 HM － 001（FANUC － 0i TB 系统）卧式两轴两联动的数控车床为例来介绍数控车床的功能与操作。

HM － 001 数控机床的外形图如图 5—1 所示。

图 5—1　HM‑001 数控车床外形图

1. 数控车床的特点及组成

数控车床的进给系统与普通车床有本质的区别。数控车床没有传统的进给箱，它是直接采用伺服电动机经滚珠丝杠带动滑板和刀架，实现 Z 向（纵向）和 X 向（横向）进给运动。而普通卧式车床主轴的运动经过挂轮架、进给箱、溜板箱传到刀架实现纵向和横向运动。因此数控车床进给传动系统的结构较普通卧式车床大为简化。数控车床主轴与纵向丝杠虽然没有机械传动联结，但它也有加工各种螺纹的功能，它一般是采用伺服电动机驱动主轴旋转，并且在主轴箱内安装有脉冲编码器，主轴的运动通过齿轮或同步齿形带1:1地传到脉冲编码器。当主轴旋转时，脉冲编码器便发出检测脉冲信号给数控系统，使主轴电动机的旋转与刀架的切削进给保持同步关系，即实现加工螺纹时主轴转一转，刀架 Z 向移动一个导程的运动关系。

2. HM‑001 数控车床主要技术参数

床身上最大回转直径	$\phi320$ mm
床鞍上最大工件回转直径	$\phi140$ mm
最大车削直径	$\phi200$ mm
最大车削长度	280 mm
工作行程：	
X 轴	300 mm
Z 轴	285 mm
主轴前轴承轴径	$\phi80$ mm
主轴头部	A2~5

主轴通孔	ϕ45 mm
主轴电机	FANUC 5.5 kW AC 交流伺服
主轴转速范围	30～3 000 r/min
梳状刀架（可选配转塔刀架）	
最大快速移动速度	X 轴 12 000 mm/min，Z 轴 12 000 mm/min
分辨率	0.001mm
定位精度	$X \leqslant 0.01$ mm，$Z \leqslant 0.01$ mm
重复定位精度	$X \leqslant 0.005$ mm，$Z \leqslant 0.005$ mm
输入电源	380VAC（+10%～-15%），50Hz±1 Hz
输入功率	25 kVA
环境温度	5～40℃
相对湿度	$\leqslant$80%

二、认识 FANUC-0i 系统操作面板

HM-001 数控车床的控制面板位于机床的正左面中部，它的上半部分为数控系统操作面板，下半部分为机床操作面板，如图 5—2 所示。

图 5—2　HM-001 数控车床控制面板

数控系统操作面板也称 CRT/MDI 面板。HM-001 数控系统操作面板如图 5—3 所示，它由 CRT 显示器和 MDI 键盘两部分组成。MDI 键盘的位置如图 5—4 所示。

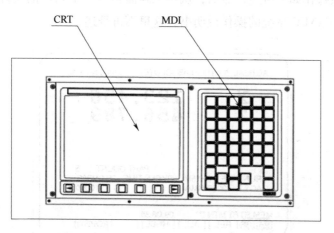

图 5—3　HM – 001 数控车床 CRT/MDI 面板

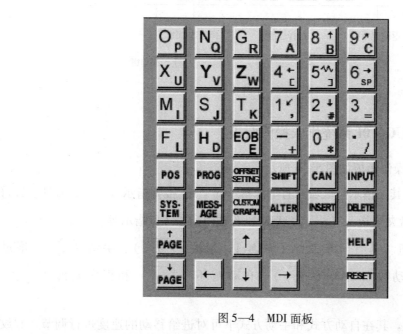

图 5—4　MDI 面板

　　MDI 面板上按钮的含义可参阅第 4 章第 1 节 FANUC – 0i 仿真系统操作。这里简单介绍一下"软键"的概念。

　　在 CRT 显示器下方的七个键称为软键，如图 5—5 所示。在 MDI 面板上按功能键，则在 CRT 下方出现属于该选择功能的"选择软键"内容，按其下面的一个"选择软键"与所选的相对应的画面出现，如果目标软键未出现，则可按"下一菜单键"。当目标画面显示时，按"操作选择键"显示被处理的数据。为了重新显示选择软键，可按"返回菜单键"。画面的一般操作如上所述，然而，从一个画面到另一个画面的实际显示过程是千变万化的，需参考 FANUC 系统的操作说明书，这里不再赘述。

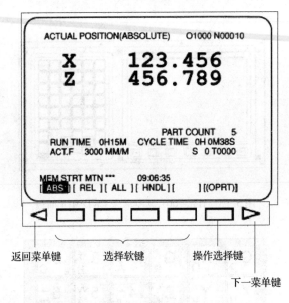

图 5—5　系统软键

三、认识 FANUC-0i 系统机床操作面板

HM-001 的机床操作面板如图 5—6 所示。

1. 面板指示灯。其在指示灯区域含有电源指示（ ）、报警指示（ ）、刀具位置符合指示（ ）、卡盘夹紧指示（ ）、X 轴和 Z 轴回到参考点指示等。

2. 方式选择旋钮。其有回参考点（ ）、示教（ ）、手动（ ）、增量进给（ ）、手动数据输入（ ）、自动循环（ ）和程序编辑（ ）方式。

3. 进给倍率旋钮。其在自动方式和手动方式下可对进给移动的速度进行调节。螺纹切削时，该旋钮无效。

4. 主轴转速倍率旋钮。其在自动方式下可对主轴转速进行调节。主轴手动运转时该旋钮无效。

（1）快速进给倍率旋钮。该旋钮只在快速进给按钮按下或 G00 时起作用。

（2）增量进给选择旋钮。其在增量进给方式时，每按一下手动进给按钮，刀具移动一个该旋钮指定的距离。

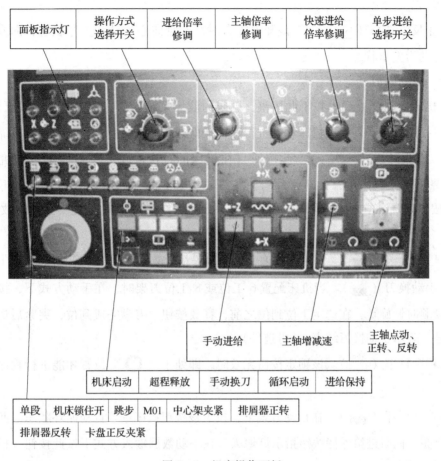

图 5—6　机床操作面板

（3）急停按钮。按下此按钮，机床处于报警状态，所有机床动作停止运行。

（4）选择开关。该区域可有 8 个开关，但需根据机床的可选件来确定开关的有效性。

1）单段（　）。每按一次循环启动按钮，则执行一段程序段。

2）机床锁定（　）。机床运动指令被锁住不能执行。

3）跳步（　）。此功能允许不执行带有"/"记号的程序段，即跳过带有"/"记号的程序段。

4）M01 选择停（　）。当该开关有效时，数控系统执行完带有 M01 的程序段后循环运转停止。

5）中心架夹紧（　）。中心架手动夹紧或放松选择。（可选件）

6）排屑器正/反转（　/　）。该开关有效时，电动排屑器按图示方向运动。（可

选件）

7）正反卡选择（ ）。该开关向右时，卡盘向心运动为夹紧状态；向左时，卡盘向外运动为夹紧状态。

（5）功能按钮。

1）机床启动（ ）。按下此按钮，机床的液压系统启动，机床处于可以工作状态，此时按钮指示灯点亮，否则机床不能进行任何操作。机床报警时，会关闭液压系统。

2）二次限位释放（ ）。此按钮只在机床的二次限位开关被压上，即机床硬件超程报警时，才起作用，此时必须一直按下该按钮，机床超程报警消失后，再按下机床启动按钮进行正常的手动操作，将机床退到正常工作区域内，然后才能放开此按钮。

3）门锁开关（ ）。当机床门关上后，再要打开必须按门锁开关后才能开门。

4）手动换刀（ ）。当机床配置6工位或8工位刀架时，在手动方式下，按下该按钮，刀盘顺时针旋转，在选定工位到位之前，释放按钮，刀盘完成到位，夹紧后送出刀具符合信号，表示手动换刀结束。（可选件）

5）程序锁定（ ）。该锁定按钮无效时，即处于" ○ "位置才能进行程序的编辑及存储。

6）自动循环（ ）。在自动方式下，按下该按钮机床进入自动循环状态。此时按钮指示灯点亮，同时进给保持按钮指示灯熄灭。在手动数据输入方式下按此按钮，机床执行当前编辑的指令。

7）进给保持（ ）。在程序运行期间，按下此按钮，进给立即停止或执行完M、S、T指令后停止进给，此时该按钮指示灯点亮而自动循环指示灯熄灭。

8）手动及快速进给按钮。机床按其选择的轴方向，如果同时按下快速进给按钮（ ），则机床的进给以参数指定的速度快速移动。

9）主轴手动按钮。这些按钮仅在手动方式下有效。

• 主轴手动增量（ ）。按一下该按钮，则主轴转速向上增大一挡，直至最高挡。主轴转速为51、86、171、514、857、1 286、1 714、2 197 r/min。

• 主轴手动减速（ ）。按一下该按钮，则主轴转速向下递减一挡，直至最低挡。主轴转速为51、86、171、514、857、1 286、1714、2 197 r/min。

• 主轴点动（ ）。按下该按钮主轴运转，放开该按钮主轴立即停转。

- 主轴正转（ ■ ）。按下该按钮主轴处于正转状态，同时按钮指示灯点亮，在自动循环方式下，如果主轴处于正转状态，该按钮指示灯也点亮。

- 主轴反转（ ■ ）。按下该按钮主轴处于反转状态，同时按钮指示灯点亮，在自动循环方式下，如果主轴处于反转状态，该按钮指示灯也点亮。

- 主轴停（ ■ ）。按下该按钮主轴停止转动。

- 主轴功率指示（ ☲ ）。用于指示当前主轴电机功率的百分率。

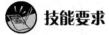 **技能要求**

轴类零件加工

操作准备

FANUC－0i 系统数控车床、图样、数控程序说明单、数控程序单、三爪自定心卡盘、外圆车刀、外螺纹车刀、外径千分尺、螺纹环规、游标卡尺等。

1. 加工图样（见图 5—7）

2. 操作条件

（1）数控车床（FANUC）。

（2）外圆车刀、镗孔刀、外径千分尺、内测千分尺、游标卡尺等工量具。

（3）零件图样（图号 2.1.1）。

（4）提供的数控程序已在机床中。

3. 操作内容

（1）根据零件图样（图号 2.1.1）和加工程序完成零件加工。

（2）零件尺寸自检。

（3）文明生产和机床清洁。

4. 操作要求

（1）根据零件图样（图号 2.1.1）和数控程序说明单安排加工顺序。

（2）根据数控程序说明单安装刀具、建立工件坐标系、输入刀具参数。

（3）根据零件精度要求修改程序。

（4）按零件图样（图号 2.1.1）完成零件加工。

（5）安全文明生产。

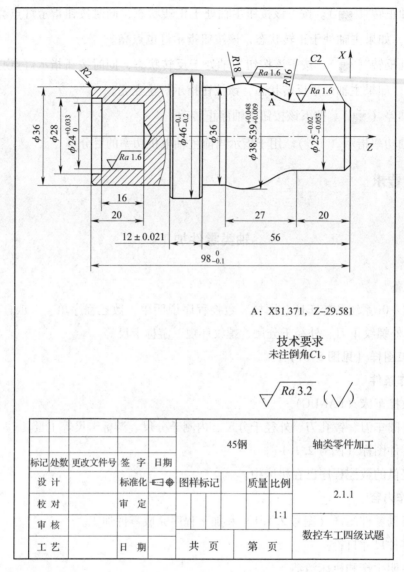

A：X31.371，Z–29.581

技术要求
未注倒角C1。

$\sqrt{Ra\,3.2}$ ($\sqrt{}$)

标记	处数	更改文件号	签 字	日期		45钢		轴类零件加工	
设 计			标准化		图样标记		质量	比例	2.1.1
校 对			审 定					1:1	
审 核									数控车工四级试题
工 艺			日 期		共 页		第 页		

图 5—7 轴类零件加工图

5．程序说明单（见表 5—1）

表 5—1 　　　　　　　　　　　FANUC 程序说明单

程序号	刀具名称	半径补偿	刀具刀补号	工件坐标系	主要加工内容
O2111	93°外圆车刀	$r0.8$	T0101	工件右端面中心	$\phi25$、$R18$ 外圆等
O2112	93°外圆车刀	$r0.8$	T0101	工件左端面中心	$\phi36$、$\phi46$ 外圆
O2113	$\phi16$ 镗孔刀	$r0.4$	T0202	工件左端面中心	$\phi28$、$\phi24$ 内孔

6. 数控程序单（见表5—2、表5—3、表5—4）

表5—2　　　　　　　　　　　　　O2111 程序单

O2111；	N2　G40；
T0101；	G00 X80. Z80.；
M04 S100；	M05；
G00 X52. Z2. M08；	M09；
G73 U11.5 W0 R11；	M00；
G73 P1 Q2 U0.5 W0 F0.2；	T0101；
N1　G42 G00 X17.；	M04 S100；
G01 X25. Z−2.；	G00 X52. Z2. M08；
G01 Z−20.；	G70 P1 Q2 F0.1；
G02 X31.371 Z−29.581 R16.；	G00 X100. Z100.；
G03 X36. Z−47. R18.；	M05；
G01 Z−56.；	M09；
G01 X44.；	M30；
G01 X46. Z−57.；	
G01 X52.；	

表5—3　　　　　　　　　　　　　O2112 程序单

O2112；	N2　G40；
T0101；	G00 X80. Z80.；
M04 S100；	M05；
G00 X52. Z2. M08；	M09；
G71 U1. R1.；	M00；
G71 P1 Q2 U0.5 W0 F0.2；	T0101；
N1　G42 G00 X32.；	M04 S100；
G01 Z0；	G00 X52. Z2. M08；
G03 X36. Z−2. R2.；	G70 P1 Q2 F0.1；
G01 Z−30.；	G00 X100. Z100.；
G01 X44.；	M05；
G01 X46. Z−31.；	M09；
G01 Z−45.；	M30；

表 5—4   O2113 程序单

O2113；	G00 X50.；
T0202；	M05；
M04 S100；	M09；
G00 X20. Z2. M08；	M00；
G71 U1. R1.；	T0202；
G71 P1 Q2 U－0.5 W0 F0.15；	M04 S100；
N1　G41 G00 X28.；	G00 X20. Z2. M08；
G01 Z－4.；	G70 P1 Q2 F0.1；
G01 X24.；	G00 Z100.；
G01 Z－20.；	G00 X100.；
G01 X20.；	M05；
N2　G40；	M09；
G00 Z80.；	M30；

操作步骤

    步骤 1　开机

    按 NC 电源 ⬛，释放急停 ◎，按复位键 ⬛，主轴倍率旋钮 ⬛ 100%，进给倍率旋钮 ⬛ 30% 左右。

    机床开机后首先将机床 offset 的内部参数都归零（主要是指：G54～G59、磨耗、形状中的数据）。

    步骤 2　手动操作及返回参考点

    工作模式选择手动方式，手动方式 X 轴、Z 轴负向移动，刀架靠近卡盘，工作模式选择回零方式（各轴单独回零），选择 Z 轴正向键 ⬛，Z 轴回零。按 X 轴正向键 ⬛ X 轴回零。Z 轴机械坐标系显示"350"，X 轴机械坐标系显示"300"，回零指示灯亮。

    步骤 3　工件安装与刀具安装

    1. 装工件。根据工件尺寸大小调整三爪自定心卡盘卡爪位置，将零件装入卡盘，调整零件装夹位置，零件伸出长度必须大于零件外轮廓加工尺寸，如图 5—8 所示。夹紧后对应的指示灯会亮，如果工件未夹紧机床会报警，并且主轴不会转动。

    报警提示为：番号 2010   CHUCK   UNCLAMPED（注：工件未夹紧，需重新装夹工件）。

图 5—8　卡爪调整和工件装夹

2. 装车刀。如图 5—9 所示。

图 5—9　外圆刀、镗孔刀的安装

步骤 4　调用程序、修正切削用量

1. 调用程序。工作模式选择编程方式，按 PROG 键 ，输入程序名 "O2112" 按下标键 ↓，完成程序调入。

2. 修正切削用量。调出所用程序，用光标键 ← ↑ ↓ → 移至需要修改的位置，输入新数据，按修改键 ALTER 修改完毕。程序中需要调整的数据是主轴转速 S100 r/min 与精加工余量 U0.5 和 U−0.5，根据切削情况与经验更改，如改为 S800 r/min 和 U1.0 和 U−1.0。零件的加工精度根据加工过程的尺寸检测并调整磨耗来控制。

3. 调用程序 O2113，修改切削参数。程序中需要调整的数据是主轴转速 S100 r/min 与精加工余量 U−0.5，根据切削情况与经验更改，如改为 S800 r/min 和 U−1.0。零件的加工精度根据加工过程的尺寸检测并调整磨耗来控制。

步骤 5　对刀及刀补参数设置

以工件右端面中心点为工件坐标系原点。

（1）主轴反转（注：后置刀架）。

（2）调整主轴转速。

（3）如图5—10所示，车工件端面。

在手动模式下（注：在 Z 坐标值保持不变的前提下），将 CRT 显示器切换到相关界面，若是 1 号刀补将光标停在番号 01 中的 Z 位置，此时通过编辑键输"Z0"，然后按"测量"对应的软键，系统会自动计算此时 Z 向的零点偏置量。

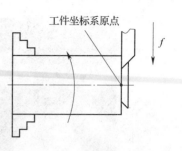

图5—10 车零件端面

（4）在手动方式下，车工件外圆（注：保持 X 坐标不变）。

在手动模式下，将 CRT 显示器切换到如图5—11所示的界面，若是 1 号刀补将光标停在番号 01 中的 X 位置，此时通过编辑键输"X37.919"，然后按"测量"对应的软键，系统会自动计算此时 X 向的零点偏置量。

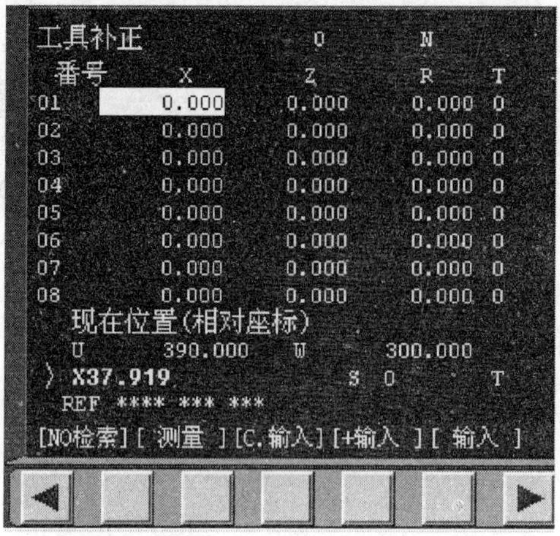

图5—11 刀具偏置设置界面

按 [OFFSET SETTING]，进入刀具补偿界面如图5—12所示，再按软键［形状］，光标分别移至番号 1 号刀具"R""T"，分别输入刀具补偿值"0.4""3"，按输入键 [INPUT]。

（5）内孔镗刀（此处设置为 2 号刀）的对刀方法同外圆刀，不同的是外圆刀 X 向对刀车外圆，内孔刀 X 向对刀镗内孔，把对刀测量的内孔直径值（如 28.12），编辑键输"X－28.12"，然后按"测量"对应的软键，系统会计算此时 X 向的零点偏置量自动输入到 2 号刀的 X 向补偿号中。同时在"R""T"，分别输入刀具补偿值"0.4""2"，按输入键 [INPUT]。

图5—12　刀具补偿参数设置界面

步骤6　轨迹图形模拟

工作模式选择编程方式，调用程序O2112，按复位键 ，将光标移到程序第1行。工作模式选择"自动"方式，选择"机床锁住"状态，快速倍率开关调至100%，按"CUSTOM GRAPH"选择图形模拟界面，按循环启动键 ，查看程序轨迹是否与所加工的图形一致。

调用程序O2113，按复位键，将光标移到程序第1行。工作模式选择"自动"方式，按"CUSTOM GRAPH"选择图形模拟界面，按循环启动键，查看程序轨迹是否与所加工的图形一致。

图形模拟后关闭轴锁键，机床必须再次回零。

步骤7　粗精加工零件内、外轮廓

加工内容包括：外轮廓粗精加工、台阶孔粗精加工。

1. 粗精车一头外轮廓

调整切削液位置，打开切削液开关，关闭防护门。工作模式选择编程方式，调用程序O2112，按复位键 ，将光标移到程序第1行。工作模式选择自动方式，进给倍率旋钮 调到10%，选择"单段"加工按钮，按启动键 一次，执行一段程序，这时要密切观察工作台、刀具位置是否与程序中的坐标值一致，有紧急情况立即将进给倍率旋钮调到"0%"或按复位键 ，更严重情况按急停键 。

如目测基本没有问题后，关闭单段加工按钮，按 启动键，调整进给倍率旋钮到合适倍率，自动连续运行。

粗加工完成后，去毛刺，用量具测量出有尺寸公差要求的外圆尺寸 $\phi46$ mm，因编程时采用的是基本尺寸，因此按下列公式计算调整磨耗补偿值，其中图样尺寸按图样公差中间值进行计算，本题的外圆尺寸应为 $\phi45.85$ mm。

当测量值大于理论值时：精加工时外圆刀的磨耗值 = $- \,| \phi46$ 外圆处的实际测量值 $-1-45.85\,|$

当测量值小于理论值时：精加工时外圆刀的磨耗值 = $| \phi46$ 外圆处的实际测量值 $-1-45.85\,|$

然后按"OFFSET SETTING"切换到刀具补偿输入界面，输入磨耗 X01 的值。接着选择"自动"模式，按"循环启动"键，完成零件外轮廓的精加工。

2. 粗精车内孔

调用 O2113 程序，加工台阶孔，台阶孔的加工方法相似，不同的是磨耗值与外圆的相反。

3. 掉头，车总长，调用 O2111 程序，加工另一头外轮廓。

步骤 8 零件精度检测

去毛刺，根据图样加工精度要求，选用合适量具对加工的零件进行精度检测。检测完毕后卸下工件。

步骤 9 关机

加工完毕，整理工夹量具，按下"急停"按钮，最后关闭机床的电源开关。

以上操作步骤如图 5—13 所示。

 相关链接

1. 根据零件外形特征，合理制订加工工艺方案。

2. 合理修改加工程序和设置刀具补偿值。

3. 加工过程中合理调整切削参数值。

 注意事项

1. 操作过程中，时刻注意人身安全与设备安全。

2. 工件与刀具必须安装牢固，以防切削时松动。

3. 机床加工过程中如需暂停，可按"循环暂停"按钮，使进给运动停止，要继续加工可再按一下"循环启动"按钮。

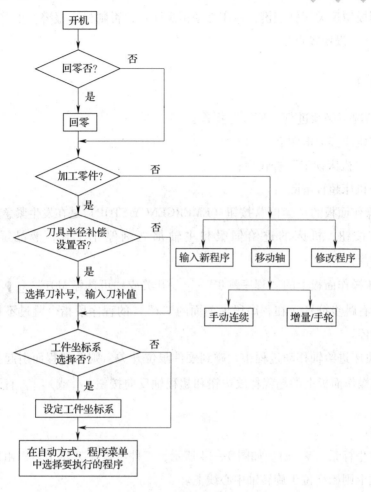

图5—13 数控车床总体操作思路

4. 机床在自动加工时,可用进给倍率选择开关(OVERRIDE)对 F 指令做 10% ~ 150% 的修正。开始切削零件,注意将 F 进给倍率开关置于较低挡。此开关也作为手动进给速度开关,要特别注意此开关的位置,以免发生意外。

5. "机床锁定"状态,各轴不移动,只在屏幕上显示坐标值的变化。

6. 外圆轮廓加工时主轴应该是反转(M04),在 G73 前加入 M08(切削液开),在 N20 后加入 M09(切削液关)。

7. 图形模拟时:

(1) 机床门必须关闭否则会报警,报警提示:DOOR OPEND(门开)。

(2) 图形模拟时机床必须锁定,同时在图形显示前会有报警,此时不用理会,再按 即可,报警提示:MACHINE/M. S. T CODE LOCK(机床的 M. S. T 代码锁定)。

（3）图形模拟后关闭轴锁键，机床必须再次回零，否则机床报警，报警提示：REF NOT RETURN（没回零点）。

特别提示

1. 下列情况下必须进行"回零"操作：

（1）数控机床接通电源后；

（2）释放"机床锁定"按钮后；

（3）数控机床超程解除后。

2. 机床操作面板的"紧停"按钮（EMERGENCY STOP）是在发生紧急危险情况时使用的，按下该按钮，机床的进给伺服和主轴都立刻停止工作，液晶屏幕上应出现"EMERG"报警。

3. 按机床操作面板上的"程序跳步"□开关或"可选停 M01"●开关，则分别能使程序中带有跳步符号（在程序段最前面的"/"）的程序段指令跳过不执行或执行至M01 指令就暂停。

4. 如果机床进给轴移动过程中，碰到硬件限位开关，则会超程而引起报警，此时需同时按住机床操作面板上的超程释放按钮和超程轴反向按钮［+］或［-］，直到进入正常工作区域内。

5. 坐标系

（1）工件坐标系（WCS）。如图 5—14 所示，工件零点在 Z 轴上可以由编程人员自由选取，在 X 轴上则始终位于旋转轴中心线上。

（2）工件装夹。如图 5—15 所示，加工工件时，工件必须夹紧在机床上。保证工件坐标系的坐标轴平行于机床坐标系坐标轴，由此在 Z 轴上产生机床零点与工件零点的坐标值偏移量，将设定的零点偏移量输入到给定的数据区。当 NC 程序运行时，此值就可以用一个编程的指令（比如 G54）选择。

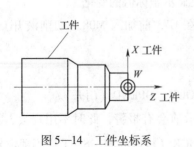

图 5—14 工件坐标系   图 5—15 工件在机床上

学习单元2　盘类零件的实际操作加工

 学习目标

1. 能够熟练操作 FANUC - 0i 系统数控车床面板
2. 能够熟练装夹零件、刀具及试切对刀设置工件坐标系
3. 熟练对程序进行校验、修正程序中切削参数
4. 能够熟练应用 FANUC - 0i 程序对盘类零件进行车削加工
5. 能够熟练调整有关参数，保证零件加工精度
6. 能够做到文明操作、做好数控车床日常维护
7. 能够排除数控车床一般超程故障

 技能要求

盘类零件加工

操作准备

FANUC - 0i 系统数控车床、图样、数控程序说明单、数控程序单、三爪自定心卡盘、外圆车刀、内孔镗刀、外径千分尺、内径量表、游标卡尺等。

1. 加工图样（见图5—16）

2. 操作条件

（1）数控车床（FANUC）。

（2）外圆车刀、镗孔刀、外径千分尺、内测千分尺、游标卡尺等工量具。

（3）零件图样（图号2.2.1）。

（4）提供的数控程序已在机床中。

3. 操作内容

（1）根据零件图样（图号2.2.1）和加工程序完成零件加工。

（2）零件尺寸自检。

（3）文明生产和机床清洁。

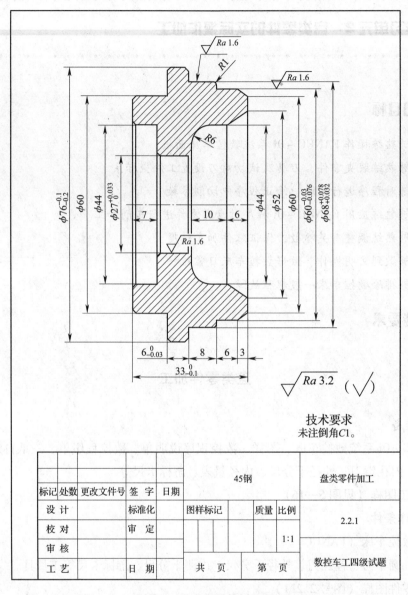

图 5—16　盘类零件加工图

4. 操作要求

（1）根据零件图样（图号 2.2.1）和数控程序说明单安排加工顺序。

（2）根据数控程序说明单安装刀具、建立工件坐标系、输入刀具参数。

（3）根据零件精度要求修改程序。

（4）按零件图样（图号2.2.1）完成零件加工。

（5）安全文明生产。

5．程序说明单（见表5—5）

表5—5   FANUC 程序说明单

程序号	刀具名称	半径补偿	刀具刀补号	工件坐标系	主要加工内容
O2211	93°外圆车刀	r0.8	T0101	工件右端面中心	φ64、φ68 外圆等
O2212	93°外圆车刀	r0.8	T0101	工件左端面中心	φ60、φ76 外圆
O2213	φ16 镗孔刀	r0.4	T0202	工件右端面中心	φ44、φ52 内孔
O2214	φ16 镗孔刀	r0.4	T0202	工件左端面中心	φ44、φ27 内孔

6．数控程序单（见表5—6、表5—7、表5—8、表5—9）

表5—6   O2211 程序单

O2211；

T0101；

M04 S100；

G00 X80. Z2. M08；

G71 U1. R1.；

G71 P1 Q2 U0.5 W0 F0.2；

N1 G42 G00 X60.；

G01 Z0.；

G01 X64. Z－3.；

G01 Z－9.；

G01 X66.；

G03 X68. Z－10. R1.；

G01 Z－17.；

G01 X74.；

G01 X76. Z－18.；

G01 X80.；

N2 G40；

G00 X100. Z80.；

M05；

M09；

M00；

T0101；

M04 S100；

G00 X80. Z2. M08；

G70 P1 Q2 F0.1；

G00 X100. Z100.；

M05；

M09；

M30；

表 5—7 　　　　　　　　　　**O2212 程序单**

O2212；

T0101；

M04 S100；

G00 X80. Z2. M08；

G71 U1. R1. ；

G71 P1 Q2 U0. 5 W0 F0. 2；

N1　G42 G00 X54. ；

G01 X60. Z − 1. ；

G01 Z − 10. ；

G01 X74. ；

G01 X76. Z − 11. ；

G01 Z − 18. ；

G01 X80. ；

N2　G40；

G00 X100. Z80. ；

M05；

M09；

M00；

T0101；

M04 S100；

G00 X80. Z2. M08；

G70 P1 Q2 F0. 1；

G00 X100. Z100. ；

M05；

M09；

M30；

表 5—8 　　　　　　　　　　**O2213 程序单**

O2213；

T0202；

M04 S100；

G00 X20. Z2. M08；

G71 U1. R1. ；

G71 P1 Q2 U − 0. 5 W0 F0. 15；

N1　G41 G00 X52. ；

G01 Z0；

G01 X44. Z − 6. ；

G01 Z − 10. ；

G03 X32. Z − 16. R6. ；

G01 X29. ；

G01 X27. Z − 17. ；

G01 X20. ；

N2　G40；

G00 Z80. ；

G00 X100. ；

M05；

M09；

M00；

T0202；

M04 S100；

G00 X20. Z2. M08；

G70 P1 Q2 F0. 1；

G00 Z100. ；

G00 X100. ；

M05；

M09；

M30；

表 5—9   O2214 程序单

O2214;	G00 Z80.;
T0202;	G00 X100.;
M04 S100;	M05;
G00 X20. Z2. M08;	M09;
G71 U1. R1.;	M00;
G71 P1 Q2 U−0.5 W0 F0.15;	T0202;
N1 G41 G00 X50.;	M04 S100;
G01 X44. Z−1.;	G00 X20. Z2. M08;
G01 Z−7.;	G70 P1 Q2 F0.1;
G01 X29.;	G00 Z100.;
G01 X27. Z−8.;	G00 X100.;
G01 Z−20.;	M05;
G01 X20.;	M09;
N2 G40;	M30;

操作步骤

步骤 1 开机

打开 NC 电源，释放急停按钮，按复位键，主轴倍率旋钮调到 100%，进给倍率旋钮调到 30%。

机床开机后首先将机床 offset 内已有的参数都归零（主要是指：G54~G59、磨耗、形状中的数据）。

步骤 2 手动操作及返回参考点

工作模式选择手动方式，手动方式 X，Z 轴负向移动，刀架靠近卡盘，工作模式选择回零方式（各轴单独回零），选择 Z 轴正向键，Z 轴回零。按 X 轴正向键 X 轴回零。Z 轴机械坐标系显示 "350"，X 轴机械坐标系显示 "300"，回零指示灯亮。

步骤 3 工件安装与刀具安装

1. 装工件。根据工件尺寸大小调整三爪自定心卡盘卡爪位置（卡爪反装），安装零件，定位校正调整零件装夹位置，零件伸出长度必须大于零件外轮廓加工尺寸。

2. 装车刀。左手外圆车刀安装在后置刀架上，左手内孔镗刀通过刀套安装在内孔镗刀刀架上，固定夹紧。注意装夹时刀具的刀尖与工件中心等高，刀具伸出长度大于加工的有效深度。

步骤4 调用程序、修正切削用量

选择"编程"方式分别调用 O2212、O2214、O2211、O2213 程序，程序中需要调整的数据是主轴转速 S100 r/min 与精加工余量 U0.5 和 U−0.5，根据切削情况与经验更改，如改为 S800 r/min 和 U1.0 和 U−1.0。零件的加工精度根据加工过程的尺寸检测并调整磨耗来控制。

步骤5 对刀及刀补参数设置

对刀及刀补参数设置同轴类零件加工。

步骤6 轨迹图形模拟

工作模式选择"编程"方式，分别调用程序 O2212、O2214、O2211、O2213，按复位键，将光标移到程序第1行。工作模式选择"自动"方式，选择"机床锁住"状态，快速倍率开关调至 100%，按"CUSTOM GRAPH"选择图形模拟界面，按"循环启动键"，查看程序轨迹是否与所加工的图形一致。图形模拟后关闭轴锁键，机床必须再次回零。

步骤7 粗精加工内、外轮廓

加工内容包括：内、外轮廓粗精加工。

1. 以工件左端面中心为工件坐标系原点，调用 O2212、O2214 程序，粗加工、精加工零件外轮廓，保证 ϕ76 mm 尺寸精度；粗加工、精加工零件内轮廓，保证 ϕ27 mm 尺寸精度。

2. 以工件右端面中心为工件坐标系原点，调用 O2211、O2213 程序，粗加工、精加工零件外轮廓，保证 ϕ64 mm、ϕ68 mm、33 mm、6 mm 尺寸精度；粗加工、精加工零件内轮廓，保证尺寸精度。

步骤8 零件精度检测

去毛刺，根据图纸加工精度要求，选用合适量具对加工的零件进行精度检测。检测完毕后卸下工件。

步骤9 关机

加工完毕，整理工夹量具，按下"急停"按钮，最后关闭机床的电源开关。

 相关链接

1. ϕ64 mm 的尺寸精度通过刀具偏置中的磨耗值控制，ϕ68 mm 的尺寸精度通过改变程序中节点坐标值来控制（ϕ64 mm、ϕ68 mm 的公差关系）。

ϕ64 mm 尺寸的公差中间值为 −0.052，ϕ68 mm 尺寸的公差中间值为 0.055，它们的差值 = 0.055 − (−0.052) = 0.107。把此值加入程序中 X68. 处，加工中只要 ϕ64 mm 尺寸控制在公差的中间值，ϕ68 mm 的尺寸就能自动控制在公差中间值。（不考虑刀具磨损等

因素）

因此只需把 O2211 中的程序段 G03 X68. Z－10. R1.；改为 G03 X68.107 Z－10. R1.；就行了。

2. FANUC 车床常见报警号及内容（见表5—10）。

表5—10　　　　　　　　　　　　报警号及内容

报警号	报警内容
1010	紧急停止
1020	串行主轴处于报警状态
1040	液压系统压力未达到设定值
1060	Z 轴过载
1070	X 轴制动未释放（X——BREAK NOT RELEASED）
1080、1100、1110、1140	断路器跳闸
1360	门已关上（DOOR CLOSED）
2005	NC 启动，没回参考点（NOT RETURN）
2010	卡盘未夹紧（CHUCK UNCLAMPED）
2020	集中润滑装置油位低
2030	NC 启动，门未关上（DOOR OPENED）
2075	X 轴硬件限位超程
2076	Z 轴硬件限位超程

第 2 节　PA8000 系统数控车床操作

 学习单元 1　轴类零件的实际操作加工

 学习目标

1. 能够熟练操作 PA8000 系统数控车床面板
2. 能够熟练装夹零件、刀具及试切对刀设置工件坐标系

3. 熟练对程序进行校验、修正程序中切削参数

4. 能够熟练应用 PA8000 程序对轴类零件进行车削加工

5. 能够熟练调整有关参数，保证零件加工精度

6. 能够做到文明操作、做好数控车床日常维护

7. 能够排除数控车床一般超程故障

 知识要求

一、认识 PA8000 系统人机界面

PA8000 系统人机界面如图 5—17 所示，可以通过各种操作与 CNC 进行对话。PA8000 人机界面有七个主任务栏，分别是 手动 （Alt + M），自动 （Alt + A），数据 （Alt + D），

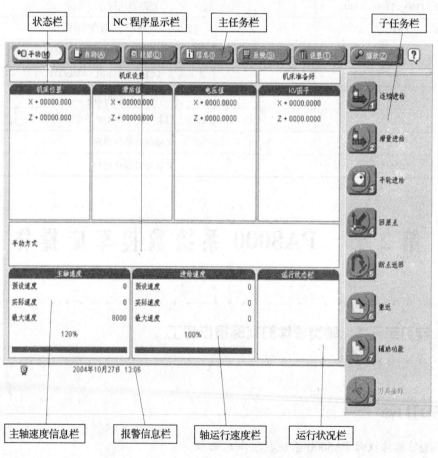

图 5—17 PA8000 FA – 32T 系统操作面板

信息 （Alt + I），系统 （Alt + S），设置栏 （Alt + T），缩放 （Alt + Z）。每个主任务栏又有若干子任务栏，子任务栏可通过快捷键 Alt + 1 ~ Alt + 8 选择。状态栏显示实时的机床状态；NC 程序显示栏显示当前运行或将要运行的程序段，中间则为机床每根轴的当前位置及其相关状态的显示；主轴速度信息栏和轴运行速度栏显示主轴或进给轴的预设速度、实际速度和最大速度；报警信息栏则提供相应的 CNC 报警信息或 PLC 报警信息；运行状况栏显示用户的操作状况及所选辅助功能。其手动、自动、数据任务栏可以与 PA8000 数控仿真系统第 4 单元第 2 节相关部分结合学习。

1."手动"任务栏

单击主任务栏的 手动 进入主任务栏，其子任务栏中有 连续进给 、增量进给 、手轮进给 、回原点 、断点返回 和 辅助功能 。

选择 连续进给 时，按机床控制操作面板上 X + 轴，X − 轴，Z + 轴，Z − 轴，能连续移动 X 轴和 Z 轴。

选择 增量进给 时，如图 5—18 所示。会弹出所需轴的增量值选择，修改每次移动进给量，按确定按钮。

取消修改，可按键盘上的 Alt + Space 键，在弹出窗口用↑、↓键将光标移动至 CLOSE（关闭），按回车键结束修改或者按 ESC 键退出。

选择 手轮进给 时，机床控制操作面板上的外部手摇脉冲发生器有效。可通过操作面板的手轮轴选择、手轮倍率选择来控制机床轴的移动。

选择 辅助功能 时含有两个子功能，即 手动释放 和 置零 。手动释放适用于坐标轴超程锁定时的手动移动，置零 用于将所选轴的所在位置设置为坐标零点。

2."自动"任务栏

自动方式下可以进行与工件加工程序有关的各种运行方式的选择。单击主任务栏 自动 后进入如图 5—19 所示的界面，其子任务栏中有 选择工件程序 、程序执行1 、程序执行2 、回退 、测试程序 、轨迹图形 。

点击 选择工作程序 会弹出一个对话框，如图 5—19 所示。可以在 CNC 存储器内容显示栏中选择一个新的工件程序。

点击 程序执行1 进入如图 5—20 所示界面。可提供 连续方式 、单段方式 和 手动编程 三种运行方式。

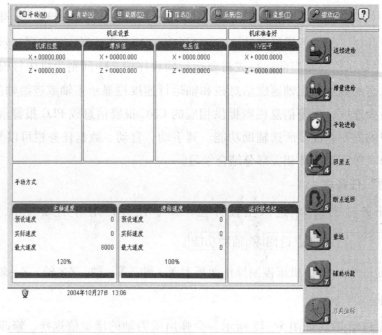

图 5—18　修改增量进给量

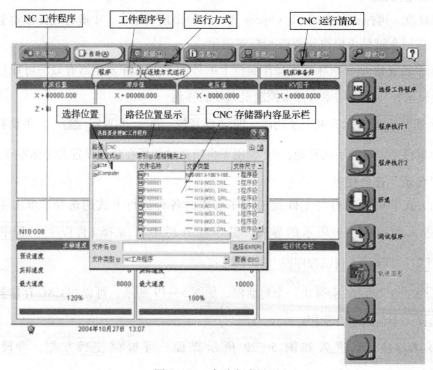

图 5—19　自动方式界面

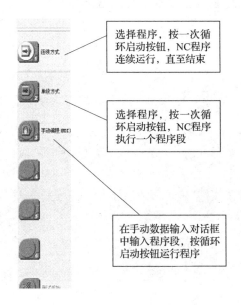

选择程序, 按一次循
环启动按钮, NC程序
连续运行, 直至结束

选择程序, 按一次循
环启动按钮, NC程序
执行一个程序段

在手动数据输入对话框
中输入程序段, 按循环
启动按钮运行程序

图 5—20 程序执行 1

点击 程序执行 2 可进行 跳步 、 M01 暂停 功能的选择。选择 回退 用于 NC 程序反向
运行。

点击 测试程序 用于轨迹图形模拟显示, 其下一级的次任务栏有 执行程序 、
测试程序 、 G01 进给速度 、 插补程序段 和 轨迹图形 , 其中 插补程序段 暂时不用。

通过选择主任务栏的"系统", 单击子任务栏的"显示功能", 单击子任务栏的"轨
迹图形"(图标上呈淡蓝色为有效), 如图 5—21 所示。

此时再切换界面到自动方式, 则"轨迹图形"成为有效, 如图 5—22 所示, 按照所选
程序的路径和速度, 显示相应的轨迹图形, 此时同样也可选择 G00 速度, 加快轨迹图形的
显示。

3. "数据"任务栏

数据 的子任务栏中有 转到 、 菜单 、 查看 和 修改 。其中进入 修改 显示如图 5—23
所示, 主要是对子任务栏中的 工件程序编辑器 、 循环参数 (P) 、 长度补偿 (H) 、
路径补偿 (D) 、 工件坐标系 (G54 ~ G59) 和 刀具表 数据进行修改。其中 刀具表 数控
车床不需要此功能。

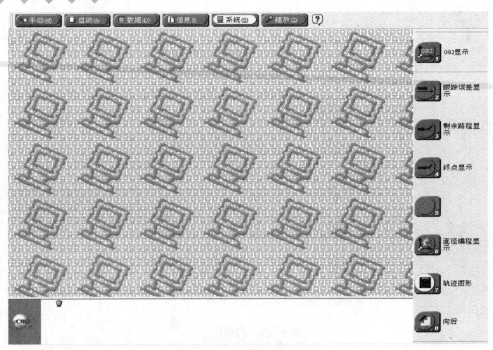

图 5—21　轨迹图形功能选择

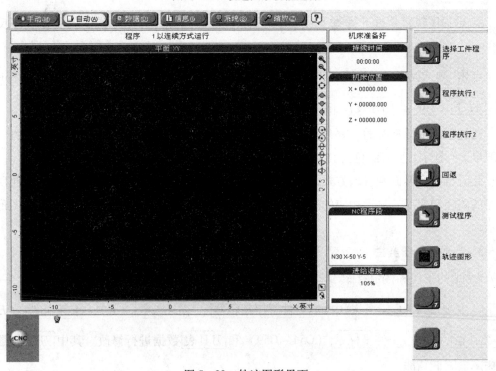

图 5—22　轨迹图形界面

对所需内容修改后，单击 向后 弹出一个是否要保存的对话框，若要保存修改的内容，单击 是，此时所修改后的数据被保存到指定目录中。

数据栏允许载入、储存、管理和修改 NC 工件程序并且设置相关的偏置值（如长度补偿 H，路径补偿 D，工件坐标系偏置 G54～G59，循环参数 P 等）。单击"数据"进入数据模式界面，如图 5—24 所示的界面，其子任务栏中有"转到""菜单""查看"和"修改"。

（1）转到。在数据界面中单击"转到"进入图 5—25 所示界面，可以通过选择 CNC 和 Computer 来进行各种数据类型的路径选择，CNC 位置表示数控卡闪存中的数据，内存容量在 128 KB 左右，但 Computer 表示计算机硬盘中的数据，进入此目录下将显示此系统中硬盘每一个分区和目录，NC 工件程序也可从硬盘中直接调用，硬盘有多大，容量就有多大。

（2）菜单。在数据界面中单击"菜单"进入图 5—26 所示界面，弹出的对话框可对 NC 工件程序进行新建、复制、粘贴、删除、重命名，也可对数控进行保护、删除、排列等一系列操作。

图 5—23 "数据"的修改子任务栏

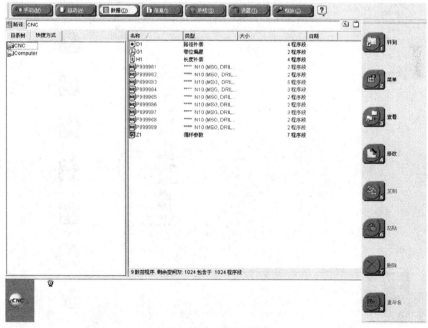

图 5—24 数据界面

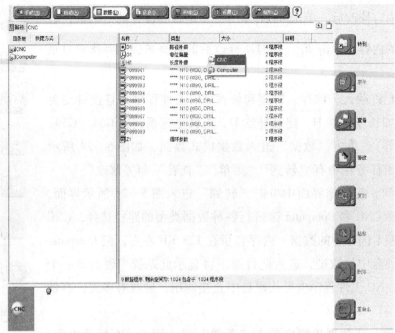

图 5—25　转到界面

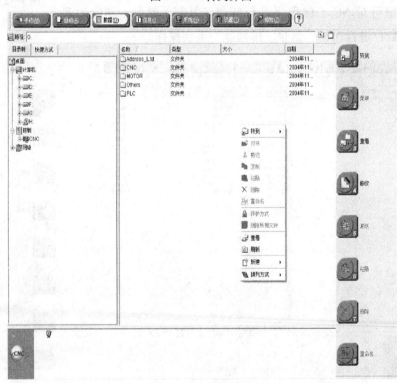

图 5—26　菜单界面

（3）查看。在数据界面中单击"查看"后，可以展开所选路径的目录表。

（4）修改。在数据界面中单击"修改"进入图5—27所示界面，主要是对子任务栏中的工件程序编辑器、循环参数、长度补偿、路径补偿、工件坐标系、刀具表的数据进行修改。

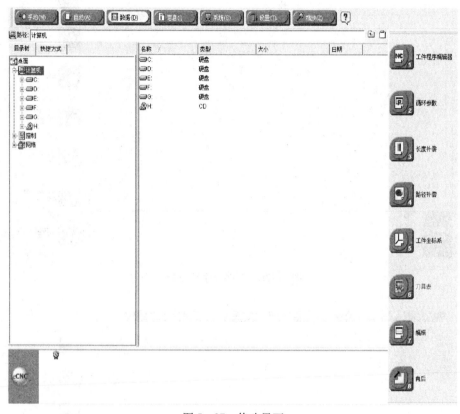

图5—27　修改界面

1）工件程序编辑器。单击"工件程序编辑器"可对NC工件程序进行修改与编辑等操作，如图5—28所示。编辑完成后，单击"退出"，系统出现对话框，提示是否要保存相关文件，单击"确定"后，系统再提示要求保存NC程序放放的位置。

注意：在程序段最后键入M30后，不要再按Enter键，否则将会在下一行上出现N××，如果多出现此一行的话，可以用Backspace键进行清除。否则在下一次要修改该程序时，会出现文件打不开的现象。

2）工件坐标系。单击"路径补偿"，可对工件坐标系进行修改，如图5—29所示。单击"向后"弹出一个是否要保存的对话框，若要保存修改的参数，单击"是"，此时数据被保存在CNC\G000001目录中，该目录位置是无法修改的。

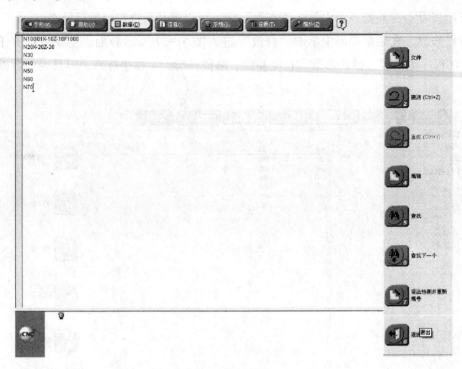

图 5—28   工件程序编辑器

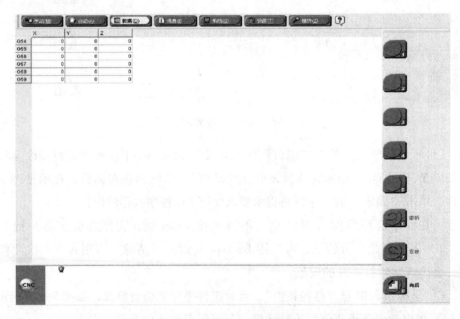

图 5—29   工件坐标系

4."信息"任务栏

信息栏提供 NC 存储器内各项内容的信息。单击 |信息| 进入信息界面，如图 5—30 所示。

|信息| 子任务栏中 |模拟轨迹图形| 与自动方式下轨迹图形有相同作用，唯一不同的是它将以最快速度描绘出所选工件程序的轮廓，运行程序时，进给轴与辅助功能都不会动作。

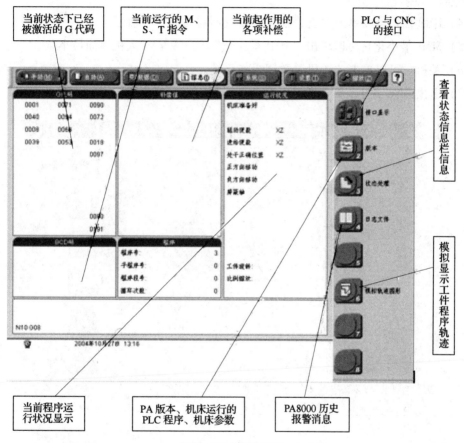

图 5—30　信息界面

5."系统"任务栏

|系统| 栏提供对 PA8000 系统进行各项操作。单击"系统"进入系统界面，如图 5—31 所示。子任务栏有 |显示方式|、|通道|、|操作|、|隐藏轴|、|最小化|、|关机| 和 |退出 CNC| 等。其中 |关机| 关闭操作系统。|退出 CNC| 退出 PA8000 操作界面。

（1）显示方式选择。提供各种显示方式（如 G92 方式选择、跟踪误差显示、剩余路程显示、主轴、激光切割和程序坐标），选择相关显示方式后在手动方式和自动方式状况

下可以观察到相关的显示内容。

（2）变换通道。可以单击"变换通道"选择相关的通道，但多通道功能为 PA 数控选择功能，这里没有此功能。

（3）操作设置。可以单击"操作设置"修改各项密码和选择需要的语言环境。但修改密码具有权限。

（4）隐藏轴。可以单击"隐藏轴"来设置不需要显示的轴。

（5）MMI 最小化。可以单击"MMI 最小化"使 PA MMI 人机界面最小化。

（6）关机。可以单击"关机"关闭操作系统。

（7）退出 CNC。可以单击"退出 CNC"，退出 PA8000　CNC。

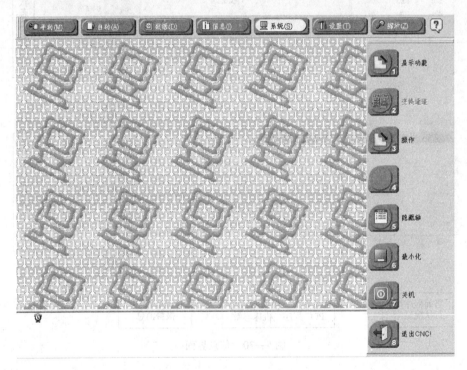

图 5—31　系统界面

6. "设置"任务栏

该任务栏主要是由机床制造商对机床参数、螺距补偿、驱动轴设置等进行相关的设置与调整。一般在出厂前就已设置好，操作者不需要对该任务栏进行操作，因此这一栏一般是隐藏的。

7. "缩放"任务栏

单击 缩放 ，可以使位置显示部分放大。再单击主任务栏上的其他菜单，就恢复到原先的画面。

二、认识 PA8000 系统数控车床控制面板

PA8000 数控系统的 FA－32M 数控车床的操作面板，如图 5—32 所示。

如果机床或控制系统的某些状态、报警等需要消除，可进行复位。复位操作是按机床操作面板的复位按钮 。

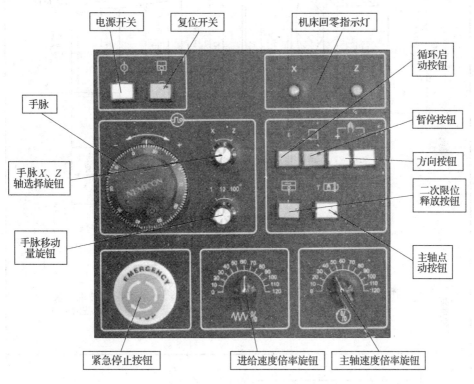

图 5—32　车床操作面板

 **技能要求**

轴类零件的实际操作加工

操作准备

PA8000 系统数控车床、图样、数控程序说明单、相关数控程序、三爪自定心卡盘、
$\phi 6$ 键槽车刀、$\phi 10$ 键槽车刀、游标卡尺、百分表、函数计算器、笔、尺等。

1．加工图样（见图5—33）

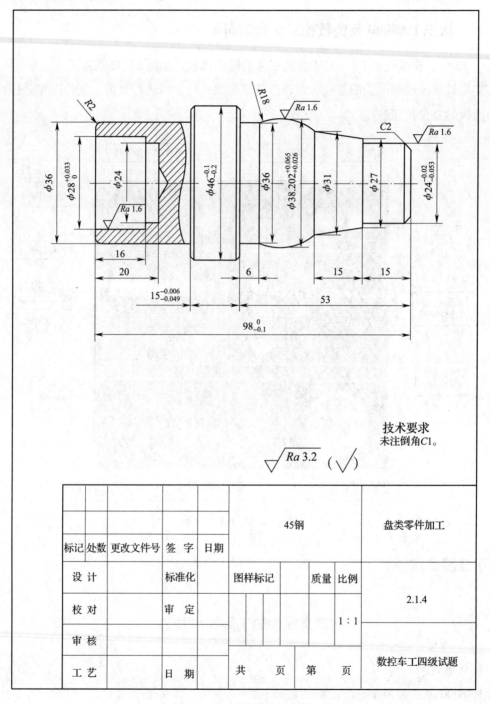

技术要求
未注倒角C1。

$\sqrt{Ra\,3.2}$ ($\sqrt{}$)

						45钢		盘类零件加工	
标记	处数	更改文件号	签 字	日 期					
设 计		标准化			图样标记		质量	比例	
校 对		审 定						1：1	2.1.4
审 核									
工 艺		日 期			共 页		第 页		数控车工四级试题

图5—33 轴类零件加工图

2. 程序说明单（见表 5—11）

表 5—11   PA8000 程序说明单

程序号	刀具名称	刀尖圆弧	刀补号	坐标偏置	工件坐标系位置	主要加工内容
P2141	93°外圆车刀	r0.8	D01	G54	工件右端面中心	φ24、R18 外圆等
P2142	93°外圆车刀	r0.8	D01	G54	工件左端面中心	φ36、φ46 外圆
P2143	φ16 镗孔刀	r0.4	D01	G55	工件左端面中心	φ28、φ24 内孔

3. 数控程序单（见表 5—12、表 5—13、表 5—14）

表 5—12   P2141 程序单

P2141	N230 G00 X50. Z20.
N10 G54	N240 M05
N20 G191	N250 M00
N30 M03 S100	N260 G54
N40 G00 X52. Z5.	N270 G191
N50 M08	N280 G90
＊N60 P1 = 32500	N290 G00 X52. Z5.
N70 G01 X = P1 F10.	N300 M03 S100
N80 G91	N310 M08
N85 G42	N320 G42
N87 G00 X16. D01	N321 G00 X16. D01
N90 G01 Z – 3.	N322 G01 Z2. F10.
N100 G01 X8. Z – 4.	N324 G01 X24. Z – 2.
N110 G01 Z – 13.	N330 G01 Z – 15.
N140 G01 X3.	N340 G01 X27.
N150 G01 X4. Z – 15.	N350 G01 X31. Z – 30.
N160 G13 X5. Z – 17. K18.	N360 G13 X36. Z – 47. K18.
N170 G01 Z – 6.	N370 G01 Z – 53.
N180 G01 X8.	N380 G01 X44.
N182 G01 X4. Z – 2.	N390 G01 X48. Z – 55.
N190 G01 X4.	N430 G01 X52.
N195 G90	N440 G40
N200 G00 Z5.	N450 G00 Z50.
N205 G40	N460 M09
＊N210 P1 = P1 – 2000	N470 M30
＊N220 IF P1 > 0 GO70	

表 5—13   P2142 程序单

P2142	N230 G00 X50. Z20.
N10 G54	N240 M05
N20 G191	N250 M00
N30 M03 S100	N260 G54
N40 G00 X52. Z5.	N270 G191
N50 M08	N280 G90
* N60 P1 = 18500	N290 G00 X52. Z5.
N70 G01 X = P1 F10.	N300 M03 S100
N80 G91	N310 M08
N90 G42	N320 G42
N92 G00 X30. D01	N322 G00 X30. D01
N95 G01 Z – 5.	N330 G01 Z0. F10.
N97 G01 X2.	N333 G01 X32.
N100 G13 X4. Z – 2. K2.	N340 G13 X36. Z – 2. K2.
N110 G01 Z – 28.	N350 G01 Z – 30.
N120 G01 X8.	N360 G01 X44.
N130 G01 X2. Z – 1.	N370 G01 X46. Z – 31.
N140 G01 Z – 16.	N380 G01 Z – 47.
N190 G01 X6.	N424 G01 X52.
N195 G90	N440 G40
N200 G00 Z5.	N450 G00 Z50.
N205 G40	N460 M09
* N210 P1 = P1 – 2000	N470 M30
* N220 IF P1 > 0 GO70	

表 5—14   P2143 程序单

P2143	N60 X22.
N10 G55	N70 G1 Z – 19. 9 F10.
N20 G191	N80 X20.
N30 M03 S100	N90 G0 X19. 6
N40 M08	N100 Z2. 2
N50 G0 X52. Z2. 2	N110 X24.

N120 G1 Z – 15. 9	N320 M09
N130 X23. 8	N330 M00
N140 G12 X23. Z – 16. 3 K0. 4	N340 G55
N150 G1 Z – 19. 9	N350 G191
N160 X22.	N360 M03 S100
N170 X21. 6 Z – 19. 7	N370 M08
N180 G0 Z2. 2	N380 G0 X52. Z2. 2
N190 X26.	N390 X28.
N200 G1 Z – 15. 9	N400 G1 Z – 16. F10.
N210 X24.	N410 X24.
N220 X23. 6 Z – 15. 7	N420 Z – 20.
N230 G0 Z2. 2	N430 X20. 4
N240 G1 X27.	N440 X20. 263 Z – 19. 863
N250 Z – 15. 9	N450 G0 Z2. 2
N260 X26.	N460 X52.
N270 X25. 6 Z – 15. 7	N470 G0 Z30.
N280 G0 Z2. 2	N480 M09
N290 X52.	N490 M05
N300 G0 Z30.	N500 M30
N310 M05	

操作步骤

步骤1 开机

合上机床的电源开关后，即同时接通工控机、数控系统和伺服系统，并启动 Win2000 操作系统，自动进入 PA8000 手动方式人机界面。按系统"上电"开关 ，使系统进入正常运行状态，注意调整主轴倍率 到100%，调整进给倍率 到30%。

步骤2 机床回原点

单击主任务栏的 ，单击子任务栏的图标 ，选择回原点方式，然后选择所要回原点的轴 、 ，当选中后轴的图标为淡蓝状态，再按机床操作面板上的循环启动按钮 来执行回原点动作。回零完成后两个轴零位指示灯亮 。

步骤3 工件与刀具安装

（1）装工件。根据工件尺寸大小调整三爪自定心卡盘卡爪位置，正爪装夹工件，调整零件装夹位置，零件伸出长度必须大于零件外轮廓加工尺寸。

（2）装刀具。分别在机床主轴的左右两侧刀架上安装外圆车刀和内孔镗刀，刀具伸出长度合适。

步骤4 调用程序、调整切削用量

（1）调用程序。单击主任务栏的 [数据(D)]，单击子任务栏的 [参数]，进入 [工件程序编辑器]，进入 [文件]，进入 [打开]，打开"P2142"程序。

（2）修正切削用量。调出所用程序后，用光标键移至需要修改的位置，输入新数据，按 [内存]，弹出一个是否要保存的对话框，单击"是"，此时所修改后的数据被保存到指定目录中。程序中需要调整的数据是主轴转速 S100 r/min 与进给速度 F10 mm/min，根据切削情况与经验更改，如粗加工改为 S800 r/min 和 F250 mm/min，精加工改为 S1 000 r/min和F100 mm/min。

步骤5 对刀及工件坐标系设置

（1）单击主任务栏的 [手动(H)] 方式，单击子任务栏的 [手轮进给]，进入手轮控制状态，结合操作面板上的手轮 [图]，用外圆刀和内孔刀分别车削外圆、端面和内孔，分别记录 [机床位置] 机床坐标系中 X、Z 的数值，把外圆刀的 X 数值—车削后的外圆直径值填入 X_{G54}，把 Z 值填入 Z_{G54}，把内孔刀的 X 数值—车削后的外圆直径值填入 X_{G55}，把 Z 值填入 Z_{G55}。

（2）G54、G55 值输入。单击主任务栏的 [数据(D)]，单击子任务栏的 [参数]，进入 [工件坐标系]，光标移到 | X | Y | Z | 处，分别输入 X_{G54}、X_{G55}、Z_{G54} 和 Z_{G55}。按 [内存]，单击 是，此时所修改后的数据被保存到指定目录中。

步骤6 刀具圆弧补偿设置

单击主任务栏的 [数据(D)]，单击子任务栏的 [参数]，进入 [路径补偿]，光标移到 | 数据 | 刀具磨损偏置 | 打磨轮定位 | 将刀具磨损偏置设为 0.8，将打磨轮定位设置为 3，按 [内存]，弹出是否要保存的对话框，单击 是，所修改的数据被保存到指定目录中。

步骤7 轨迹图形模拟

（1）轨迹状态设置。单击主任务栏的 [系统(S)]，单击 [轨迹图形]，完成"轨迹图形"成为有效设置。

（2）调用程序。单击主任务栏的 [自动(A)]，单击子任务栏的 [选择工件程序]，进入程序选择界面，选择"P2142"程序，此时状态栏显示" 程序 P2142以连续方式运行 机床准备好 "，表示程序已经调出。

（3）图形显示。单击主任务栏的 [自动(A)]，单击子任务栏的 [调试程序]，进入图形模拟状态，单击次任务栏的 [调试程序]，如要轨迹快速运行，再单击 [G01进给速度]；单击主任务栏的 [自动(A)]，单击子任务栏的 [程序执行1]，单击次任务栏的 [测试开始]，显示轨迹图形，查看程序轨迹是否与所加工的图形一致。

另外，轨迹图形也可以在 [信息(I)] 子任务栏中 [模拟轨迹图形] 中显示。

步骤8 粗精加工内、外轮廓

（1）关闭图形模拟。单击主任务栏的 [自动(A)]，单击子任务栏的 [调试程序]，单击次任务栏的 [执行程序]，关闭 [G01进给速度]，使刀具、工作台的进给速度按程序中指定的进行。

（2）设置单段方式。单击主任务栏的 [自动(A)]，单击子任务栏的 [程序执行1]，选择 [单段方式]。

（3）自动运行。调整切削液位置，打开切削液开关，关防护门，单击主任务栏的 [自动(A)]，进给倍率旋钮 [旋钮] 10%，按启动键 [键] 一次，执行一段程序，这时要密切观察工作台、刀具位置是否与程序中的坐标值一致，有紧急情况立即将进给倍率旋钮调到"0%"或按复位键 [键]，更严重情况按急停键 [键]。

如目测基本没有疑义，单击子任务栏的 [程序执行1]，选择 [连续方式]，调整进给倍率旋钮到合适倍率，自动连续运行，粗精加工内、外轮廓。

（4）零件检测，无误，卸下掉头装夹。

（5）粗精加工外轮廓。同理，按零件加工要求完成零件外轮廓的粗精加工。

步骤9 关机

（1）结束程序自动运行，选择手轮方式，将工作台置于中间位置，然后单击主任务栏的 [系统(S)]，单击子任务栏的 [关机]，按人机界面提示关闭操作系统，按下"急停"按钮，最后关闭机床的电源开关。

（2）工具箱和机床的清洁整理。

🔔 注意事项

1. 操作过程中，时刻注意人身安全与设备安全。

2. 工件与刀具必须安装牢固，以防切削时松动，注意操作面板上的 [键] 用于放松刀具系统，在一般情况下不要轻易按下。

3. 机床加工过程中如需暂停，可按"循环暂停"按钮 [键]，使进给运动停止，要继续加工可再按一下"循环启动"按钮 ![按钮] 。

4. 机床在自动加工时，可用进给倍率选择开关 ![开关] 对 F 指令做 10%～120% 的修正。开始切削零件，注意将进给倍率选择开关置于较低挡。此开关也作为手动进给速度开关，要特别注意此开关的位置，以免发生意外。

5. 在 ![测试程序] 状态，机床状态栏会出现 ![图标] ，此时各轴不移动。当需要运行各轴时，在关闭"测试程序"的同时，一定要注意关闭 ![G01进给速度] ，因为当打开 ![G01进给速度] 时，数控程序是以 G00 速度执行，而非程序中指定的 F 值运行。

6. 注意主轴点动按钮 ![按钮] ，不能用于控制主轴连续旋转。

![特别提示图标] 特别提示

1. 下列情况下必须进行"回零"操作：

（1）数控机床接通电源后。

（2）释放"机床锁定"按钮后。

（3）数控机床超程解除后。

2. 机床操作面板的"急停"按钮 ![急停按钮] 是在发生紧急危险情况时使用的，按下该按钮，机床的进给伺服和主轴都立刻停止工作，界面出现"紧急停止"报警。

3. 超程处理

当机床在移动过程中超出了行程范围，其解决的方法是：单击主任务栏的 ![手动] 方式，进入子任务栏 ![辅助功能] ，选择 ![手动解除] ，状态栏显示 ![图标] 。然后单击 ![手动] ，单击 ![手轮进给] 进入手轮控制状态，移回一段距离后，再关闭 ![手动解除] ，重新进行回零操作。

4. 在进入 ![NC 工件程序编辑器] 编辑程序结束时，程序段最后键入 M30（红色），光标停在 M30 后面 ![P1 N10G01X-50Z 100F10 N20X0Z0 N30M30] ，不要再按"Enter"键，否则将会在下一行上自动出现 N××，在此时保存文件后，会出现文件打不开的现象。在编辑过程中程序段前出现 ![符号] 符号，说明程序有误，在重点检查此段程序时，注意检验此段附近程序段。

![相关链接图标] 相关链接

零件加工精度的控制：

1. 粗加工后，经测量零件加工尺寸后，根据偏差值计算，单击主任务栏的 ![数据] ，

单击子任务栏的 修改，进入 工件坐标系，光标移到 处，分别修改 X_{G54}、X_{G55} 的值。按 面板，单击 是，此时所修改后的数据被保存到指定目录中。

2. $\phi24$ mm、$\phi38.202$ mm 的公差精度控制。$\phi24$ mm 的尺寸精度通过调整工件坐标系中 X_{G54} 的值来控制，$\phi38.202$ mm 的尺寸精度通过改变程序中节点坐标值控制。

$\phi24$ mm 尺寸的公差中间值为 -0.037，$\phi38.202$ mm 尺寸的公差中间值为 $+0.046$，它们 的差值 $= 0.046 - (-0.037) = 0.083$。把此值加入程序中 $\phi38.202$ mm 处，即 $38.202 + 0.083 = 38.285$，加工中只要 $\phi24$ mm 尺寸控制在公差的中间值，$\phi38.202$ mm 的尺寸就能自 动控制在公差中间值。不考虑刀具磨损等因素，根据尺寸同比扩大原理，在精加工程序段 中，把 N360 G13 X36. Z $-47.$ K18. 修改为 N360 G13 X36.085 Z $-47.$ K18. 即可。

3. Z 向尺寸的控制。15 mm 的尺寸精度通过调整 O2141 工件坐标系中 Z_{G54} 的值来控制。

···◦·◆

 **学习单元 2　盘类零件的实际操作加工**

···◦·◆

学习目标

1. 能够熟练操作 PA8000 系统数控车床面板
2. 能够熟练装夹零件、刀具及试切对刀设置工件坐标系
3. 能够对程序进行校验、修正程序中切削参数
4. 能够熟练应用 PA8000 程序对盘类零件进行车削加工
5. 能够熟练调整有关参数、保证零件加工精度
6. 能够做到文明操作、做好数控车床日常维护
7. 能够排除数控车床一般超程故障

技能要求

盘类零件的实际操作加工

操作准备

PA8000 系统数控车床、图样、数控程序说明单、相关数控程序、三爪自定心卡盘、

游标卡尺、内径量表、函数计算器、笔、尺等。

1. 加工图样（见图5—34）

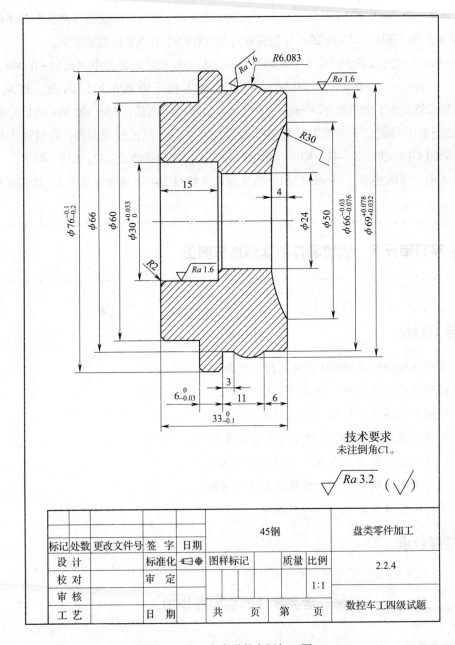

技术要求
未注倒角C1。

$\sqrt{Ra\,3.2}$ ($\sqrt{}$)

标记	处数	更改文件号	签 字	日期		45钢			盘类零件加工
设 计			标准化		图样标记		质量	比例	2.2.4
校 对			审 定						
审 核								1:1	
工 艺			日 期		共 页		第 页		数控车工四级试题

图5—34　盘类零件实际加工图

2. 程序说明单（见表5—15）

表5—15　　　　　　　　　　　　PA8000 程序说明单

程序号	刀具名称	刀尖圆弧	刀补号	坐标偏置	工件坐标系位置	主要加工内容
P2241	93°外圆车刀	r0.8	D01	G54	工件右端面中心	ϕ66、ϕ69 外圆等
P2242	93°外圆车刀	r0.8	D01	G54	工件左端面中心	ϕ60、ϕ76 外圆
P2243	ϕ16 镗孔刀	r0.4		G55	工件右端面中心	ϕ50、ϕ24 内孔
P2244	ϕ16 镗孔刀	r0.4		G55	工件左端面中心	ϕ30 内孔

3. 数控程序单（见表5—16、表5—17、表5—18、表5—19）

表5—16　　　　　　　　　　　　P2241 程序单

P2241	N260 M05
N10 G54	N265 M09
N20 G191	N270 M00
N30 M03 S100	N280 G54
N40 G00 X82. Z5.	N290 G191
N50 M08	N300 G90
＊N60 P1 = 18500	N310 G00 X82. Z5.
N70 G01 X = P1 F10.	N320 M03 S100
N80 G91	N330 M08
N90 G42	N340 G42
N92 G00 X58. D01	N344 G00 X58. D01
N100 G01 Z – 3.	N350 G01 Z2. F10.
N110 G01 X2.	N355 G01 X60.
N120 G01 X6. Z – 3.	N360 G01 X66. Z – 1.
N130 G01 Z – 5.	N370 G01 Z – 6.
N140 G13 X0 Z – 8. K6. 083	N380 G13 X66. Z – 14. K6. 083
N150 G01 Z – 3.	N390 G01 Z – 17.
N160 G01 X8.	N410 G01 X74.
N180 G01 X4. Z – 2.	N420 G01 X78. Z – 19.
N190 G01 X2.	N430 G01 X82.
N200 G90	N440 G40
N210 G00 Z5.	N450 G00 Z50.
N220 G40	N460 M09
＊N230 P1 = P1 – 2000	N465 M05
＊N240 IF P1 > 0 GO70	N470 M30
N250 G00 X90. Z20.	

表 5—17　　　　　　　　　　　　　　P2242 程序单

P2242	N240 M05
N10 G54	N245 M09
N20 G191	N250 M00
N30 M03 S100	N260 G54
N40 G00 X82. Z5.	N270 G191
N50 M08	N280 G90
*N60 P1 = 24500	N290 G00 X82. Z5.
N70 G01 X = P1 F10.	N300 M03 S100
N80 G91	N310 M08
N90 G42	N320 G42
N92 G00 X52. D01	N323 G00 X52. D01
N100 G01 Z – 3.	N330 G01 Z2. F10.
N110 G01 X2.	N340 G01 X54.
N120 G01 X6. Z – 3.	N350 G01 X60. Z – 1.
N130 G01 Z – 9.	N360 G01 Z – 10.
N140 G01 X14.	N370 G01 X74.
N150 G01 X2. Z – 1.	N380 G01 X76. Z – 11.
N160 G01 Z – 8.	N390 G01 Z – 19.
N170 G01 X6.	N400 G01 X82.
N180 G90	N410 G40
N190 G00 Z5.	N420 G00 Z50.
N200 G40	N430 M09
*N210 P1 = P1 – 2000	N435 M05
*N220 IF P1 > 0 GO70	N440 M30
N230 G00 X90. Z20.	

表 5—18　　　　　　　　　　　　　　P2243 程序单

P2243	N50 G0 X81. 8 Z2. 1
N10 G55	N60 X22.
N20 G191	N70 G1 Z – 18. 9
N30 M03 S100	N80 X20.
N40 M08	N90 X19. 6 Z – 18. 7

N100 G0 Z2. 1

N110 X24.

N120 G1 Z – 3. 892

N130 G13 X23. 744 Z – 3. 901 K29. 6

N140 G12 X23. Z – 4. 3 K0. 4

N150 G1 Z – 18. 9

N160 X22.

N170 X21. 6 Z – 18. 7

N180 G0 Z2. 1

N190 X26.

N200 G1 Z – 3. 8

N210 G13 X24. Z – 3. 892 K29. 6

N220 G1 X23. 6 Z – 3. 692

N230 G0 Z2. 1

N240 X28.

N250 G1 Z – 3. 675

N260 G13 X26. Z – 3. 8 K29. 6

N270 G1 X25. 6 Z – 3. 6

N280 G0 Z2. 1

N290 X30.

N300 G1 Z – 3. 514

N310 G13 X28. Z – 3. 675 K29. 6

N320 G1 X27. 6 Z – 3. 475

N330 G0 Z2. 1

N340 X32.

N350 G1 Z – 3. 318

N360 G13 X30. Z – 3. 514 K29. 6

N370 G1 X29. 6 Z – 3. 314

N380 G0 Z2. 1

N390 X34.

N400 G1 Z – 3. 086

N410 G13 X32. Z – 3. 318 K29. 6

N420 G1 X31. 6 Z – 3. 118

N430 G0 Z2. 1

N440 X36.

N450 G1 Z – 2. 817

N460 G13 X34. Z – 3. 086 K29. 6

N470 G1 X33. 6 Z – 2. 886

N480 G0 Z2. 1

N490 X38.

N500 G1 Z – 2. 509

N510 G13 X36. Z – 2. 817 K29. 6

N520 G1 X35. 6 Z – 2. 617

N530 G0 Z2. 1

N540 X40.

N550 G1 Z – 2. 163

N560 G13 X38. Z – 2. 509 K29. 6

N570 G1 X37. 6 Z – 2. 309

N580 G0 Z2. 1

N590 X42.

N600 G1 Z – 1. 775

N610 G13 X40. Z – 2. 163 K29. 6

N620 G1 X39. 6 Z – 1. 963

N630 G0 Z2. 1

N640 X44.

N650 G1 Z – 1. 345

N660 G13 X42. Z – 1. 775 K29. 6

N670 G1 X41. 6 Z – 1. 575

N680 G0 Z2. 1

N690 X46. N700G1 Z – 0. 87

N710 G13 X44. Z – 1. 345 K29. 6

N720 G1 X43. 6 Z – 1. 145

N730 G0 Z2. 1

N740 X48.

N750 G1 Z – 0. 348

N760 G13 X46. Z – 0. 87 K29. 6

N770 G1 X45. 6 Z – 0. 67

N780 G0 Z2. 1

N790 X50.

N800 G1 Z0. 221

N810 X49. 398 Z0. 046	N1040 G0 Z30.
N820 G13 X48. Z – 0. 348 K29. 6	N1050 M05
N830 G1 X47. 6 Z – 0. 148	N1060 M09
N840 G0 Z2. 1	N1070 M00
N850 X52.	N1080 G55
N860 G1 Z0. 803	N1090 G191
N870 X50. Z0. 221	N1100 M03 S100
N880 X49. 6 Z0. 421	N1110 M08
N890 G0 Z2. 1	N1120 G0 X81. 8 Z2. 1
N900 X54.	N1130 X57. 269
N910 G1 Z1. 385	N1140 G1 Z1. 946 F10.
N920 X52. Z0. 803	N1150 X50. 398 Z – 0. 054
N930 X51. 6 Z1. 003	N1160 G13 X24. 744 Z – 4. 001 K29. 6
N940 G0 Z2. 1	N1170 G1 X24. Z – 4. 027
N950 X56.	N1180 Z – 19.
N960 G1 Z1. 967	N1190 X22.
N970 X54. Z1. 385	N1200 G0 Z2. 1
N980 X53. 6 Z1. 518	N1210 X81. 8
N990 G0 Z2. 05	N1220 G0 Z30.
N1000 G1 X56. 285	N1230 M09
N1010 X56. Z1. 967	N1240 M05
N1020 X55. 6 Z2. 167	N1250 M30
N1030 G0 X81. 8	

表 5—19　　　　　　　　　　　　　　　P2244 程序单

P2244	N80 X20. 64 Z – 17. 314
N10 G55	N90 X20. Z – 17. 379
N20 G191	N100 G0 X19. 6
N30 M03 S100	N110 Z2. 1
N40 M08	N120 X24.
N50 G0 X81. 8 Z2. 1	N130 G1 Z – 15. 634
N60 X22.	N140 X22. Z – 16. 634
N70 G1 Z – 16. 634 F10.	N150 X21. 6 Z – 16. 434

续表

N160 G0 Z2.1	N430 G12 X32. Z−0.075 K2.4
N170 X26.	N440 G1 X31.6 Z0.125
N180 G1 Z−14.9	N450 G0 Z2.1
N190 X25.8	N460 X81.8
N200 G12 X25.234 Z−15.017 K0.4	N470 G0 Z30.
N210 G1 X24. Z−15.634	N480 M05
N220 X23.6 Z−15.434	N490 M09
N230 G0 Z2.1	N500 M00
N240 X28.	N510 G55
N250 G1 Z−14.9	N520 G191
N260 X26.	N530 M03 S100
N270 X25.6 Z−14.7	N540 M08
N280 G0 Z2.1	N550 G0 X81.8 Z2.1
N290 X30.	N560 X34.
N300 G1 Z−0.834	N570 G1 Z−0.034 F10.
N310 G12 X29. Z−2.3 K2.4	N580 G12 X30. Z−2.4 K2.4
N320 G1 Z−14.9	N590 G1 Z−15.
N330 X28.	N600 X26.469
N340 X27.6 Z−14.7	N610 X21.64 Z−17.414
N350 G0 Z2.1	N620 X20.6
N360 X32.	N630 X20.557 Z−17.329
N370 G1 Z−0.075	N640 G0 Z2.1
N380 G12 X30. Z−0.834 K2.4	N650 X81.8
N390 G1 X29.6 Z−0.634	N660 G0 Z30.
N400 G0 Z2.1	N670 M09
N410 G1 X33.	N680 M05
N420 Z0.066	N690 M30

操作步骤

步骤 1 开机

合上机床的电源开关后，启动 Win2000 操作系统，按系统"上电"开关，注意调整进给倍率到 30%，调整主轴倍率到 100%。

步骤 2 回零

选择"回原点"方式，然后选择所要回原点的轴，按机床操作面板上的"循环启动"按钮，执行回原点动作，X、Z两个轴的零位指示灯亮。

步骤3 工件与刀具安装

（1）装工件。反爪装夹工件，调整零件装夹位置，零件伸出长度必须大于零件外轮廓加工尺寸。

（2）装车刀。分别在主轴的左右两侧刀架上安装外圆车刀和内孔镗刀，车刀伸出长度合适。

步骤4 调用程序、调整切削用量

进入"数据"主任务栏，调用 P2242 程序，根据需要修正主轴转速、进给速度及加工深度。程序中需要调整的数据是主轴转速 S100 r/min 与进给速度 F10 mm/min，根据切削情况与经验更改，如粗加工改为 S800 r/min 和 F250 mm/min，精加工改为 S1 000 r/min 和 F100 mm/min。

步骤5 对刀及工件坐标系设置

（1）用手轮方式进刀，用外圆刀和内孔刀分别车削外圆、端面和内孔，分别记录 机床位置 机床坐标系中 X、Z 的数值，把外圆刀的 X 数值—车削后的外圆直径值填入 X_{C54}，把 Z 值填入 Z_{C54}，把内孔刀的 X 数值—车削后的外圆直径值填入 X_{G55}，把 Z 值填入 Z_{G55}。

（2）G54、G55值输入。光标移到 G54、G55 的 X、Z 处 ，分别输入 X_{C54}、Z_{C54}、X_{G55} 和 Z_{G55}。按 ，单击 是。

步骤6 刀具圆弧补偿设置

光标移到 ，将刀具磨损偏置设为0.8，将打磨轮定位设置为3，按 ，弹出是否要保存的对话框，单击 是。

步骤7 轨迹图形模拟

（1）轨迹状态设置。单击主任务栏的 ，单击 ，完成"轨迹图形"成为有效设置。

（2）调用程序。进入程序选择界面，选择"P2242"程序，此时状态栏显示 程序 P2242以连续方式运行 机床准备好 。

（3）图形显示。单击主任务栏的 ，单击子任务栏的 ，进入图形模拟状态，单击次任务栏的 ，显示刀具轨迹；单击 ，轨迹快速运行；单击主任

务栏的 [自动A]，单击子任务栏的 [程序执行1]，单击次任务栏的 [测试开始]，快速显示轨迹图形，查看程序轨迹是否与所加工的图形一致。

另外，轨迹图形也可以在 [信息I] 子任务栏中 [模拟轨迹图形] 中显示。

步骤8 粗精加工内、外轮廓

（1）关闭图形模拟。单击主任务栏的 [自动A]，单击子任务栏的 [测试程序]，单击次任务栏 [执行程序]，关闭 [G01跟踪速度]，使刀具、工作台的进给速度按程序中指定的进行。

（2）设置单段方式。单击主任务栏的 [自动A]，单击子任务栏的 [程序执行1]，选择 [单段方式]。

（3）自动运行。调整切削液位置，打开切削液开关，关防护门，单击主任务栏的 [自动A]，进给倍率旋钮 [图] 10%，按启动键 [图] 一次，执行一段程序，这时要密切观察工作台、刀具位置是否与程序中的坐标值一致，有紧急情况立即将进给倍率旋钮调到"0%"或按复位键 [图]，更严重情况按急停键 [图]。

如目测基本没有疑义，单击子任务栏的 [程序执行1]，选择 [连续方式]，调整进给倍率旋钮到合适倍率，自动连续运行，粗精加工内、外轮廓。

（4）零件检测，无误，卸下掉头装夹。

（5）粗精加工外轮廓。同理，按零件加工要求完成零件外轮廓的粗精加工。

步骤9 关机

（1）结束程序自动运行，选择手轮方式，将工作台置于中间位置，然后单击主任务栏的 [系统S]，单击子任务栏的 [关机]，按人机界面提示关闭操作系统，按下"急停"按钮，最后关闭机床的电源开关。

（2）工具箱和机床的清洁整理。

相关链接

零件加工精度的控制：

1. 零件粗加工后，经测量加工尺寸后，根据偏差值计算，单击主任务栏的 [数据D]，单击子任务栏的 [修改]，进入 [工件坐标系]，光标移到 [图] 处，分别修改 X_{G54}、X_{G55} 的值。按 [确认]，单击 是。刀具偏置值得以修改，当程序再次读到 G54 时，就以修改后的偏置值作为刀具的偏置位置。

2. X 向 $\phi66$ mm、$\phi69$ mm 的公差精度控制。$\phi66$ mm 的尺寸精度通过调整工件坐标系中 X_{G54} 的值来控制，$\phi69$ mm 的尺寸精度通过改变程序中节点坐标值来控制（$\phi66$ mm、$\phi69$ mm 的公差关系）。

$\phi66$ mm 尺寸的公差中间值为 -0.053，$\phi69$ mm 尺寸的公差中间值为 $+0.055$，它们的差值 $=0.055-(-0.053)=0.108$。把此值加入程序中 $\phi69$ mm 处，即 $69+0.108=69.108$，加工中只要 $\phi66$ mm 尺寸控制在公差的中间值，$\phi69$ mm 的尺寸就能自动控制在公差中间值。不考虑刀具磨损等因素，在 P2241 精加工程序段中，把 N380 G13 X66. Z−14. K6.083 拆分为两段程序，即 N380 G13 X69.108 Z−10.061 K6.083；N382 G13 X66. Z−14. K6.083。

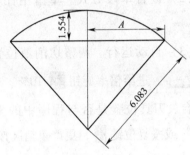

如图 5—35 所示中，根据三角勾股定理：$A^2=6.083^2-(6.083-1.554)^2$，$A=4.061$ mm。因此 $\phi69$ 的 Z 向尺寸 $=-6-4.061=-10.061$。

3. Z 向 6 mm 尺寸精度的控制。6 mm 的尺寸精度通过调整 O2241 工件坐标系中 Z_{G54} 的值来控制。

图 5—35　尺寸计算

第 3 节　SIEMENS 802S 系统数控车床操作

 学习单元 1　轴类零件的实际操作加工

 **学习目标**

1. 能够熟练操作 SIEMENS 802S 系统数控车床面板

2. 能够熟练装夹零件、刀具及试切对刀设置工件坐标系

3. 熟练对程序进行校验、修正程序中切削参数

4. 能够熟练应用 SIEMENS 802S 程序对轴类零件进行车削加工

5. 能够熟练调整有关参数、保证零件加工精度

6. 能够做到文明操作、做好数控车床日常维护

7. 能够排除数控车床一般超程故障

 **知识要求**

认识 SIEMENS 802S 系统操作面板

SIEMENS 数控车床操作面板如图 5—36 所示，由系统电源开关、系统面板、操作面板、显示屏和手轮等部分组成。除用户自定义键外，键盘上各键的含义、纵横向软体键各

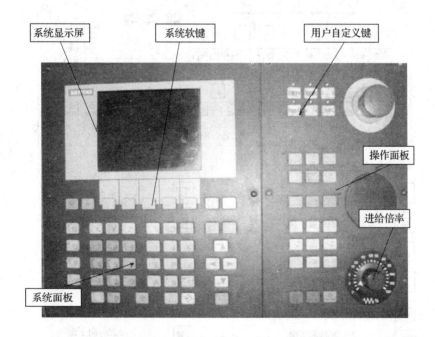

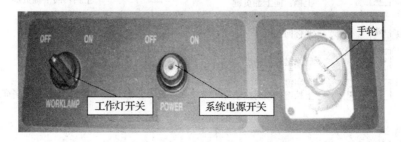

图 5—36　SIEMENS 802S 数控车床面板

级菜单均与第 4 章第 3 节相关部分类似，这里不再赘述。SIEMENS 802S 系统面板分布如图 5—37 所示。

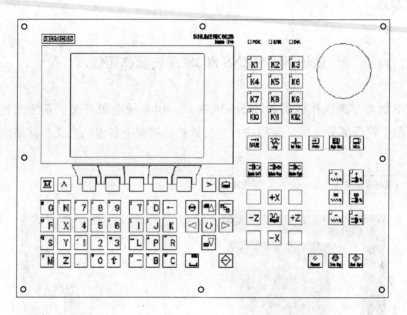

NC键盘区（左侧）：

软键		垂直菜单键	
加工显示键		报警应答键	
返回键		选择/转换键	
菜单扩展键		回车/输入键	
区域转换键		上档键	
光标向上键 上档：向上翻页键		光标向下键 上档：向下翻页键	
光标向左键		光标向右键	
删除键（退格键）		空格键（插入键）	
数字键 上档键转换对应字符		字母键 上档键转换对应字符	

机床控制面板区域（右侧）：

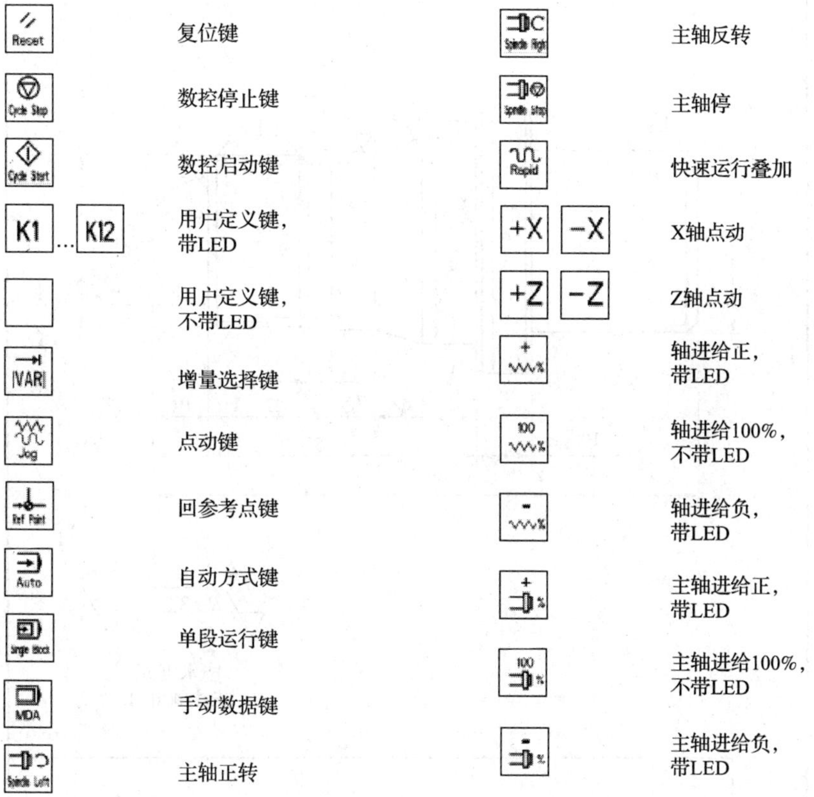

Reset	复位键	Spindle Right C	主轴反转
Cycle Stop	数控停止键	Spindle Stop	主轴停
Cycle Start	数控启动键	Rapid	快速运行叠加
K1 … K12	用户定义键，带LED	+X −X	X轴点动
□	用户定义键，不带LED	+Z −Z	Z轴点动
[VAR]	增量选择键	+∿%	轴进给正，带LED
Jog	点动键	100∿%	轴进给100%，不带LED
Ref Point	回参考点键	−∿%	轴进给负，带LED
Auto	自动方式键	+%	主轴进给正，带LED
Single Block	单段运行键	100%	主轴进给100%，不带LED
MDA	手动数据键	−%	主轴进给负，带LED
Spindle Left	主轴正转		

图 5—37 SIEMENS 802S 系统面板分布图

技能要求

轴类零件的实际操作加工

操作准备

SIEMENS 802S 系统数控车床、图样、数控程序说明单、数控程序单、三爪自定心卡盘、车刀、游标卡尺、内径量表、函数计算器、笔、尺等。

1. 加工图样如图 5—38 所示。

2. 程序说明单见表 5—20。

3. 数控程序单见表 5—21、表 5—22、表 5—23。

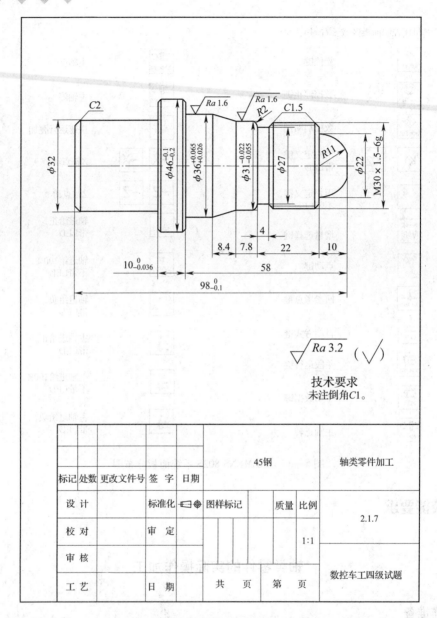

图 5—38 轴类零件车削加工图

表 5—20   **SIEMENS 程序说明单**

程序号	刀具名称	半径补偿	刀具刀补号	工件坐标系	主要加工内容
AB2171. MPF	93°外圆车刀	r0. 8	T1D1	工件右端面中心	φ31、φ36 外圆等
AB2172. MPF	93°外圆车刀	r0. 8	T1D2	工件左端面中心	φ32、φ46 外圆
AB2173. MPF	60°外螺纹刀			工件左端面中心	M30×1. 5 螺纹

表 5—21　　　　　　　　　　　　　　**AB2171 程序单**

AB2171. MPF	G1 Z1 F0. 1 ⌐
G90 G95 G00 X60 Z50 T1 D1 F0. 2 ⌐	G3 X22 Z − 10 CR = 11 ⌐
M04 S100 ⌐	G1 X27 ⌐
G0 X50 Z5 ⌐	X30 Z − 11. 5 ⌐
M08 ⌐	Z − 26. 5 ⌐
_ CNAME = " ZZ2171" ⌐	X27 Z − 28 ⌐
R105 = 9. 000 R106 = 1. 000 R108 = 2. 000 ⌐	Z − 32 ⌐
R109 = 0. 000 R110 = 0. 500 R111 = 0. 200 ⌐	X31 Z − 34 CR = 2 ⌐
R112 = 0. 100 ⌐	Z − 39. 8 ⌐
LCYC95 ⌐	X36 Z − 48. 2 ⌐
G0 X60 Z100 M09 ⌐	Z − 58 ⌐
M05 ⌐	X44 ⌐
M02 ⌐	X46 Z − 59 ⌐
	X52 ⌐
ZZ2171. SPF	G40 ⌐
G42 ⌐	M17 ⌐
G0X0 ⌐	

表 5—22　　　　　　　　　　　　　　**AB2172 程序单**

AB2172. MPF	ZZ2172. SPF
G90 G95 M04 S800 T1 D2 ⌐	G42 ⌐
G0 X60 Z10 ⌐	G0 X24 ⌐
G1 X50 Z5 F0. 2 ⌐	G01 X32 Z − 2 ⌐
_ CNAME = " ZZ2172" ⌐	Z − 30 ⌐
R105 = 9. 000 R106 = 1. 000 R108 = 1. 500 ⌐	X44 ⌐
R109 = 5. 000 R110 = 1. 000 R111 = 0. 300 ⌐	X46 Z − 31 ⌐
R112 = 0. 100 ⌐	Z − 42 ⌐
LCYC95 ⌐	X55 ⌐
G0 X70 Z100 M09 ⌐	G40 ⌐
M05 ⌐	M17 ⌐
M02 ⌐	

表 5—23　　　　　　　　　　　　　AB2173 程序单

AB2173. MPF	R104 = 1.500 R105 = 1.000 R106 = 0.200
T2D1 M04	R109 = 2.000 R110 = 1.000 R111 = 0.975
M08	R112 = 0.000 R113 = 4.000 R114 = 1.000
G0 X50 Z5	LCYC97
G1 X30 Z – 5 F0.3	G0 X60 Z70
R100 = 30.000	M05 M09
R101 = – 5.000 R102 = 30.000 R103 = – 30.000	M02

操作步骤

步骤1　开机

按 NC 电源 🔘，释放急停 🔴。系统引导以后进入"加工"区 JOG 运行方式，出现回"参考点"窗口，如图5—39所示。

步骤2　手轮操作及返回参考点

🔲 该操作只有在 JOG 方式下才可以进行。

选择回零 🔲 方式，连续按 +Z 进行 Z 轴回零，再 +X 进行 X 轴回零，各轴机械坐标值显示"0"，如图5—40所示。

当显示○表示坐标轴未回参考点。显示 🔵 表示坐标轴已经到达参考点。

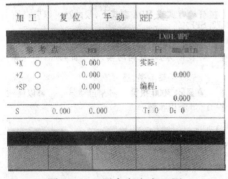

图5—39　回参考点窗口图

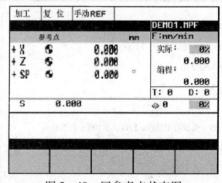

图5—40　回参考点状态图

步骤3　工件与刀具安装

（1）装工件。根据工件尺寸大小调整三爪自定心卡盘卡爪位置，将零件装入卡盘，调整零件装夹位置，零件伸出长度必须大于零件外轮廓加工尺寸。

（2）装车刀。分别在四方刀架 🔘 1号刀位和2号刀位上安装外圆车刀和外螺纹车刀，车刀伸出长度合适。

步骤4 调用程序、修正切削用量

（1）调用程序。操作自动方式键选择自动工作方式 [⊒]，屏幕上显示系统中所有的程序 [程序]，按 [▲] [▼] 把光标定位在所选用的程序上，如：AB2172. MPF，用选择键 [选择] 选择被选择的程序，程序名显示在屏幕的"程序名"下，按横向软键"打开"完成程序调出。

（2）修正切削用量。程序中需要调整的数据是主轴转速 S100 r/min，根据切削情况与经验更改，如改为 S800 r/min。

步骤5 MDA 运行（手动输入）

按机床控制面板上的手动数据键 [⊞] 可以使系统进入 MDA 方式，这时屏幕显示如图 5—41 所示。

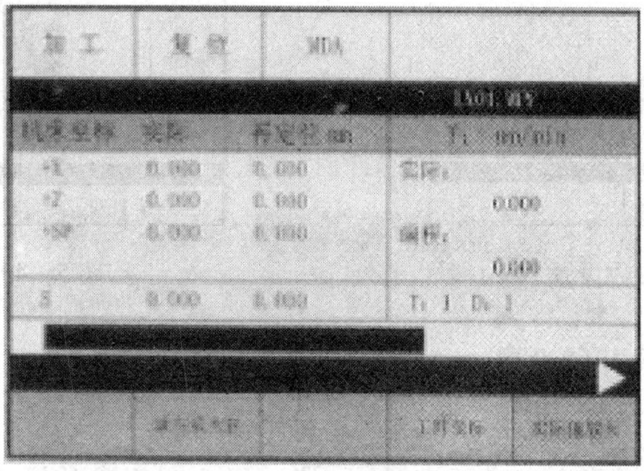

图 5—41 MDA 方式

这时，可以在屏幕下方的程序输入行输入一段程序，按 [⟳ CYCLE START] 键可以立即执行这段程序。这时，如果不按 [⟳ RESET] 键，该段程序执行后的状态继续有效。若再输入一段程序，按 [⟳ CYCLE START] 键，则系统继续执行输入的程序：如果按 [⟳ RESET] 键，则系统复位，前面已执行的程序状态被清除（机床的所有动作全部停止）。

注意：

（1）执行完毕后，输入的内容仍保留，这样该程序段可以通过按数控启动键 [⟳ CYCLE START] 再次重新运行。

（2）运行方式中说有的安全锁功能与自动方式中一样。

（3）其相应的前提条件也与自动方式中一样。

步骤 6 对刀及刀具补偿设置

1. 创建刀具

（1）点击操作面板上的 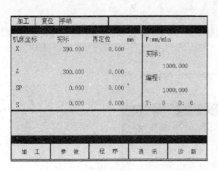 按钮，出现参数设置页面，如图 5—42 所示。

（2）依次点击软键 参数 、刀具补偿 、按钮 > 及软键 新刀具 。弹出新刀具设置页面如图 5—43 所示。

（3）在"T−号"栏中输入刀具号（如："1"）。点击 按钮，光标移到"T−型"栏中，输入刀具类型（外圆、螺纹车刀：500）。按软键"确认"。完成新刀具外圆刀 T1、螺纹刀 T2 的建立。

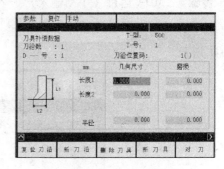

图 5—42 参数设置　　　　　　　　图 5—43 刀具设置

2. 对刀操作及刀具补偿设置

（1）X 向

在如图 5—43 所示界面上点击软键 对 刀 ，进入对刀参数设置，如图 5—44 所示。

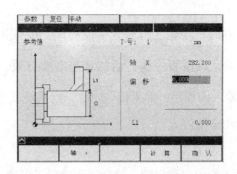

图 5—44 对刀参数设置

1）点击操作面板中的 按钮，切换到手动状态，适当点击 -X +X ， +Z -Z 按钮，使刀具移动到可切削零件的大致位置。

2）点击操作面板上的 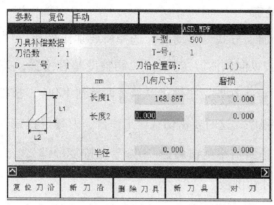 或 按钮，控制主轴的转动。

3）在如图5—44所示界面下点击 $\wedge$ 按钮回到上级界面。

4）点击 -z 按钮，用所选刀具试切工件外圆，点击 +z 按钮，将刀具退至工件外部，点击操作面板上的 ，使主轴停止转动。

5）测量车削的外圆直径值，将所测得的直径值写入到偏移所对应的文本框中，按下 键；依次点击软键 计 算 、 确 认 ，进入如图5—45所示的界面，此时长度1被自动设置。

参数	复位	手动		ASD.MPF

刀具补偿数据　　　　　　T—型：　500
刀沿数　：1　　　　　　T—号：　　1
D—号　：1　　　　　刀沿位置码：　　1()

mm	几何尺寸	磨损
长度1	168.867	0.000
长度2	0.000	0.000
半径	0.000	0.000

复位刀沿	新刀沿	删除刀具	新刀具	对刀

图5—45　X向刀具补偿数据

（2）Z向

1）点击软键 轴 + ，进一步设置Z方向的位置偏置。

2）点击 +z 按钮，点击操作面板上 或 按钮，控制主轴的转动。

3）点击 -x 按钮试切工件端面，然后点击 +X 将刀具退出到工件外部，点击操作面板上的 ，使主轴停止转动。

4）在偏移所对应的文本框中输入0，按下 键。

5）依次点击软键 计 算 、 确 认 ，进入如图5—46所示的界面，长度2被自动设置。

（3）同时设置半径几何尺寸的值为刀尖圆弧半径值0.8。

步骤7 粗精加工内、外轮廓

加工内容包括：外轮廓粗精加工；外螺纹粗精加工。

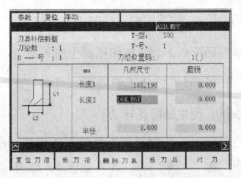

图 5—46　Z 向刀具补偿数据

1. 粗精车一头外轮廓

点击 AUTO 选择自动加工方式，移动光标选择所要加工的程序 "AB2171. MPF"，点击纵向软体键 "打开"，按纵向软体键 "执行"，调整冷却管位置，关防护门，选择单段加工 SINGLE BLOCK ，进给倍率旋钮 10%，主轴倍率 调整到 100%，按控制面板上的循环启动键 CYCLE START 一次，执行一段程序，这时要密切观察工作台、刀具位置是否与程序中的坐标值一致，有紧急情况立即将进给倍率旋钮调到 "0%" 或按复位键 RESET ，更严重情况按急停键 ，同时按 冷却液 ，打开切削液。

调整切削液位置，打开切削液开关，关闭防护门。调用程序 AB2172. MPF，按复位键 RESET ，将光标移到程序第 1 行。工作模式选择 "自动" 方式 M ，进给倍率旋钮 10%，选择 "单段" 加工按钮 SINGLE BLOCK ，按启动键 CYCLE START 一次，执行一段程序，这时要密切观察工作台、刀具位置是否与程序中的坐标值一致，有紧急情况立即将进给倍率旋钮调到 "0%" 或按复位键 RESET ，更严重情况按急停键 。

如目测基本没有问题后，关闭单段加工按钮，按启动键 CYCLE START ，调整进给倍率旋钮到合适倍率，自动连续运行。

粗加工完成后，去毛刺，用量具测量出有尺寸公差要求的外圆尺寸 $\phi46$，因编程时采用的是基本尺寸，因此按下列公式计算调整磨耗补偿值，其中图纸尺寸按图纸公差中间值进行计算，本题的外圆尺寸应为 $\phi45.85$ mm。

当测量值大于理论值时：精加工时外圆刀的磨耗值 $= -\left|\phi46 外圆处的实际测量值 - 1 - 45.85\right|$

当测量值小于理论值时：精加工时外圆刀的磨耗值 $= \left|\phi46 外圆处的实际测量值 - 1 - 45.85\right|$

然后进入刀具补偿数据输入界面，输入“长度 1”磨损 *X*01 的值。接着选择“自动”模式，按“循环启动”键，完成零件外轮廓的精加工。

2. 掉头，车总长，调用 AB2171. MPF 程序，加工另一头外轮廓，粗精车外轮廓，精加工时分别通过控制长度 1 和长度 2 的磨损值来控制外圆尺寸 ϕ31 mm、ϕ36 mm 和长度尺寸 10 mm 的尺寸精度，如图 5—47 所示。

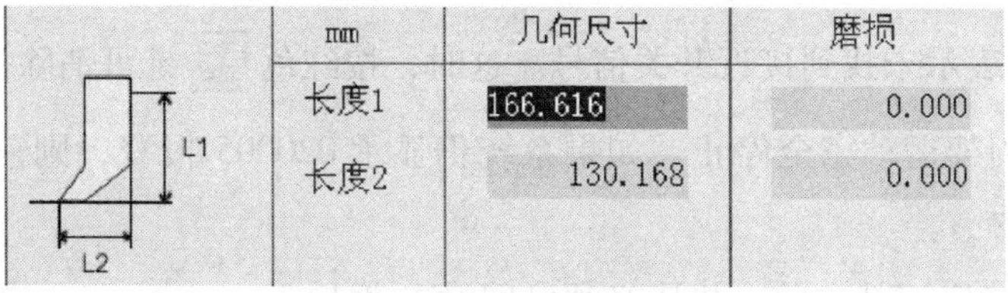
L1
L2
mm
几何尺寸
磨损
长度1
166.616
0.000
长度2
130.168
0.000

图 5—47　刀具磨损参数设置

3. 调用 AB2173. MPF 程序，加工外螺纹。

步骤 8　零件精度检测

去毛刺，根据图纸加工精度要求，选用合适量具对加工的零件进行精度检测。检测完毕后卸下工件。

步骤 9　关机

加工完毕，整理工夹量具和机床，按下“急停”按钮，最后关闭机床的电源开关。

注意事项

1. 操作过程中，时刻注意人身安全与设备安全。

2. 工件与刀具必须安装牢固，以防切削时松动。

3. 机床加工过程中如需暂停，可按“循环暂停”按钮，使进给运动停止，要继续加工可再按一下“循环启动”按钮 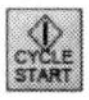
CYCLE
START
。

4. 机床在自动加工时，可用进给倍率选择开关对 F 指令做 10% ~120% 的修正。开始切削零件，注意将 F 进给倍率开关置于较低挡。此开关也作为手动进给速度开关，要特别注意此开关的位置，以免发生意外。

特别提示

1. 回参考点操作注意事项

(1) 系统上电后，必须回参考点，这样零件加工程序才能被执行。系统每次上电后只需回一次参考点，如果由于意外而按下急停按钮或轴超硬限位，则必须重新回一次参考点。

（2）在回参考点途中若松开 +x 或 +z 键，则机床停止运动。此时若改变运行状态，系统将显示报警 016907，按红色 RESET 键可消除该报警，这时即可改变运行状态。

（3）回参考点操作之前，应将刀架移到减速开关和负限位开关之间，以便机床在返回参考点过程中找到减速开关。

（4）若在刀架已减速并向相反方向运动时松开 +x 或 +z 键，则机床停止运动，并显示 020005 报警，表示未找到接近开关信号。这时，按红色 RESET 键可消除该报警。再按 +x 或 +z 键，直至刀架运动完全停止。如果系统仍显示 020005 报警，则需检查机床接近开关信号是否有问题。

（5）在对刀确定刀补之前，机床必须已回过参考点。

（6）在回参考点方式下，可以手动换刀也可以使主轴转动或停止。但按 -x 或 -z 键时，机床不会动作。

（7）为保证安全，在回参考点时应首先 +X 方向回参考点，然后 +Z 方向回参考点。

2. 机床操作面板的"紧停"按钮是在发生紧急危险情况时使用的，按下该按钮，机床的进给伺服和主轴都立刻停止工作，液晶屏幕上应出现"00300"报警。

3. 如果机床进给轴移动过程中，碰到硬件限位开关，则会超程而引起报警，此时需同时按住控制面板上的按钮和超程轴方向按钮，向与超程方向相反的方向移动直到进入正常工作区域内。

 **相关链接**

1. 操作区域（见图5—48）

控制器中的基本功能可以划分为以下几个操作区域：

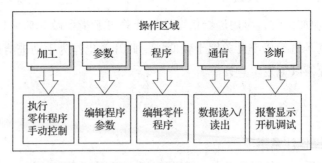

SINUMERIK 802S/C base line操作区域

操作区域转换

使用"区域转换键"可从任何操作区域返回主菜单。
连续按两次后又回到以前的操作区。
系统开机后首先进入"加工"操作区。

使用"加工显示键"可以直接进入加工操作区。

图 5—48   控制面板操作区域图

2. SIEMENS 802S 数控车床软件功能（见图 5—49）

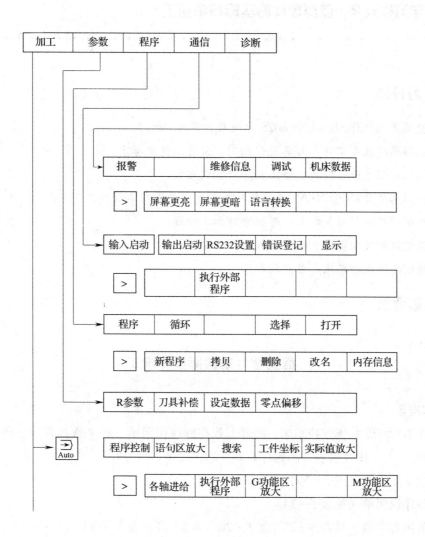

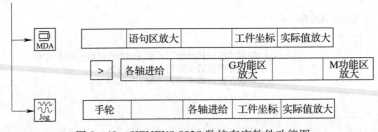

图5—49　SIEMENS 802S数控车床软件功能图

学习单元2　盘类零件的实际操作加工

学习目标

1. 能够熟练操作 SIEMENS 802S 系统数控车床面板
2. 能够熟练装夹零件、刀具及试切对刀设置工件坐标系
3. 熟练对程序进行校验、修正程序中切削参数
4. 能够熟练应用 SIEMENS 格式程序对盘类零件进行车削加工
5. 能够熟练调整有关参数，保证零件加工精度
6. 能够做到文明操作、做好数控车床日常维护
7. 能够排除数控车床一般超程故障

技能要求

盘类零件的实际操作加工

操作准备

SIEMENS 802S 系统数控车床、图样、数控程序说明单、相关数控程序、外圆刀、内孔刀、游标卡尺、内径量表、函数计算器、笔、尺等。

1. 加工图样（见图5—50）
2. 程序说明单（见表5—24）
3. 数控程序单（见表5—25、表5—26、表5—27、表5—28）

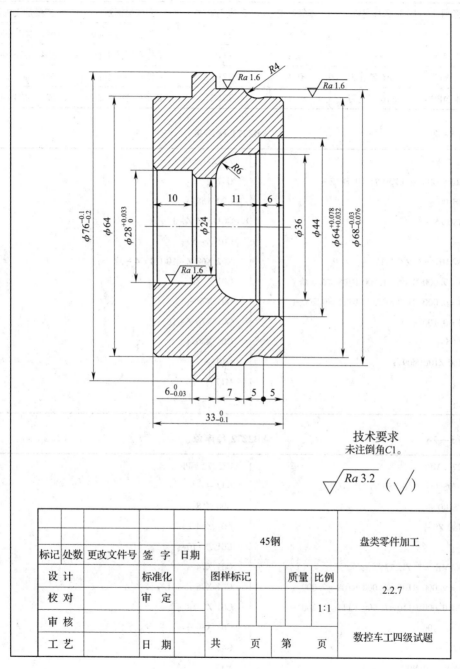

技术要求
未注倒角C1。

$\sqrt{Ra\,3.2}$ ($\sqrt{}$)

标记	处数	更改文件号	签 字	日 期	45钢			盘类零件加工
设 计			标准化		图样标记		质量	比例	
校 对			审 定					1:1	2.2.7
审 核									
工 艺			日 期		共 页		第 页		数控车工四级试题

图5—50 盘类零件车削加工图

表 5—24   SIEMENS 程序说明单

程序号	刀具名称	半径补偿	刀具刀补号	工件坐标系	主要加工内容
AB2271. MPF	93°外圆车刀	r0.8	T1D1	工件右端面中心	$\phi64$、$\phi68$ 外圆等
AB2272. MPF	93°外圆车刀	r0.8	T1D2	工件左端面中心	$\phi64$、$\phi76$ 外圆
AB2273. MPF	$\phi16$ 镗孔刀	r0.4	T2D1	工件右端面中心	$\phi44$、$\phi36$ 内孔
AB2274. MPF	$\phi16$ 镗孔刀	r0.4	T2D2	工件左端面中心	$\phi28$、$\phi24$ 内孔

表 5—25   AB2271 程序单

AB2271. MPF	ZZ2271. SPF
G90 G95 G00 X60 Z50 T1 D1 F0. 2	G42
M04 S100	G00 X58
G0 X80 Z5	G01 X64 Z – 1
M08	G01 Z – 5
_ CNAME =" ZZ2271"	G02 X68 Z – 10 CR = 4
R105 = 9. 000 R106 = 1. 000 R108 = 2. 000	G01 Z – 17
R109 = 0. 000 R110 = 0. 500 R111 = 0. 200	G01 X74
R112 = 0. 100	G01 X76 Z – 18
LCYC95	G01 X80
G0 X80 Z100 M09	G40
M05	M17
M02	

表 5—26   AB2272 程序单

AB2272. MPF	ZZ2272. SPF
G90 G95 G00 X60 Z50 T1 D2 F0. 2	G42
M04 S100	G00 X58
G0 X80 Z5	G01 X64 Z – 1
M08	G01 Z – 10
_ CNAME =" ZZ2271"	G01 X74
R105 = 9. 000 R106 = 1. 000 R108 = 2. 000	G01 X76 Z – 11
R109 = 0. 000 R110 = 0. 500 R111 = 0. 200	G01 Z – 18
R112 = 0. 100	G01 X80
LCYC95	G40
G0 X80 Z100 M09	M17
M05	
M02	

表 5—27　　　　　　　　　　　　　　**AB2273 程序单**

AB2273. MPF	ZZ2273. SPF
G90 G95 G00 X60 Z50 T2 D1 F0. 2 ¬	G41 ¬
M04 S100 ¬	G00 X52 ¬
G0 X80 Z5 ¬	G01 X44 Z − 1 ¬
M08 ¬	G01 Z − 6 ¬
_ CNAME = " ZZ2271" ¬	G01 X38 ¬
R105 = 11. 000 R106 = 1. 000 R108 = 2. 000 ¬	G01 X36 Z − 7 ¬
R109 = 0. 000 R110 = 0. 500 R111 = 0. 200 ¬	G01 Z − 11 ¬
R112 = 0. 100 ¬	G03 X24 Z − 17 CR = 6 ¬
LCYC95 ¬	G01 X20 ¬
G0 X80 Z100 M09 ¬	G40 ¬
M05 ¬	M17 ¬
M02 ¬	

表 5—28　　　　　　　　　　　　　　**AB2274 程序单**

AB2274. MPF	ZZ2274. SPF
G90 G95 G00 X60 Z50 T2 D1 F0. 2 ¬	G41 ¬
M04 S100 ¬	G00 X34 ¬
G0 X20 Z5 ¬	G01 X28 Z − 1 ¬
M08 ¬	G01 Z − 10 ¬
_ CNAME = " ZZ2271" ¬	G01 X26 ¬
R105 = 11. 000 R106 = 1. 000 R108 = 2. 000 ¬	G01 X24 Z − 11 ¬
R109 = 0. 000 R110 = 0. 500 R111 = 0. 200 ¬	G01 Z − 18 ¬
R112 = 0. 100 ¬	G01 X20 ¬
LCYC95 ¬	G40 ¬
G0 X80 Z100 M09 ¬	M17 ¬
M05 ¬	
M02 ¬	

操作步骤

步骤 1　开机

打开 NC 电源，释放急停，按复位键，主轴倍率旋钮 100%，进给倍率旋钮 30%。

步骤 2　手轮操作及返回参考点

各轴机械坐标为负值，选择回零方式→选择 Z 轴，按正向键，Z 轴回零。选择 X 轴，按正向键，各轴机械坐标系显示"0"，回零指示灯亮。

步骤 3　工件与刀具安装

1. 装工件。根据工件尺寸大小调整三爪自定心卡盘卡爪位置，将零件装入卡盘，调整零件装夹位置，零件伸出长度必须大于零件外轮廓加工尺寸。

2. 装车刀。分别在四方刀架 1 号刀位和 2 号刀位上安装外圆车刀和内孔镗刀，车刀伸出长度合适。

步骤 4　调用程序、修正切削用量

1. 调用程序。操作"自动方式键"选择自动工作方式，屏幕上显示系统中所有的程序，把光标定位在所选用的程序上，如：AB2272. MPF，用选择键选择此程序，程序名显示在屏幕的"程序名"下，按横向软键"打开"完成程序调出。

2. 修正切削用量。程序中需要调整的数据是主轴转速 S100 r/min，根据切削情况与经验更改，如改为 S800 r/min。

步骤 5　对刀及刀具补偿设置

1. 创建刀具

（1）点击操作面板上的 ▣ 按钮，出现参数设置页面。

（2）依次点击软键 参 数 、刀具补偿、按钮 ＞ 及软键 新 刀具 。

（3）在"T－号"栏中输入刀具号（如："1"）。点击 ⬇ 按钮，光标移到"T－型"栏中，输入刀具类型（外圆刀、内孔镗刀：500）。按软键"确认"。完成新刀具外圆刀 T1、螺纹刀 T2 的建立。

2. 对刀操作及刀具补偿设置

（1）在安全位置选择所需要对刀的车刀，按 －X 或 －Z 将车刀移至工件附近。

（2）转动机床主轴，调正修调开关，将车刀低速移至工件外圆附近，选用增量键使车刀和外圆相接触。

（3）选用手动键，增大修调开关进给率，按 ＋Z 方向退出，关闭主轴。

（4）测量外圆尺寸，将所测量的尺寸输入 X 轴方向对刀画面中偏移的位置，按回车键确认。

（5）按 X 轴方向对刀画面中的"计算"，此时 X 轴方向对刀完毕。

（6）按 X 轴方向对刀画面"轴＋"。

（7）按 X 或 Z 将车刀移至工件附近。

（8）转动机床主轴，调正修调开关，将车刀低速移至工件端面并和端面相接触。

（9）增大修调开关进给率，按 +X 方向退出关闭主轴。

（10）按 Z 轴方向对刀画面中的"计算"，此时 Z 轴方向对刀完毕。

（11）按 Z 轴方向对刀画面中的"确认"，画面返回上一级菜单，此时所对的车刀对刀完毕。

（12）对刀方法和补偿数据设置同轴类零件加工，不同的内孔镗刀的 X 向对刀车削时车内孔，设置半径几何尺寸的值为刀尖圆弧半径值 0.4。

步骤 6 粗精加工内、外轮廓

加工内容包括：内外轮廓粗精加工。

1. 粗精车一头外轮廓

点击 ⬛ 选择自动加工方式，移动光标选择所要加工的程序"AB2271.MPF"，点击纵向软体键"打开"，按纵向软体键"执行"，调整冷却管位置，关防护门，选择单段 ⬛，进给倍率旋钮 ⬤ 10%，主轴倍率调整到 100% ⬤，按控制面板上的循环启动键 ⬛ 一次，执行一段程序，这时要密切观察工作台、刀具位置是否与程序中的坐标值一致，有紧急情况立即将进给倍率旋钮调到"0%"或按复位键 ⬛，更严重的情况按急停键 ⬤，同时按 冷却液，打开切削液。

调整切削液位置，打开切削液开关，关闭防护门。调用程序 AB2272.MPF，按复位键 ⬛，将光标移到程序第 1 行。工作模式选择 ⬛ "自动"方式，进给倍率旋钮 ⬤ 10%，选择"单段"加工按钮 ⬛，按启动键 ⬛ 一次，执行一段程序，这时要密切观察工作台、刀具位置是否与程序中的坐标值一致，有紧急情况立即将进给倍率旋钮调到"0%"或按复位键 ⬛，更严重情况按急停键 ⬤。

如目测基本没有问题后，关闭单段加工按钮，按启动键 ⬛，调整进给倍率旋钮到合适倍率，自动连续运行。

粗加工完成后，去毛刺，用量具测量出有尺寸公差要求的外圆尺寸 $\phi76$ mm，因编程时采用的是基本尺寸，因此按下列公式计算调整磨耗补偿值，其中图纸尺寸按图纸公差中间值进行计算，本题的外圆尺寸应为 $\phi75.85$ mm。

当测量值大于理论值时：精加工时外圆刀的磨耗值 $= -\left|\phi76\text{ 外圆处的实际测量值} - 1 - 75.85\right|$

当测量值小于理论值时：精加工时外圆刀的磨耗值 $= \left|\phi76\text{ 外圆处的实际测量值} - 1 - 75.85\right|$

然后进入刀具补偿数据输入界面，输入"长度 1"磨损 $X01$ 的值。接着选择"自动"模式，按"循环启动"键，完成零件外轮廓的精加工。

2. 调用 AB2274. MPF 程序，加工内孔。

3. 掉头，车总长，调用 AB2271. MPF 程序，加工另一头外轮廓，粗精车外轮廓，精加工时分别通过控制长度 1 和长度 2 的磨损值来控制外圆尺寸 $\phi64$ mm、$\phi68$ mm 和长度尺寸 6 mm 的尺寸精度。

4. 调用 AB2274. MPF 程序，粗精车内孔。

步骤 7　零件精度检测

去毛刺，根据图纸加工精度要求，选用合适量具对加工的零件进行精度检测。检测完毕后卸下工件。

步骤 8　关机

加工完毕，整理工夹量具和机床，按下"急停"按钮，最后关闭机床的电源开关。

 注意事项

1. 操作过程中，时刻注意人身安全与设备安全。

2. 工件与刀具必须安装牢固，以防切削时松动。

3. 机床加工过程中如需暂停，可按"循环暂停"按钮，使进给运动停止，要继续加工可再按一下"循环启动"按钮 [CYCLE START] 。

4. 机床在自动加工时，可用进给倍率选择开关对 F 指令做 10% ~ 120% 的修正。开始切削零件，注意将 F 进给倍率开关置于较低挡。此开关也作为手动进给速度开关，要特别注意此开关的位置，以免发生意外。

 特别提示

1. 下列情况下必须进行"回零"操作：

（1）数控机床接通电源后；

（2）数控机床超程解除后。

2. 机床操作面板的"紧停"按钮是在发生紧急危险情况时使用的，按下该按钮，机床的进给伺服和主轴都立刻停止工作，液晶屏幕上应出现"00300"报警。

3. 如果机床进给轴移动过程中，碰到硬件限位开关，则会超程而引起报警，此时需同时按住控制面板上的按钮和超程轴方向按钮，向与超程方向相反的方向移动直到进入正常工作区域内。

 **相关链接**

零件加工精度的控制：

1. X 向 ϕ64 mm、ϕ68 mm 的公差精度控制。ϕ64 mm 的尺寸精度通过调整 1 号刀刀具补偿数据中的磨损值来控制，ϕ68 mm 的尺寸精度通过改变程序中节点坐标值来控制（ϕ64 mm、ϕ68 mm 的公差关系）。

ϕ64 mm 尺寸的公差中间值为 + 0.055，ϕ68 mm 尺寸的公差中间值为 - 0.053，它们的差值 = 0.055 - （ - 0.053） = 0.108。把此值加入程序中 ϕ64 mm 处，即 64 + 0.108 = 64.108，加工中只要 ϕ68 mm 尺寸控制在公差的中间值，ϕ64 mm 的尺寸就能自动控制在公差中间值。不考虑刀具磨损等因素，在 AB2271. MPF 的子程序 ZZ2271 程序中，程序段 G01 X64 Z - 1 改为 G01 X64. 108 Z - 1。

2. Z 向 6 mm 尺寸精度的控制。6 mm 的尺寸精度通过调整 AB2271. MPF 刀具长度 2 补偿数据的磨损值来控制。

第6章

零件测量与数控车床维护

第1节　零件测量

 学习单元1　技术测量基础知识

 学习目标

1. 了解技术测量的基本任务
2. 掌握计量单位和计量器具的基本知识
3. 熟悉测量器具的选用
4. 熟悉测量方法的类型和测量条件
5. 熟悉测量误差及处理方法

 知识要求

一、技术测量的基本任务

技术测量是研究空间位置、形状和大小等几何量的测量工作。测量就是以确定被测对象的量值而进行的一组操作。检验是确定被测量值是否达到预期要求所进行的测量，检验能确定测量对象是否在规定的极限范围内，从而判断是否合格。技术测量的基本任务是：

（1）确定统一的计量单位、测量基准，以及严格的传递系统，以确保"标准单位"能准确地传递到每个使用单位中。

（2）正确选用测量器具，拟定合理的测量方法，以便准确地测出被测量的量值。

（3）分析测量误差，正确处理测量数据，提高测量精度。

（4）研制新的测量器具和测量方法，不断满足生产发展对技术测量的新要求。

二、技术测量的基础知识

一个完整的测量过程应包含测量对象（比如各种几何参数）、计量单位、测量方法

（指在进行测量时所采用的计量器具与测量条件的综合）、测量精度（或准确度）（指测量结果与真值的一致程度）这四个要素。

技术测量主要指几何参数的测量，包括长度、角度、表面粗糙度、形状和位置误差等的测量。习惯上常将以保持量值统一和传递为目的之专门测量称为计量。

1. 计量单位和计量器具

（1）计量单位。为了进行计量，必须规定统一的标准，即计量单位。法定计量单位中，长度的基本单位为米（m）。机械制造中常用的长度单位为毫米（mm），$1\ mm = 10^{-3}\ m$。精密测量时，多采用微米（μm）为单位，$1\ \mu m = 10^{-3}\ mm$。超精密测量时，则用纳米（nm）为单位，$1\ nm = 10^{-3}\ \mu m$。角度基本单位为弧度（rad）。常用度（°）作为平面角的计量单位，$1° = (\pi/180)\ rad$，$1° = 60'$，$1' = 60''$。

（2）计量器具。计量器具（或称为测量器具）按结构特点可分为量具（如游标卡尺、千分尺等）、量规（如环规、塞尺等）、量仪（如各类测量仪器等）和计量装置四类。计量器具的基本技术指标有标尺间距、分度值、示值范围、测量范围、灵敏度等。一般地，分度值越小，计量器具的精度越高。

量具通常是指结构比较简单的测量工具，如量块、线纹尺、基准米尺等。量规是一种没有刻度的，用以检验零件尺寸或形状、相互位置的专用检验工具。它只能判断零件是否合格，而不能得出具体尺寸，如光滑极限量规、螺纹量规等。

量仪即计量仪器，是指能将被测的量值转换成可直接观察的指示值或等效信息的计量器具，可分为机械式、电动式、光学式、气动式，以及光电一体化的现代量仪。

2. 测量器具的选用

合理选用测量器具是保证产品质量、降低生产成本和提高生产效率的重要环节之一。零件图样上被测要素的尺寸公差和形位公差遵守独立原则时，一般使用通用计量器具分别测量；当单一要素的孔和轴采用包容要求时，则应使用光滑极限量规（简称量规）来检验；当关联要素采用最大（小）实体要求时，则应使用位置量规来检验。

国标规定，按照计量器具的测量不确定度允许值 U_1 来选择计量器具，其不确定度允许值 U_1 可视为计量器具的最大误差。

3. 测量器具的等级和检定

在正常的使用条件下，测量结果的准确程度称为测量器具的准确度。误差越小，测量的准确度越高。准确度等级是衡量测量器具质量优劣的重要指标之一。测量器具等级的高低表示精度的高低，即检测结果中存在误差的大小。

任何一种测量器具在使用一定时间后，由于操作磨损、老化，加之使用环境、温度、湿度等客观条件的变化以导致失准、失灵，长期之后保证不了量值的准确可靠。因此，国家对不同测量器具都规定了严格的使用周期和强制检定。通过周期检定来修正使用测量器具出现的误差，从而保证量值的准确性。一般测量器具的检定周期见表6—1。

表6—1 常用测量器具的检定周期

序号	测量器具	检定周期	备注
1	基线尺	1年	尺长度方向
2	平板仪	1~2年	视使用情况定，最多不能超过2年
3	量块	3个月~2年	根据稳定度、磨损、保养情况确定周期，最多不超过2年，状况特别不好应封存停用
4	平面等厚干涉仪	2年	视使用情况而定，最多不能超过2年
5	百分表、千分表	1年	视使用情况而定，最多不能超过1年

4. 测量方法的类型和测量条件

（1）测量方法的类型

1）直接测量和间接测量。直接测量从计量器具的读数装置上直接测得被测参数的量值或相对于标准量的偏差值。如用万能角度尺测量圆锥角和锥度的方法就属于直接测量法。

直接测量又分为绝对测量和相对测量。若测量读数可直接表示出被测量的全值，则为绝对测量，如用游标卡尺、千分尺。若测量读数仅表示被测量相对于已知标准量的偏差值，则为相对测量，如量块和千分表。一般来说，相对测量的测量精度比绝对测量的精度高。

间接测量即测量有关量，并通过函数关系计算出被测量值。如用正弦规测量角度值，用三针法测量螺纹中径等测量方法就属于间接测量。

2）接触测量和非接触测量。接触测量是被测零件表面与测量头有机械接触，并有机械作用的测量力存在，如用游标量具、螺旋测微量具、指示表测量零件。非接触测量是被测零件表面与测量头没有机械接触，如光学投影测量、激光测量、气动测量等。

3）单项测量和综合测量。单项测量是一次测量结果只能表征被测零件的一个量值，如用工具显微镜分别测量螺纹的中径、牙型半角和螺距等。综合测量的测量结果能够表征被测零件多个参数的综合效应，如用完整牙型的螺纹极限量规检验螺纹的旋合性与可靠性。

4）主动测量和被动测量。主动测量是在零件加工过程中的测量，用来控制加工过程，预防废品。被动测量是零件加工完毕后进行的测量，测量的目的是发现并剔除废品。

5）静态测量和动态测量。静态测量是测量器具的示值或零件静止不动，如用游标卡尺、千分尺测量零件的尺寸。动态测量是测量器具的示值或（和）被测零件处于运动状态，如用指示表测量跳动误差、平面度等。

（2）测量条件。测量受到测量条件的影响，如环境、测量力、测量基准、操作技能等。测量环境包括温度、湿度、气压、振动和尘埃等。测量时的标准温度为20℃，而且应使被测零件和测量器具本身的温度保持一致。测量力会引起被测零件表面产生压陷变形，影响测量结果。

5. 测量误差及处理方法

任何测量过程，由于受到测量器具和测量条件等的影响，不可避免地会产生测量误差。所谓测量误差δ，是指测得值x与真值Q之差，即$\delta = x - Q$。

测量误差反映了测得值偏离真值的程度，也称绝对误差。当δ越小，测量精度也越高；反之，测量精度就越低。产生测量误差的原因很多，主要有：测量器具、测量方法、测量力引起的变形、测量环境和人员等误差。一般分为随机误差、系统误差和粗大误差三类。

（1）随机误差。随机误差是指在一定测量条件下，多次测量同一量值时，数值大小和符号以不可预见的方式变化的误差。它是由于测量中的不稳定因素综合形成的，也是不可避免的。进行大量、重复测量，随机误差分布服从正态分布曲线规律。

（2）系统误差。系统误差是指在一定测量条件下，多次测量同一量值时，误差的大小和符号均保持不变或按某一确定的规律变化的误差。前者称为定值系统误差，如千分尺的零位不正确而引起的测量误差；后者称为变值系统误差，如随温度线性变化的误差。

系统误差是有规律的，其产生原因往往是可知的，可以通过实验分析法加以确定，在测量结果中进行修正，或者通过改善测量方法加以消除。一般认为，如果能将系统误差减小到使其影响相当于随机误差的程度，则可认为系统误差已被消除。

（3）粗大误差。粗大误差是指明显超出规定条件下预期的误差。它是由于测量者主观上的疏忽大意，或客观条件发生剧变等原因造成的。粗大误差的数值比较大，与客观事实明显不符，必须予以剔除。应根据判断粗大误差的准则予以确定剔除。

学习单元 2　零件形位误差的测量

学习目标

1. 掌握公差原则
2. 掌握形位误差检测原则、形状误差及其评定
3. 了解位置误差及其评定
4. 掌握基准的建立与体现
5. 了解测量不确定度的确定和形位误差的检测方法

知识要求

一、零件的加工精度

零件的加工精度是指零件在加工后的实际几何参数（尺寸、形状和位置）与理想几何参数的符合程度。其符合程度越高，说明加工误差越小，加工精度越高。零件的加工精度包括尺寸精度、形状精度和位置精度。

1. 尺寸精度

尺寸精度指的是零件的直径、长度、表面间距离等尺寸的实际数值和理想数值的接近程度。尺寸精度是用尺寸公差来控制的。尺寸公差是切削加工中零件尺寸允许的变动量。在基本尺寸相同的情况下，尺寸公差越小，则尺寸精度越高。

2. 形状精度

形状精度是指加工后零件上的点、线、面的实际形状与理论形状的符合程度。形状精度用形状公差来控制，评定形状精度的项目有 6 项，见表 6—2。

3. 位置精度

位置精度是指加工后零件上的点、线、面的实际位置与理想位置相符合的程度。位置精度用位置公差来控制，评定位置精度的项目有 8 项，见表 6—2。

形状误差和位置误差简称为形位误差，用以限制形位精度。形位误差会影响机械产品的工作精度、连接强度、运动平稳性、密封性、耐磨性、噪声和使用寿命等。

表 6—2 形位公差的分类、项目及符号

分类	项目	符号	分类		项目	符号
形状公差	直线度	—	位置公差	定向	平行度	∥
	平面度	▱			垂直度	⊥
	圆度	○			倾斜度	∠
	圆柱度	⌭		定位	同轴度	◎
					对称度	⹀
	线轮廓度	⌒			位置度	⊕
	面轮廓度	⌓		跳动	圆跳动	↗
					全跳动	↗↗

二、公差原则

在被测要素上既规定有形位公差，又有尺寸公差时，形位公差与尺寸公差之间会存在一定的影响，即尺寸公差和形位公差之间存在相互关联。

1. 独立原则

独立原则是指被测要素在图样上给出的尺寸公差与形位公差各自独立，应分别满足各自要求的原则。采用独立原则时，尺寸公差与形位公差无关。

如图 6—1 所示，标注时不需要附加任何表示相互关系的符号，图中表示轴的直径尺寸应在 $\phi149.96 \sim \phi150$ mm 之间，不管尺寸如何，圆柱母线的直线度误差不允许大于 0.02 mm。

独立原则一般用于非配合零件或对形状和位置要求严格而对尺寸精度要求相对较低的场合。如印刷机的滚筒，重要的是控制其圆柱度误差，以保证印刷时与纸面接触均匀，使图文清晰，而滚筒的直径大小对印刷质量没有影响。因此对尺寸精度要求不高，但对圆柱度要求高，故按独立原则给出了圆柱度公差 t，而其尺寸公差则按未注公差处理。又如液压传动中常用的液压缸的内孔，为防止泄漏，对液压缸内孔的形状精度提出了较严格的要求，而对其尺寸精度则要求不高，故尺寸差与形位公差按独立原则。另外，形位公差的未注公差值一般遵守独立原则。

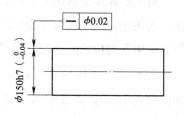

图 6—1 独立原则

2. 相关要求

相关要求是指图样上给定的尺寸公差和形位公差相互的要求，指包容要求、最大实体要求和最小实体要求，分别在图样上用规定符号标注。

（1）包容要求（ER）。包容要求是指被测实际要素处处位于具有理想形状的包容面内的一种公差要求，该理想形状的尺寸为最大实体尺寸（孔的最小极限尺寸或轴的最大极限尺寸）。包容要求常用于机器零件上的配合性质要求较严格的配合表面，如回转轴的轴颈和滑动轴承、滑动套筒和孔、滑块和滑块槽等。

图样上，单一要素的尺寸极限偏差或公差带代号之后注有"Ⓔ"符号时，表示采用包容要求，如图 6—2a 所示。如图 6—2b 所示表示该轴必须处于 φ150 mm 的理想包容面内。如图 6—2c 所示中当尺寸为 φ149.96 mm 时，允许轴心线直线度为 φ0.04 mm，此时尺寸公差可以转化为形位公差。

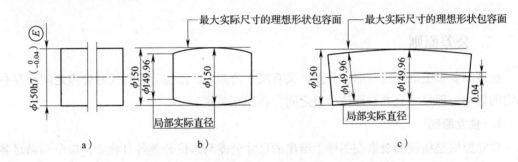

图 6—2 不同的包容要求

采用包容要求时，尺寸公差不仅限制了要素的实际尺寸，还控制了要素的形状误差。

（2）最大实体要求（MMR）。最大实体要求用"Ⓜ"标注，它是控制被测要素的实际轮廓处于其最大实体实效边界（即尺寸为最大实体实效尺寸的边界）之内的一种公差要求。采用最大实体要求时，尺寸公差可补偿给形位公差。

最大实体要求适用于中心要素有形位公差要求的情况，如轴线、中心平面等。最大实体要求用于对零件配合性质要求不严、但要求顺利保证零件可装配性的场合，如螺栓和螺钉连接中孔的位置度公差、阶梯孔和阶梯轴的同轴度公差。

（3）最小实体要求（LMR）。最小实体要求用"Ⓛ"标注，它是控制被测要素的实际轮廓处于其最小实体实效边界之内的一种公差要求。当其实际尺寸偏离最小实体尺寸时，允许其形位误差超出其在最小实体状态下给出的公差值，偏离多少，就可增加多少。

最小实体要求多用于保证零件的强度要求。对孔类零件，保证其壁厚；对轴类零件，保证其最小有效截面。

三、形位误差检测原则

1. 与理想要素比较原则

比较原则是将被测实际要素与理想要素相比较，直接或间接获得测量值。

测量中，理想要素用模拟方法来体现。如平板、平台、水平面等作为理想平面；一束光线、拉紧的钢丝、刀口尺的刃口等作为理想直线；轮廓样板作为线、面理想轮廓。如图6—3a 所示为采用指示器相对于平板平面度误差测量。如图6—3b 所示为采用自准直仪的间接法对光轴进行直线度误差测量。

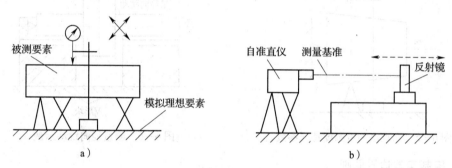

图6—3　模拟理想要素的检测

a）直接法　b）间接法

2. 测量坐标值原则

它是测量被测实际要素的坐标值，并经过数据处理来获得形位误差值的测量原则。如图6—4 所示为采用坐标测量装置测量圆度误差。

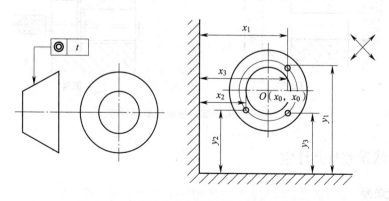

图6—4　采用直角坐标测量装置测量圆度误差

3. 测量特征参数原则

它是测量被测实际要素上具有代表性的参数（特征参数）来表示形状误差值。如图 6—5 所示为采用两点法测量特征参数。在一个横截面内的几个方向上测量直径，取最大直径值的一半，作为该截面内的圆度误差值。

4. 测量跳动原则

它是按被测实际要素绕基准轴线回转过程中，沿给定方向测量其对某参考点或线的变动量。如图 6—6 所示为采用 V 形架测量径向圆跳动。测量跳动原则一般用于测量跳动误差，主要用于测量圆跳动和全跳动。

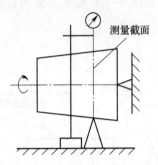

图 6—5 两点法测量圆度特征参数

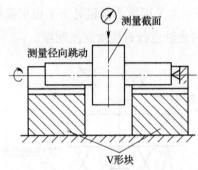

图 6—6 测量径向跳动示例

5. 控制实效边界原则

它是检验被测实际要素是否超过实效边界，以判断合格与否。该原则只适用图样上采用最大实体原则的场合，即形位公差框格公差值后或基准字母后标注 $\textcircled{M}$ 之处。一般用综合量规来检验。如图 6—7 所示为采用综合量规检验同轴度。

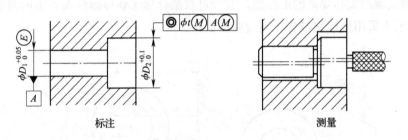

标注   测量

图 6—7 采用综合量规检验同轴度

四、形状误差及其评定

1. 形状误差

形状误差指被测实际要素对其理想要素的变动量，形状误差值小于或等于相应的公差值，则认为合格。标准规定，评定形状误差的准则是"最小条件"。即被测实际要素对其理想要素的最大变动量为最小。

对于中心要素（轴线、中心线、中心面等），其理想要素位于被测实际要素之中，如图6—8a 所示。对于轮廓要素（线、面轮廓度除外），其理想要素位于实体之外且与被测实际要素相接触，它们之间的最大变动量为最小，如图6—8b 所示。形状误差值用最小包容区域（简称最小区域）的宽度或直径表示。

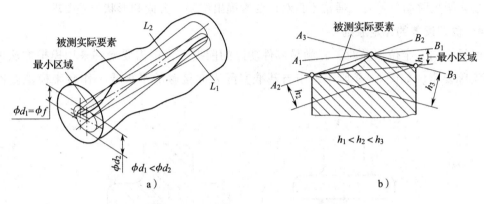

图6—8　被测实际要素符合最小条件

a）被测要素——线　b）被测要素——面

2. 形状误差的评定原则

最小条件是评定形状误差的基本原则。在满足零件功能要求的前提下，允许采用近似方法来评定形状误差。

五、位置误差及其评定

1. 定向位置误差

被测实际要素对一具有确定方向的理想要素的变动量，理想要素的方向由基准确定。

2. 定位位置误差

被测实际要素对一具有确定位置的理想要素的变动量，理想要素的位置由基准和理论正确尺寸确定。对于同轴度和对称度，理论正确尺寸为零。

3. 跳动误差

跳动公差是关联实际要素绕基准轴线回转时所允许的最大跳动量。跳动量可由指示器的最大与最小值之差反映出来。被测要素为回转表面或端面，基准要素为轴线。

（1）圆跳动误差。被测要素在某个测量截面内相对于基准轴线的变动量。圆跳动有径向圆跳动、端面圆跳动和斜向圆跳动。

（2）全跳动误差。整个被测要素相对于基准轴线的变动量。全跳动有径向全跳动和端面全跳动。

跳动公差带可以综合控制被测要素的位置、方向和形状。利用跳动误差与形位误差的关系，可以根据已测得的跳动误差判断出相应形位误差的范围，如某圆柱面的径向圆跳动误差为 0.05，则该圆柱面的圆度误差理论上应该为小于等于 0.05；某轴端面全跳动误差为 0.025，则该端面相对于轴线的垂直度误差等于 0.025。在保证使用要求的前提下，对被测要素给出跳动公差后，通常不再对该要素提出位置、方向和形状公差要求。

4. 位置误差的评定原则

测量定向、定位误差时，在满足零件功能的前提下，按需要允许采用模拟方法体现被测实际要素，如图 6—9 所示，用与基准实际表面接触的平板或工作台来模拟基准平面。

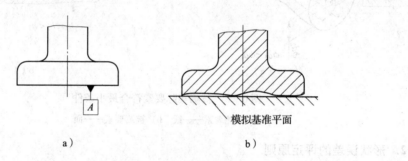

a）   b）

图 6—9　模拟基准平面

a）被测工件　b）模拟基准平面

六、基准的建立与体现

1. 基准的建立

基准是用以确定被测要素的方向或（和）位置的依据。当以实际要素来建立基准时，基准应为该基准实际要素的理想要素，对于理想要素的位置须符合最小条件。

2. 基准的体现

评定形位误差的基准体现方法有模拟法、分析法和直接法等，使用最广泛的是模拟法。

模拟法是指采用具有足够精度形状的实物来模拟基准（基准平面、基准轴线、基准点等），如图 6—9 所示。评定形位误差时，孔的基准轴线可以通过心轴来模拟体现，如图 6—10 所示。通常用相互垂直的三块平板来模拟三基准面体系，如图 6—11 所示。当形位误差的基准使用三基面体系时，第一基准应选最重要或最大的平面。

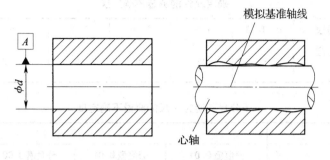

图6—10　用心轴模拟基准线

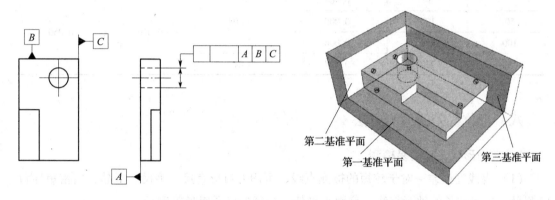

图6—11　用三块平板模拟三基准体系

　　分析法是通过对基准实际要素进行测量，再根据测量数据用图解法或计算法按最小条件确定的理想要素作为基准。

　　直接法是以基准实际要素为基准。当基准实际要素具有足够高的形状精度时，可忽略形状误差对测量结果的影响。

七、测量不确定度的确定

　　在测量中，由于测量误差的存在而使被测量值不能肯定的程度，用不确定度来表示。测得的实际尺寸分散范围越大，测量误差越大，即不确定度越大。按测量误差的来源，测量的不确定度是由测量器具的不确定度和测量条件引起的不确定度组成的。两者都是随机变量，因此，其综合结果也是随机变量，并且应不超出安全裕度。

　　测量不确定度是确定检测方案的重要依据之一，测量不确定度允许占给定公差的10%~33%。各公差等级允许的测量不确定度见表6—3。千分尺和游标卡尺常用尺寸范围的测量不确定度见表6—4。

表6—3 确定允许的测量不确定度

被测要素的公差等级	0 1 2	3 4	5 6	7 8	9 10	11 12
测量不确定度占形位公差的百分比（%）	33	25	20	16	12.5	10

表6—4 千分尺和游标卡尺的测量不确定度 mm

尺寸范围		分度值0.01 外径千分尺	分度值0.01 内径千分尺	分度值0.02 游标卡尺	分度值0.05 游标卡尺
大于	至				
	50	0.004			
50	100	0.005	0.008	0.020	0.050
100	150	0.006			
150	200	0.007	0.013		

八、形位误差的检测方法

1. 常用形状误差简易检测

（1）直线度误差。对于较短的被测直线，可用刀口形直尺、平尺、平晶、精密短导轨等测量；对于较长的被测直线，可用水平仪、拉紧的优质钢丝等测量。

1）光隙法。如图6—12所示，将刀口尺的刃口作为理想直线。当刀口直尺（或平尺）与被测工件贴紧时，便符合最小条件。其最大间隙，即为所测的直线度误差。当光隙较小时，可按标准光隙来估读；当光隙较大时，则可用塞尺测量。

2）水平仪检测。如图6—13所示，将被测零件调整到水平位置，用水平仪和桥板沿着被测要素按节距移动水平仪进行直线度测量。用水平仪的读数，计算该条素线的直线度误差。此方法适用于测量较大的零件。

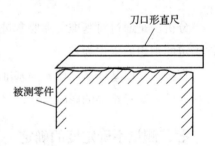

图6—12 用刀口直尺测量直线度误差

（2）平面度误差。

1）斑点法。斑点法又称涂色法，主要用于刮制。在工件表面上均匀地涂上红丹粉，然后将标准平板的工作面与工件表面相接触，均匀地拖动标准平板，使被测表面上会出现斑点。平面度误差，按25 mm×25 mm的正方形内的斑点数来决定。斑点越多，越均匀，说明平面度误差越小。

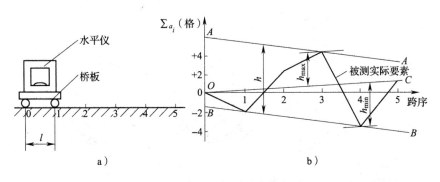

图6—13　用水平仪测量直线度误差

a）用水平仪移动测量　b）误差曲线图

2）指示器检测法。检测工具为平板、带百分表的测量架、固定和可调支承块。

如图6—14所示，将百分表测量头垂直地指向被测零件表面，按一定的布局测量被测表面上的各点，再根据记录的读数用计算法或图解法按最小条件计算平面度误差。

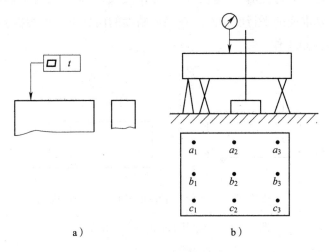

图6—14　平面度误差检测

a）被测工件　b）平面度误差检测

（3）圆度误差。

三点法。如图6—15所示，被测零件放在V形块上，使其轴线垂直于测量截面，同时固定轴向位置。在被测零件回转一周过程中，指示器最大差值作为单个截面的圆度误差。测量若干个截面，取其中最大的误差作为其圆度误差。

还可以使用平板、带指示器的测量架与支承，指示器与鞍式V形座，投影仪，或圆度仪等进行测量圆度误差。对于比较小的零件也可用外径千分尺测量圆度误差。

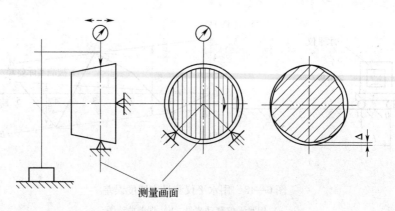

图6—15 三点法测量圆度

2. 常用位置误差简易检测

（1）定向误差。

1）平行度误差。平行度误差是反映平面和直线之间关系的定向位置误差。如图6—16 所示为面对基准面的平行度检测。在保证精度的前提下，可用检验平板的工作面作为模拟基准来完成测量工作。

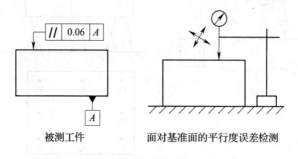

被测工件   面对基准面的平行度误差检测

图6—16 面对基准面的平行度误差检测

对于沟槽类工件，如果平行度误差要求不太高，则可用实际基准表面作为模拟基准来完成测量工作，如图6—17 所示。

被测工件   沟槽的平行度误差检测

图6—17 沟槽的平行度误差检测

2）垂直度误差。与平行度误差类似，如图6—18所示为常用的测量面对基准面的垂直度误差的简易方法。其测量基准由平板工作面模拟体现，垂直基准由垂直量具（标准角尺）模拟体现。当对垂直度误差检测精度要求不高时，也可用万能角度尺测量角度，或者使用平板加90°角度尺测量，并由光隙估测或用塞尺测量。

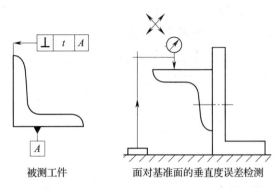

被测工件　　　面对基准面的垂直度误差检测

图6—18　面对基准面的垂直度误差检测

（2）定位误差。

1）同轴度误差。被测要素的理想轴线与基准轴线同轴，起定位作用的理论正确尺寸为零，这就是定位误差的特点之一。以公共轴线为基准的同轴度误差测量如图6—19所示，其中公共基准轴线由V形块模拟体现，平板工作面作为测量基准。

2）对称度误差。对称度误差是指被测实际中心要素（对称中心平面、轴线等）对基准中心要素的变动量。如图6—20所示为槽的上、下两平面的对称中心平面对基准上、下两平面的对称中心平面的重合度（对称度）测量示意图。

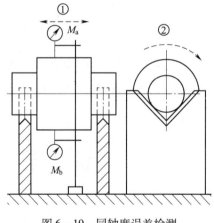

图6—19　同轴度误差检测

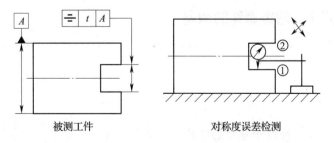

被测工件　　　对称度误差检测

图6—20　对称度误差检测

（3）跳动公差。跳动公差是以测量方法为依据规定的一种几何公差，即当要素绕基准轴线旋转时，以指示器测量要素的表面来反映其几何误差。所以，跳动公差是综合限制被测要素的形状误差和位置误差的一种几何公差。

跳动分为圆跳动和全跳动两类，在两类跳动中各分为径向跳动和轴向跳动。

1）圆跳动误差。圆跳动误差是要素绕基准轴线做无轴向移动旋转一圈时，在任一测量面内的最大跳动量。如图 6—21 所示为径向跳动误差的检测，用 V 形块来体现基准轴线，在被测表面的法线方向，使指示器的测头与被测表面接触，使被测零件回转一周，指示器最大读数差值即为该截面的径向圆跳动误差。

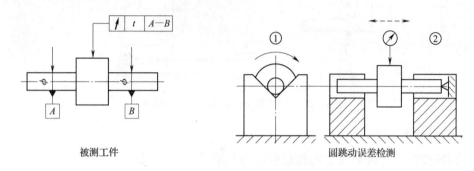

被测工件　　　　　　　　　　　　圆跳动误差检测

图 6—21　圆跳动误差检测

2）全跳动误差。全跳动误差是指被测实际要素绕基准轴线做无轴向移动的连续回转，同时指示器沿理论素线连续移动，由指示器在给定方向上测得的最大与最小读数之差。

第 2 节　常用量具使用

 学习单元 1　轴类零件的测量

 学习目标

1. 了解游标卡尺、外径千分尺的结构

2. 掌握游标卡尺、外径千分尺的读数及使用方法

知识要求

一、游标卡尺的结构和读数

1. 游标卡尺的结构

游标卡尺是带有测量卡爪并用游标读数的通用量尺，由主尺和附在主尺上能滑动的游标尺两部分构成，如图6—22所示。

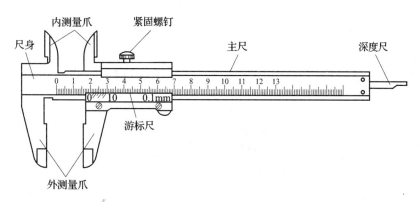

图6—22　游标卡尺

游标尺与主尺尺身之间有一弹簧片，利用弹簧片的弹力使游标尺与尺身靠紧。游标上部有一紧固螺钉，可将游标固定在尺身上的任意位置。游标卡尺的主尺和游标尺上有内测量爪和外测量爪，通常可以用内测量爪来测量内径，用外测量爪测量长度和外径。深度尺与游标尺连在一起，可以测槽和筒的深度。

常用游标卡尺按其测量精度有0.1 mm（游标尺上标有10个等分刻度）、0.05 mm（游标尺上标有20个等分刻度）和0.02 mm（游标尺上标有50个等分刻度）三种，按测量尺寸范围有0~150 mm、0~200 mm、0~300 mm等多种规格，另外，还有一些特殊结构的游标卡尺，如带表游标卡尺、电子数显游标卡尺、单面游标卡尺等，见表6—5。

表6—5　　　　　　　　　　　各类游标卡尺的结构和特点

类型	结构	特点
普通游标卡尺		游标卡尺，是一种测量长度、内外径、深度的量具

续表

类型	结构	特点
单面游标卡尺		无深度尺、上量爪，下量爪能测内、外尺寸
双面游标卡尺	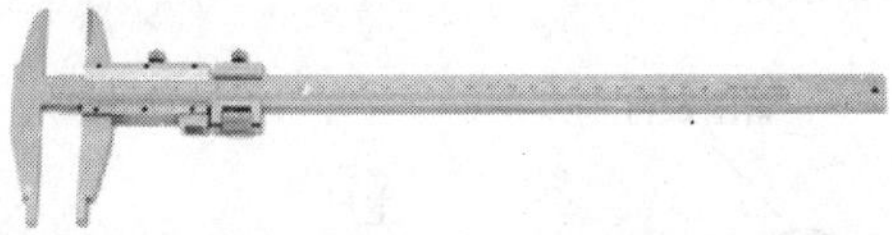	无深度尺，上下量爪均能测外尺寸，下量爪外侧有一圆弧内测量爪，可测量内尺寸
带表游标卡尺	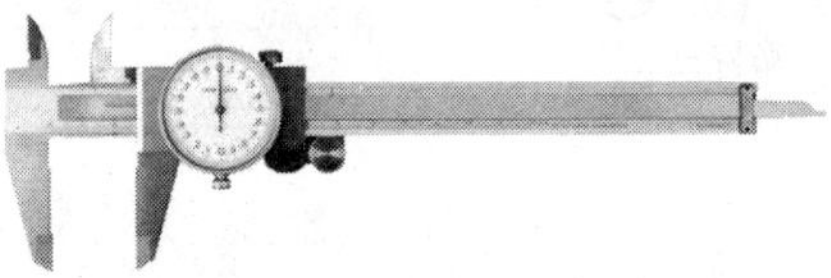	带表卡尺，是运用齿条传动齿轮带动指针显示数值，主尺上有大致的刻度，结合指示表读数，比游标卡尺读数更为快捷准确
电子数显游标卡尺	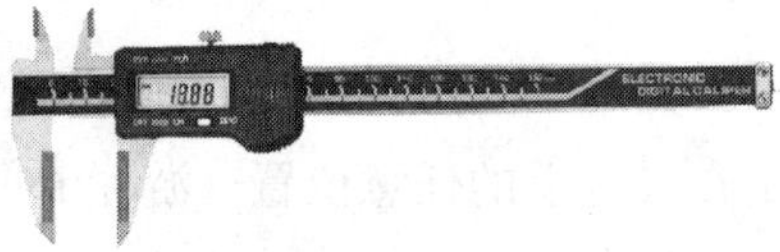	以数字显示测量示值的长度测量工具，读数直观清晰、测量效率高

2. 游标卡尺的读数

游标卡尺在主尺及游标尺上均有刻度，如图 6—23 所示。这把游标卡尺主尺的最小刻度为 1 mm，游标尺上有 50 个小的等分刻度，当左右测量爪合在一起时，游标尺的零刻度与主尺的零刻度重合时，只有游标尺的第 50 刻度线与主尺的 49 mm 刻度线重合，其余的刻度线都不重合，即它们的总长等于 49 mm，游标每格为 0.98 mm。主尺和游标尺每格之差为 1 − 0.98 = 0.02 mm，因此游标尺的每一分度都比正常的 1 mm 小 0.02 mm。这种游标卡尺可以精确到 0.02 mm。

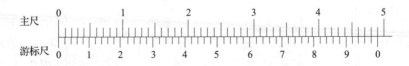

图 6—23　游标卡尺的刻度

读数方法如下：先根据游标尺"0"线以左最近的刻度，读出整数，再在游标上读出"0"线到尺身刻度线对齐的刻度线之间的格数，将格数与 0.02 相乘得到小数，两者相加就得到测量尺寸。如图 6—24 所示，读数为：$20 + 0.02 \times 38 = 20.76$ mm。

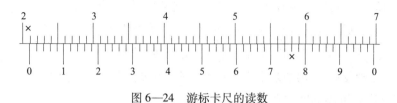

图 6—24　游标卡尺的读数

二、外径千分尺的结构和读数

1. 外径千分尺的结构

外径千分尺是利用螺旋副的运动原理进行测量和读数的一种测微量具，又称螺旋测微器、分厘卡，是比游标卡尺更精密的测量长度的工具。外径千分尺的构造如图 6—25 所示。尺架的左端装有固定砧座 2，右端的测微螺杆 3 和微分筒 7 连在一起，当转动微分筒时，测微螺杆和微分筒一起沿轴向移动。内部的测力装置是使测微螺杆与被测工件接触时保持恒定的测量力，以便测出正确尺寸。当转动测力装置时，千分尺两测量面接触工件，超出一定的压力时，棘轮 10 沿着内部棘轮的斜面滑动，发出嗒嗒的响声，这时就可读出工件尺寸。测量时为防止尺寸变动，可转动锁紧装置 4 通过偏心锁紧测微螺杆 3。

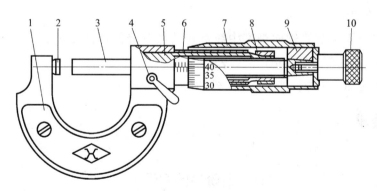

图 6—25　外径千分尺结构

1—尺架　2—砧座　3—测微螺杆　4—锁紧装置　5—螺纹轴套　6—固定套管
7—微分筒　8—螺母　9—接头　10—棘轮（测力装置）

外径千分尺的测量精度可以达到 0.01 mm，按测量范围可以分为 0 ~ 25 mm、25 ~ 50 mm、50 ~ 75 mm 等规格。

2. 外径千分尺的读数

外径千分尺测微螺杆 3 的一部分加工成螺距为 0.5 mm 的螺纹，当它在固定套管 6 的螺套中转动时，将前进或后退，微分筒 7 和螺杆连成一体，其周边等分成 50 个分格。每旋转一周测微螺杆前进或后退 0.5 mm，而每一周又分了 50 个刻度，所以每旋转一个刻度测微螺杆前进或后退 0.5/50 = 0.01 mm。螺杆转动的整圈数由固定套管上间隔 0.5 mm 的刻线去测量，不足一圈的部分由活动套管周边的刻线去测量。

刻度由固定刻度和可动刻度两部分构成。固定刻度又分整刻度和半刻度，每个刻度为 1 mm，固定刻度和可动刻度错开 0.5 mm，如图 6—26 所示。

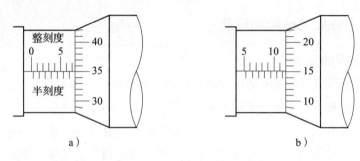

图 6—26　外径千分尺的刻度

a）读数 = 7 + 0.01 × 35 = 7.35　b）读数 = 11.5 + 0.01 × 15 = 11.65

读数方法如下：

（1）先读出固定套管上露出刻线的 0.5 整数倍读数，注意看清露出的是上方刻线还是下方刻线，以免错读 0.5 mm。

（2）读出与固定套管轴向刻度中线重合的微分套筒周向刻度数值，将刻线数乘以 0.01 mm，即为小数部分的数值。

（3）上述两部分相加，即为被测工件的尺寸。

 **技能要求**

台阶轴的测量

操作准备

轴类零件测量时，通常会同时使用游标卡尺和外径千分尺。

如图 6—27 所示零件，测量总长、台阶宽度、直径。

操作步骤

步骤1 直径测量

（1）将游标卡尺卡爪并拢并检查贴合面处是否有缝隙，移动游标尺，检查是否活动自如，不能有晃动。

（2）使游标卡尺两卡爪轻轻接触零件直径处（见图6—28），读出此时刻度值，并记录。

（3）将外径千分尺测砧面擦拭干净，检查测微螺杆是否转动自如，并校准零位线。

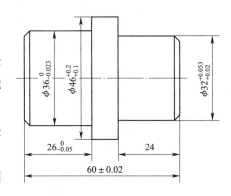

图6—27　台阶轴的测量

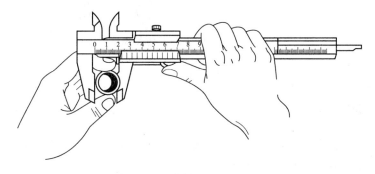

图6—28　游标卡尺测量外径

（4）根据游标卡尺测量值调整外径千分尺测砧间的距离，将外径千分尺置于两被测面之间并使测微螺杆与工件中心线垂直或平行，旋转测力旋钮，测砧与被测面接近，听到2~3声"嗒嗒"声时停止旋转，锁紧紧固螺钉，取下量具，读数（见图6—29）。

步骤2 长度的测量

（1）将游标卡尺卡爪张开的尺寸大于零件的长度，卡爪应轻轻接触零件被测面，尺身与零件中心平行，如图6—30所示，读出示值。

图6—29　外径千分尺测直径

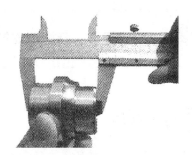

图6—30　游标卡尺测零件总长

（2）游标卡尺尺身端部靠在基准面上并使主尺尺身与零件中心线平行，测深杆应轻轻接触零件被测面，如图6—31所示，读出示值。

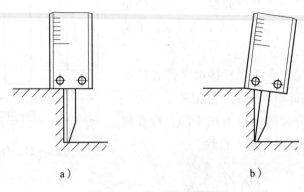

图6—31 用游标卡尺测量深度

a）正确 b）错误

 注意事项

1. 测量前，将游标卡尺擦拭干净，检查主尺和游标尺零位线是否对齐，若零位不能对正时，记下此时的代数值，将零件的各测量数据减去该代数值。

2. 测量外径时，卡爪张开的尺寸应大于工件的尺寸并且使卡爪过零件的中心。

3. 测量时，可以轻轻摆动卡尺，使其处于放正垂直位置。

4. 应在台阶轴的不同截面、不同方向测量，记下读数。

5. 测量时卡爪应轻轻接触零件被测面，用力过大会导致测量误差，严重会造成量具损坏。

6. 将外径千分尺置于两被测面之间并使测微螺杆与工件中心线垂直或平行。

◇◆

 学习单元2 套类零件的测量

◇◆

 学习目标

1. 了解内径千分尺、内径量表、游标深度尺的结构

2. 掌握内径千分尺、内径量表、游标深度尺的读数及使用方法

知识要求

一、内径千分尺的结构和读数

1. 内径千分尺的结构

内径千分尺是根据螺旋副传动原理进行读数的通用内尺寸测量工具。主要由微分头、测量触头等组成，并配有调整量具，用于校对微分头零位（见图6—32）。

图6—32 内径千分尺

适用于机械加工中测量 IT10 或低于 IT10 级工件的孔径、槽宽及两端面距离等内尺寸。常用规格有 5~30 mm、25~50 mm、50~75 mm、75~100 mm 等。

2. 内径千分尺的读数

读数方法类似外径千分尺。读数时，先以微分筒的端面为准线，读出固定套管下刻度线的分度值（只读出以毫米为单位的整数），再以固定套管上的水平横线作为读数准线，读出可动刻度上的分度值。如果微分筒的端面与固定刻度的下刻度线之间无上刻度线，测量结果即为下刻度线的数值加可动刻度的值；如微分筒端面与下刻度线之间有一条上刻度线，测量结果应为下刻度线的数值加上 0.5 mm，再加上可动刻度的值。

二、内径量表的结构和读数

1. 内径量表的结构

内径量表是内量杠杆式测量架和百分表的组合，是将测头的直线位移变为指针的角位移的计量器具，用比较测量法测量或检验零件的内孔、深孔直径及其形状精度（见图6—33）。

2. 刻线原理及读数方法

内径量表是利用活动测头移动的距离与百分表的示值相等的原理来读数的。活动测头的移动量通过百分表内部的齿轮传动机构转变为指针的偏转量显示在表盘上。当活动测头移动 1 mm 时，百分表指针回转一圈。表盘上共刻有 100 格，每一格即为 0.01 mm。因此，百分表的分度值为 0.01 mm（见图6—34）。

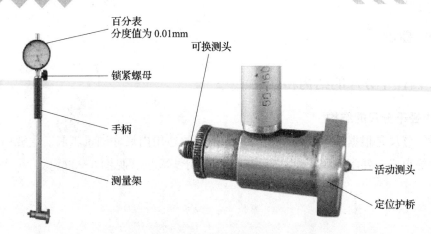

图 6—33　内径量表结构

读数方法：

（1）若指针正好在零刻线处，说明被测孔径与标准孔径相等。

（2）若指针顺时针方向离开零位，表示被测孔径小于零位尺寸，零位尺寸减去偏离数值即为测量数据。

（3）若指针逆时针方向离开零位，表示被测孔径大于零位尺寸，零位尺寸加上偏离数值即为测量数据。

　　用内径百分表测量内径是一种比较量法，测量前应根据被测孔径的大小，在专用的环规或百分尺上调整好尺寸后才能使用（见图 6—35）。调整内径百分表的尺寸时，选用可换测头的长度及其伸出的距离（大尺寸内径百分表的可换测头，是用螺纹旋上去的，故可调整伸出的距离，小尺寸的不能调整），应使被测尺寸在活动测头总移动量的中间位置。

图 6—34　百分表刻度

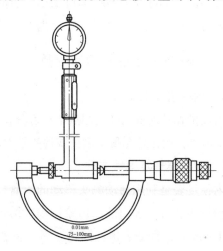

图 6—35　内径量表的调整

内径百分表的示值误差比较大，如测量范围为 35 ~ 50 mm 的，示值误差为 ±0.015 mm。为此，使用时应当经常在专用环规或百分尺上校对尺寸（习惯上称校对零位）。

3. 测量范围

内径百分表活动测头的移动量有 0 ~ 3 mm、0 ~ 5 mm、0 ~ 10 mm。它的测量范围是由更换或调整可换测头的长度来达到的。所以每个内径百分表都附有一套可换测头，测量范围有 10 ~ 18 mm、18 ~ 35 mm、35 ~ 50 mm、50 ~ 100 mm、50 ~ 160 mm 等。

三、游标深度尺的结构和读数

1. 游标深度尺的结构

游标深度尺主要由测量基座、紧固螺钉、尺框、尺身和游标组成（见图 6—36），用于测量零件的深度尺寸或台阶高低和槽的深度。

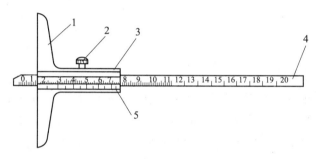

图 6—36 游标深度尺

1—测量基座 2—紧固螺钉 3—尺框 4—尺身 5—游标

2. 刻线原理及读数方法

游标深度尺常见规格有 0 ~ 150 mm、0 ~ 200 mm、0 ~ 300 mm、0 ~ 500 mm 等，常见精度有 0.02 mm、0.01 mm（由游标上分度格数决定）。

刻线原理及读数方法与游标卡尺完全相同。

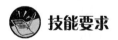 **技能要求**

台阶孔的测量

操作准备

零件（见图 6—37），内径千分尺、内径量表、游标深度尺。

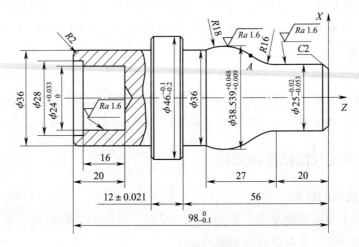

图6—37　台阶孔的测量

操作步骤

步骤1　孔径测量

（1）内径千分尺测量

将内径千分尺测量触头测量面支承在被测表面上（左端 φ28 孔），调整微分筒，使微分筒一侧的测量面在孔的径向截面摆动，找出最大尺寸。然后，在孔的轴向截面内摆动，找出最小尺寸。此调整需反复几次进行，最后旋紧螺钉，取出内径千分尺并读数。测量两平行平面之间的距离时，应沿多方向摆动千分尺，取其最小尺寸为测量结果。

（2）内径量表测量孔径

1）检查表头的相互作用和稳定性。

2）使用时，手握隔热区域。

3）把百分表插入量表直管轴孔中，压缩百分表一圈，紧固。

4）根据被测尺寸调整零位。

5）选取并安装可换测头，紧固。

6）用已知尺寸的环规或千分尺调整零位，以孔的最小尺寸对 0 位，然后反复测量同一位置 2～3 次后检查指针是否仍与 0 线对齐，如不齐则重调。

7）将表头放入 φ24 孔中，摆动内径百分表，找到转折点来读数（见图6—38）。

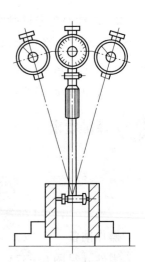

图6—38　内径量表的使用

步骤 2 深度测量

先把测量基座轻轻压在工件的基准面（左端面）上，再移动尺身，直到尺身的端面接触到工件的量面（台阶面）上，如图 6—39a 所示，然后用紧固螺钉固定尺框，提起卡尺，读出深度尺寸。当基准面是曲线时，如图 6—39b 所示，测量基座的端面必须放在曲线的最高点上，测量出的深度尺寸才是工件的实际尺寸，否则会出现测量误差。

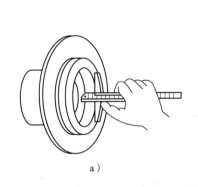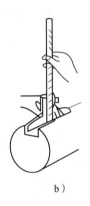

a) b)

图 6—39 游标深度尺的使用

a）内孔台阶深度测量 b）键槽深度测量

 注意事项

1. 测量时必须注意温度的影响，应将被测量表面擦干净，以免灰尘、杂质磨损量具。

2. 由于内径千分尺没有测力装置，要掌握好测力的大小。要刚好接触到被测表面，避免旋转力过大损坏千分尺或造成很大误差。

3. 用内径千分尺测量孔径时，被测表面必须擦拭干净，同时每一截面至少要在相互垂直的两个方向上进行，深孔要适当增加截面数量。

4. 粗加工时，最好先用游标卡尺或内卡钳测量。因内径百分表同其他精密量具一样属贵重仪器，其好坏与精确直接影响到工件的加工精度和其使用寿命。

5. 内径量表测量时连杆中心线应与工件中心线平行，不得歪斜，同时应在圆周上多测几个点，找出孔径的实际尺寸，看是否在公差范围以内。

6. 内径量表在不使用时，要摘下百分表，使表解除其所有负荷，让测量杆处于自由状态。

7. 内径量表应成套保存于盒内，避免丢失与混用。

8. 游标深度尺的测量基座和尺身端面应垂直于被测表面并贴合紧密，不得歪斜，否则会造成测量结果不准。

9. 应在足够的光线下读数，两眼的视线与卡尺的刻线表面垂直，以减小读数误差。

10. 在机床上测量零件时，要等零件完全停稳后进行，否则不但使量具的测量面过早磨损而失去精度，而且会造成事故。

 学习单元3 其他量具和量具保养

 学习目标

能够使用有关专用量具、万能工具显微镜、表面粗糙度测量仪

 知识要求

数控车床上加工零件时还经常用到的量具有游标高度尺、万能角度尺、百分表、杠杆表、塞规与卡规等，以及一些专用量具如塞规与卡规、万能工具显微镜、表面粗糙度测量仪等。

一、游标高度尺

1. 游标高度尺的结构

游标高度尺也称高度尺，主要用于测量工件的高度，另外还经常用于测量形状和位置公差尺寸，有时也用于划线（见图6—40）。

2. 游标高度尺的读数

刻线原理和读数方法与普通游标卡尺一样。

游标高度尺的测量精度有 0.02 mm 和 0.05 mm 两种，测量范围有 0～200 mm、0～300 mm、0～500 mm 等，根据使用工件进行选用不同规格的游标高度尺。

一般情况下，游标高度尺以平台表面为测量零点进行测量。搬动游标高度尺时，应握持其底座。

二、万能角度尺

1. 万能角度尺的结构

游标万能角度尺的结构如图6—41所示。游标万能

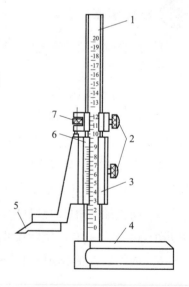

图6—40 游标高度尺

1—主尺 2—紧固螺钉 3—尺框

4—基座 5—量爪（划线头）

6—游标 7—微动装置

角度尺的测量范围有 0°～320°（Ⅰ型）和 0°～360°（Ⅱ型）两种规格，游标读数值都分为 2′和 5′。万能角度尺的读数方法与普通游标卡尺类似，如图 6—42 所示，其读数为 69°42′。

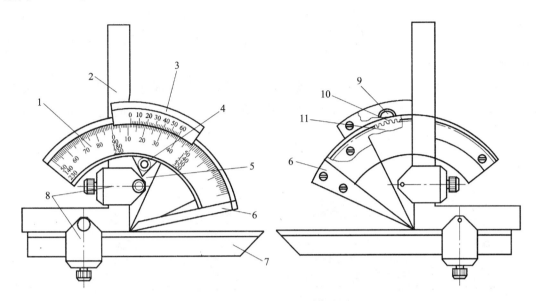

图 6—41　万能角度尺的结构

1—尺身　2—角尺　3—游标　4—制动器　5—扇形板　6—基尺

7—直尺　8—夹块　9—捏手　10—小齿轮　11—扇形齿轮

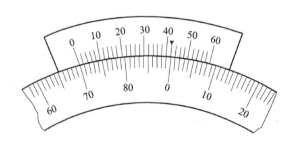

图 6—42　万能角度尺的读数示例

2. 万能角度尺的使用

游标万能角度尺测量时应先校准零位，万能角度尺的零位，是当角尺与直尺均装上，而角尺的底边及基尺与直尺无间隙接触，此时主尺与游标的"0"线对准。调整好零位后，通过改变基尺、角尺、直尺的相互位置可测量 0°～320°范围内的任意角。

（1）测量 0°～50°之间角度。角尺和直尺全都装上，产品的被测部位放在基尺和直尺的测量面之间进行测量，如图6—43a所示。

（2）测量50°~140°之间角度。可把角尺卸掉，把直尺装上去，使它与扇形板连在一起。工件的被测部位放在基尺和直尺的测量面之间进行测量，如图6—43b所示。

（3）测量140°~230°之间角度。把直尺和卡块卸掉，只装角尺，但要把角尺推上去，直到角尺短边与长边的交线和基尺的尖棱对齐为止。把工件的被测部位放在基尺和角尺短边的测量面之间进行测量，如图6—43c所示。

（4）测量230°~320°之间角度。把角尺、直尺和卡块全部卸掉，只留下扇形板和主尺（带基尺）。把产品的被测部位放在基尺和扇形板测量面之间进行测量，如图6—43d所示。

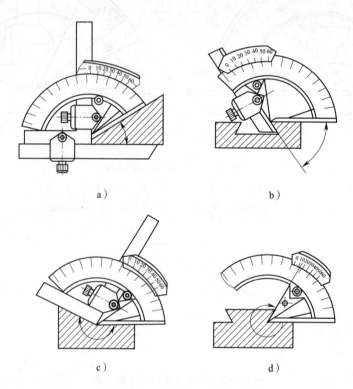

a)   b)

c)   d)

图6—43　万能角度尺的测量方法

a）测量0°~50°　b）测量50°~140°　c）测量140°~230°　d）测量230°~320°

三、百分表

1. 百分表的结构与读数

百分表是一种精度较高的指示式量具，用于比较测量。它只能读出相对数值，不能测出绝对数值。主要用来检验零件的形状误差和位置误差，也常用于工件装夹时的精密找正。

百分表的分度值（刻度值）一般为 0.01 mm，分度值为 0.001 mm 的叫千分表。

钟式百分表的结构原理如图 6—44 所示。当测量杆 1 向上或向下移动 1 mm 时，通过齿轮传动系统带动大指针 5 转一圈，小指针 7 转一格。刻度盘在圆周上有 100 个等分格，大指针（长针）每格读数值为 0.01 mm，小指针每格读数为 1 mm。测量时指针读数的变动量即为尺寸变化值。小指针处的刻度范围为百分表的测量范围，其测量范围一般有 0 ~ 3 mm、0 ~ 5 mm 、0 ~ 10 mm 几种。

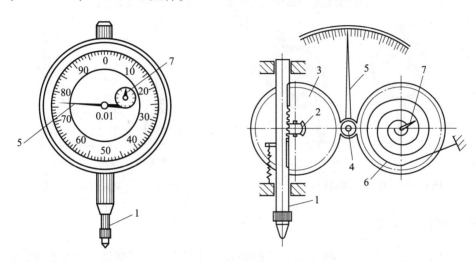

图 6—44　钟式百分表的结构

1—测量杆　2、4—小齿轮　3、6—大齿轮　5—大指针　7—小指针

2. 百分表的使用

百分表应固定在可靠的表架（磁性表架）上，如图 6—45 所示。与装夹套筒紧固时，夹紧力不宜过大，以免使装夹套筒变形，卡住测杆。夹紧后，应检查测杆移动是否灵活，不可再转动百分表体。

百分表的应用如图 6—46 所示。测量时应使百分表测杆与被测表面垂直，如图 6—47 所示。这是因为当测杆与被测表面垂直时，测杆的移动量与被测表面的变动量相同；而当测杆与被测表面不垂直时，测杆的移动量大于被测表面的变动量。在测量圆柱形工件时，测杆轴线应与圆柱形工件直径方向一致，如图 6—48 所示。

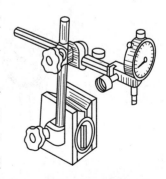

图 6—45　百分表固定表架

（磁性表架）

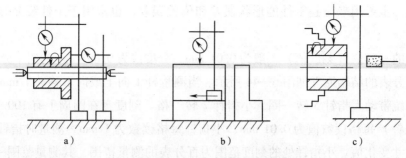

图6—46　百分表的应用举例

a）测量工件端面、径向跳动　b）测量平行度　c）工件安装找正

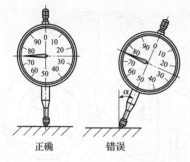

图6—47　百分表测量杆的正确位置

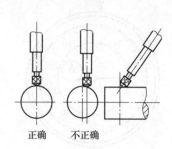

图6—48　测量圆柱形工件

四、杠杆式百分表

　　杠杆式百分表，如图6—49所示，它的测量头具有更大的灵活性。杠杆百分表的分度值为0.01 mm，测量范围一般为0~0.8 mm。由于测量范围不超过1 mm，因此指针最多能转一圈，所以没有转数指示盘。用杠杆百分表测量工件时，测量杆轴线与工件平面要平行，其测量杆能在正反方向上进行工作。

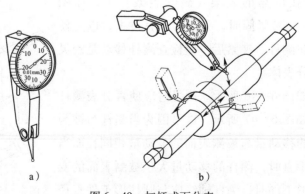

图6—49　杠杆式百分表

a）杠杆式百分表　b）测量径向和端面跳动的方法

五、塞规与卡规

塞规与卡规属于间接量具，如图6—50所示，通称为量规。

塞规是用来测量孔径或槽宽的专用量具，如图6—50a所示。它的一端长度较短而直径等于工件的最大极限尺寸，称为"止端"；另一端较长，而直径等于工件的最小极限尺寸，称为"通端"。测量时当"通端"能通过，"止端"进不去，说明尺寸合格；否则为不合格。小于5 mm的孔径可以用光滑塞规来测量。

卡规是用来测量外径或厚度的专用量具，如图6—50b所示。它与塞规类似，但"通端"为工件的最大极限尺寸，"止端"为工件的最小极限尺寸。

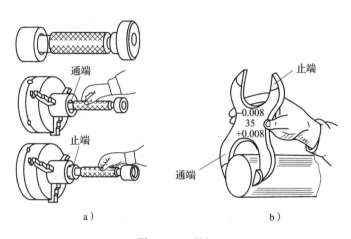

图6—50　量规
a）塞规及其使用　b）卡规及其使用

六、万能工具显微镜

万能工具显微镜是机械制造中使用较为广泛的光学测量仪器，是一种高精度的二次元坐标测量仪，以影像法和轴切法按直角坐标与极坐标精确地测量各种零件。它是一种多用途计量仪器，可以用来测量量程内的任何零件的尺寸、形状、角度和位置。典型测量对象有：各种成型零件，如样板、样板车刀、样板铣刀、冲模和凸轮的形状；外螺纹（螺纹塞规、丝杆和蜗杆等）的中径、小径、螺距、牙型半角；齿轮滚刀的导程、齿形和牙型角；电路板、钻模或孔板上的孔的位置度，键槽的对称度等形位误差。

1. 仪器的结构形式

仪器的结构如图6—51所示。

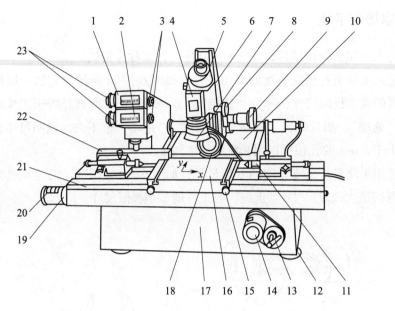

图6—51　万能工具显微镜

1—x方向读数器　2—y方向读数器　3—归零手轮　4—瞄准显微镜　5—双向目镜　6—立柱

7—反射照明器　8—调焦距手轮　9—调立臂倾斜角度手轮　10—y方向滑台

11—顶尖　12—底角螺钉（调仪器水平）　13—制动手柄　14—y滑台微动手轮

15—玻璃工作台固定螺钉　16—玻璃工作台　17—底座　18—光栏调整装置

19—x滑台制动手轮　20—x滑台微动装置　21—x方向滑台

22—x滑台分划尺　23—读数鼓轮

2. 测量方法简介

（1）测量前的准备工作。根据被测件的特征，选用适当的附件安装在仪器上；接通电源；调节照明灯的位置；选择并调节可变光栏；工件经擦拭后安装在仪器上；调焦距。

（2）长度测量方法。测量如图6—52所示零件的长度L。使用附件有玻璃工作台、物镜和测角目镜。

1）将测角目镜中角度示值调至0°0′，将工件放在玻璃工作台上，并观察目镜使被测部位与米字线中间的线大致方向相同。

2）用两个螺钉进行微调，当米字线中间的线瞄准工件第Ⅰ边后，从x方向读数器读数，

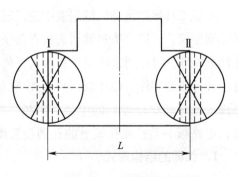

图6—52　测量实例

然后移动 x 滑台，将同一条米字线瞄准工件的第 II 边并读数。

3）两次读数差为测量值。

七、表面粗糙度测量仪

表面粗糙度测量仪从测量原理上主要分为两大类：接触式和非接触式。接触式粗糙度仪主要是主机和传感器的形式，非接触式粗糙度仪主要是光学原理例如激光表面粗糙度仪。光切法和干涉法检测表面粗糙度的方法主要用来测量表面粗糙度的 Rz 参数。电感式轮廓仪主要用来测量表面粗糙度的 Ra 参数，在计量室和生产现场都被广泛应用。接触式表面粗糙度测量仪是利用触针直接在被测件表面上轻轻划过，从而测出表面粗糙度评定参数 Ra 值，也可通过记录器自动描绘轮廓图形进行数据处理，得到微观不平度十点高度 Rz 值。接触式表面粗糙度测量仪的结构如图 6—53 所示。

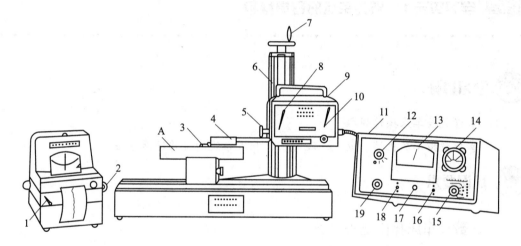

图 6—53　表面粗糙度测量仪

A—被测工件　1—记录器开关　2—变速手柄　3—触针　4—传感器　5—螺钉

6—立柱　7—手轮　8—启动手柄　9—驱动箱　10—变速手柄　11—电器箱

12—旋钮　13—平均表　14—指零表　15—旋钮　16—电源开关

17—指示灯　18—选择开关　19—调零旋钮

八、量具的维护与保养

量具是用来测量工件尺寸的工具，在使用过程中应加以精心的维护与保养，才能保证零件的测量精度，延长量具的使用寿命。因此，必须做到以下几点：

1. 在使用前应擦干净，用完后必须拭洗干净，涂油并放入专用量具盒内。

2．不能随便乱放、乱扔，应放在规定的地方，更不能将量具当工具使用。

3．不能用精密量具去测量毛坯尺寸、运动着的工件或温度过高的工件，测量时用力适当，不能过猛、过大。

4．量具如有问题，不能私自拆卸修理，应交工具室或实习老师处理。精密量具必须定期送计量部门鉴定。

第3节　数控车床的日常维护与故障诊断

 学习单元 1　数控车床的日常维护

 **学习目标**

1．掌握数控车床操作规程
2．掌握数控车床机械、电气、液气压、润滑系统的日常保养方法

 **知识要求**

一、数控车床操作规程

1．熟悉机床有关资料。如：主要技术参数、主要结构及润滑部位等。

2．注意不要在机床周围放置障碍物，工作空间应足够大。

3．开机前应进行全面细致的检查，包括检查油位高低和油路是否通畅，以及机床各部位是否正常等，并关闭电气控制柜门，确认机床一切无误后方可开机。

4．机床通电后，检查各开关、按钮和键是否正常、灵活，机床有无异常现象。

5．检查电压、气压、油压是否正常，有手动润滑的部位先要进行手动润滑。

6．各坐标轴手动回零（参考点），若某轴在回零前已在零位（参考点）或接近零位，必须先将该轴移动离零点（参考点）一段距离后，再手动回零。

7．机床空运转15分钟以上，使机床达到热平衡状态。

8．程序输入后，应认真核对，保证无误。

9. 按工艺规程安装找正夹具，正确确定工作坐标系，并对所得结果进行验证和验算。

10. 刀具补偿值（长度、半径）输入后，要对刀补号、补偿值、正负号、小数点进行认真核对。

11. 未装工件以前，空运行程序，观察能否顺利执行，注意刀具长度选取和夹具安装是否合理，有无超程现象。

12. 装夹工件，注意检查零件毛坯和尺寸超长现象，检查卡盘夹紧工作的状态。

13. 使用的刀具应与机床允许的规格相符，有严重破损的刀具要及时更换，调整刀具所用工具不要遗忘在机床内。

14. 手摇进给和手动连续进给时，必须检查各开关所选位置是否正确，弄清正负方向，认准按键，然后再进行操作。

15. 机床开动前，必须关好机床防护门。

16. 禁止用手接触刀尖和铁屑，铁屑必须要用铁钩子或毛刷来清理。

17. 禁止用手或其他任何方式接触正在旋转的主轴、工件或其他运动部位。

18. 禁止加工过程中量活、变速，更不能用棉丝擦拭工件、也不能清扫机床。

19. 车床运转中，操作者不得离开岗位，机床发现异常现象立即停车。

20. 经常检查轴承温度，过高时应找有关人员进行检查。

21. 在加工过程中，不允许打开机床防护门。

22. 操作完成，清扫机床，将各坐标轴停在中间位置。

二、数控车床日常保养

对数控车床进行日常维护、保养的目的是延长元器件的使用寿命；延长机械部件的更换周期，防止发生意外的恶性事故，使机床始终保持良好的状态，并保持长时间的稳定工作。不同型号数控车床的日常保养内容和要求不完全一样，机床说明书中已有明确的规定，但总的来说主要包括以下几个方面：

（1）每天做好各导轨面的清洁润滑，有自动润滑系统的机床要定期检查、清洗自动润滑系统，检查油量，及时添加润滑油，检查油泵是否定时起动打油及停止。

（2）每天检查主轴的自动润滑系统工作是否正常，定期更换主轴箱润滑油。

（3）注意检查电器柜中冷却风扇是否工作正常，风道过滤网有无堵塞，清洗黏附的尘土。

（4）注意检查冷却系统，检查液面高度，及时添加油或水，油、水脏时要更换清洗。

（5）注意检查主轴驱动带，调整松紧程度。

（6）注意检查导轨镶条松紧程度，调节间隙。

（7）注意检查机床液压系统油箱、液压泵有无异常噪声，工作幅面高度是否合适，压力表指示是否正常，管路及各接头有无泄漏。

（8）注意检查导轨、机床防护罩是否齐全有效。

（9）注意检查各运动部件的机械精度，减少形状和位置偏差。

（10）每天下班前做好机床清扫卫生，清扫切屑，擦净导轨部位的切削液，防止导轨生锈。

数控车床的日常保养见表6—6。

表6—6　　　　　　　　　　　　数控车床维护与保养的主要内容

序号	检查周期	检查部位	检查要求
1	每天	导轨润滑油箱	检查油标、油量，及时添加润滑油，润滑油泵能否定时启动供油及停止
2	每天	X、Z轴向导轨面	清除切屑及脏物，检查润滑油是否充分，导轨面有无划伤
3	每天	压缩空气气源压力	检查气动控制系统压力，应在正常范围
4	每天	气源自动分水滤气器	及时清理分水滤气器滤出的水分
5	每天	主轴润滑恒温油箱	工作正常，油量充足并能调节温度范围
6	每天	机床液压系统	油箱、液压泵无异常噪声，压力指示正常，管路及各接头无泄漏，工作油面高度正常
7	每天	CNC的输入/输出单元	光电阅读机清洁，机械结构润滑良好
8	每天	各种电器柜散热通风装置	各电气柜冷却风扇工作正常，风道过滤网无堵塞
9	每天	各种防护装置	导轨、机床防护罩等无松动、无漏水
10	每半年	滚珠丝杠	清洗丝杠上旧润滑脂，涂上新油脂
11	每半年	液压油路	清洗溢流阀、减压阀、过滤器，清洗油箱底，更换或过滤液压油
12	每半年	主轴润滑恒温油箱	清洗过滤器，更换过滤油
13	每年	润滑油泵，过滤器清洗	清理润滑油池底，更换过滤器
14	不定期	检查各轴导轨上镶条、压滚轮松紧状况	按机床说明书调整

续表

序号	检查周期	检查部位	检查要求
15	不定期	切削液箱	检查液面高度，切削液太脏时需要更换并清理冷却液箱底部，经常清洗过滤器等
16	不定期	排屑器	经常清理切屑，检查有无卡住等现象
17	不定期	清理废油池	及时取走滤油池中的废油，以免外溢

 **技能要求**

数控车床的日常保养

操作准备

数控车床、内六角扳手等常用工具。

操作步骤

步骤1 数控车床机械系统的日常保养

1．外观保养

（1）每天做好机床清扫卫生，清扫铁屑，擦干净导轨部位的切削液。下班时所有的加工面抹上机油防止导轨生锈。

（2）每天注意检查导轨、机床防护罩是否齐全有效。

（3）每天检查机床内外有无磕、碰、拉伤的现象。

（4）定期清除各部件切屑、油垢，做到无死角，保持内外清洁，无锈蚀。

2．主轴的维护

在数控车床中，主轴是最关键的部件，对机床的加工精度起着决定性作用。它的回转精度影响到工件的加工精度，功率大小和回转速度影响到加工效率。主轴部件机械结构的维护主要包括主轴支撑、传动、润滑等。

（1）定期检查主轴支撑轴承。轴承预紧力不够，或预紧螺钉松动，游隙过大，会使主轴产生轴向窜动，应及时调整；轴承拉毛或损坏应及时更换。

（2）定期检查主轴润滑恒温油箱，及时清洗过滤器，更换润滑油等，保证主轴有良好的润滑。

（3）定期检查齿轮轮对，若有严重损坏，或齿轮啮合间隙过大，应及时更换齿轮和调整啮合间隙。

（4）定期检查主轴驱动皮带，应及时调整皮带松紧程度或更换皮带。

3. 滚珠丝杠螺母副的维护

滚珠丝杠传动由于其有传动效率高、传动精度高、运动平稳、寿命长以及可预紧消隙等优点，因此在数控车床上使用广泛。其日常维护保养包括以下几个方面：

（1）定期检查滚珠丝杠螺母副的轴向间隙。一般情况下可以用控制系统自动补偿来消除间隙；当间隙过大，可以通过调整滚珠丝杠螺母副来保证，数控车床滚珠丝杠螺母副多数采用双螺母结构，可以通过双螺母预紧消除间隙。

（2）定期检查丝杠防护罩，以防止尘埃和磨粒黏结在丝杠表面，影响丝杠使用寿命和精度，发现丝杠防护罩破损应及时维修和更换。

（3）定期检查滚珠丝杠螺母副的润滑。滚珠丝杠螺母副润滑剂可以分为润滑脂和润滑油两种。润滑脂每半年更换一次，清洗丝杠上的旧润滑脂，涂上新的润滑脂；用润滑油的滚珠丝杠螺母副，可在每次机床工作前加油一次。

（4）定期检查支撑轴承。应定期检查丝杠支撑轴承与机床连接是否有松动，以及支撑轴承是否损坏等，如有要及时紧固松动部位并更换支撑轴承。

（5）定期检查伺服电动机与滚珠丝杠之间的连接。伺服电动机与滚珠丝杠之间的连接必须保证无间隙。

4. 导轨副的维护

导轨副是数控车床的重要的执行部件，常见的有滑动导轨和滚动导轨。导轨副的维护一般是不定期，主要内容包括：

（1）检查各轴导轨上镶条、压紧滚轮，保证导轨面之间有合理间隙。根据机床说明书调整松紧状态，间隙调整方法有压板调整间隙、镶条调整间隙和压板镶条调整间隙等。

（2）注意导轨副的润滑。导轨面上进行润滑后，可以降低摩擦，减少磨损，并且可以防止导轨生锈。根据导轨润滑状况及时调整导轨润滑油量，保证润滑油压力，保证导轨润滑良好。

（3）经常检查导轨防护罩，以防止切屑、磨粒或切削液散落在导轨面上引起的磨损、擦伤和锈蚀。发现防护罩破损应及时维修和更换。

步骤2 数控车床电气系统的日常保养

1. 定期检查电气部件，检查各插头、插座、电缆、各继电器触点是否出现接触不良，短路层故障；检查各印制电路板是否干净；检查主电源变压器、各电机绝缘电路是否在1 MΩ以上。平时尽量少开电气柜门，保持电气柜内清洁。

2. 直流伺服电动机的维护

在20世纪80年代生产的数控机床，大多数采用直流伺服电机，这就存在电刷的磨损问题，为此对于直流伺服电机需要定期检查和更换直流电机电刷。

（1）每天在机床运行时的维护检查。在运行过程中要注意观察旋转速度；是否有异常的振动和噪声；是否有异常臭味；检查电动机的机壳和轴承的温度。

（2）定期维护。由于直流伺服电动机带有数对电刷，旋转时，电刷与换向器摩擦而逐渐磨损。电刷异常或过度磨损，会影响工作性能，所以对直流伺服电动机的日常维护也是相当必要的。定期检查和更换直流电机电刷。

数控车床的直流伺服电动机应每年检查一次，检查步骤如下：

1）在数控系统处于断电状态且已经完全冷却的情况下进行检查。

2）取下橡胶刷帽，用螺钉旋具刀拧下刷盖取出电刷。

3）测量电刷长度，如 FANUC 直流伺服电动机的电刷由 10 mm 磨损到小于 5 mm 时，必须更换同型号的新电刷。

4）仔细检查电刷的弧形接触面是否有深沟或裂痕，以及电刷弹簧上有无打火痕迹。如有上述现象，则要考虑工作条件是否过分恶劣或本身是否有问题。

5）用不含金属粉末及水分的压缩空气倒入装电刷的刷握孔吹净粘在刷握孔壁上的电刷粉末。如果难以吹净，可用螺钉旋具尖轻轻清理，直至孔壁全部干净为止，但要注意不要碰到换向器表面。

6）重新装上电刷，拧紧刷盖。如果是更换了新电刷，要使空运跑合一段时间，以使电刷表面与换向器表面温和良好。

步骤3　数控车床液压、气动、润滑系统的日常保养

1. 保持液压油清洁。液压油污染不仅是引起液压系统故障的主要因素，而且还会加速液压元件的磨损，所以控制液压油污染，是保证数控车床正常工作的重要工作之一。

2. 严格执行日常点检制度。液压系统故障存在隐蔽性、可变性和难以判断性，因此，应对液压系统做好点检工作，并加强日常点检记录，保证正常工作。液压系统点检包括以下内容：

（1）油箱内游标是否在游标刻度范围内；油液的温度是否在容许的范围内。

（2）各液压阀、液压缸和管接头处是否有泄漏；液压系统各测压点压力是否在规定范围内，压力是否稳定。

（3）液压泵或液压电动机运转是否有异常现象；液压缸移动是否正常平稳；液压系统手动或自动工作循环是否有异常现象；电气控制或撞块控制的换向阀工作是否灵活可靠。

（4）定期检查清洗油箱和管道；定期检查清洗或更换滤芯；定期检查清洗或更换液压元件。

（5）定期检查更换密封件；定期检查和紧固重要部位的螺钉、螺母、接头和法兰；定期检查行程开关或限位挡块位置是否松动。

（6）定期检查冷却器和加热器的工作性能。

（7）定期检查蓄能器的工作性能。

 注意事项

1. 动手之前，先洗手。

2. 机器外部接线做好记录。

3. 如带用户程序要先备份。

4. 机器内部拨码开关做好记录。

5. 更换元件之前要做好记录。

6. 被焊过的电路要保证焊点牢靠，不要与其他元件焊短路。

7. 装机时各固定部位要装牢靠。

8. 整机具体情况做好记录，以便下次维护保养。

 学习单元2　数控车床的故障诊断

 学习目标

1. 了解数控系统报警信息

2. 掌握数控车床故障诊断方法

3. 掌握数控车床水平的调整方法

 知识要求

一、数控系统报警信息

现代的数控系统已经具备了较强的自诊断功能，能随时监视数控系统的硬件软件的工作状况。一旦发现异常，立即在CRT（显示器）上显示报警信息指示出故障的大致起因。自诊断显示故障分为硬件报警显示和软件报警显示两种。

1. 硬件报警显示的故障

数控系统的硬件报警显示是通过各单元装置上的警示灯或数码管报警显示的。如在

NC 主板上，各轴控制板上，电源单元，主轴伺服驱动模块，各轴伺服驱动单元等部件上均有发光二极管或多段数码管，通过指示灯的亮与灭，数码管的显示状态（如数字编号、符号等）来为维修人员指示故障所在位置及其类型。

2. 软件报警显示的故障

软件报警显示通常是指数控系统显示器上显示出的报警号和报警信息。软件报警又可分为 NC 报警和 PLC 报警，前者为数控部分的故障报警，可通过报警号，在《数控系统维修手册》上找到原因与处理方法；后者的 PLC 报警大多属于机床的故障报警，可根据 PLC 用户程序确诊故障。

软件报警显示还能将故障分类报警。如误操作报警；有关伺服系统报警；设定错误报警；各种行程开关报警等。根据报警信息，操作人员当场就能查明故障原因并排除。故障排除后，应按一下系统面板上的"RESET"键消除软件报警信息显示，使系统恢复正常。

数控系统的故障除了有诊断显示的故障以外，还有无诊断显示的故障，这类故障分析诊断难度较大。

二、数控车床故障诊断

数控车床的故障种类很多，有与机械、液压、气动、电气、数控系统等部件有关的故障，产生的原因也比较复杂。诊断故障需要有非常丰富的数控机床知识和操作维修经验。但有些常见的故障，操作人员也可做出初步判断，从而将有关信息提供给机床维修人员。如数控车床加工时显示器无显示但机床能够动作，故障原因可能出自于显示部分。另外，现代数控机床的数控系统都有很强的自诊断功能，只要数控系统不断电，其在线诊断功能就一直进行而不停止。数控系统一旦发生故障，借助系统的自诊断功能，往往可以迅速、准确地查明原因并确定故障部位。

数控车床使用中最常见的操作故障如下：

1. 数控车床防护门未关，机床不能运转。
2. 数控机床没有回零点。
3. 数控车床进给修调 F% 或主轴修调 S% 开关设为空挡。
4. 数控车床回零时离零点太近或回零速度太快，引起超程。
5. 数控车床刀具补偿测量设置错误。
6. 数控车床刀具换刀位置不正确（换刀点离工件太近）。
7. 程序中使用了非法代码。
8. 数控车床刀具半径补偿方向搞错。
9. 切入、切出方式不当。

10. 切削用量太大。

11. 对刀位置不正确，工件坐标系设置错误。

12. 机床处于报警状态。

13. 断电后或报过警的机床，没有重新回零。

根据发生故障时机床的工作状态和故障表现，操作人员可以先行诊断是否属于操作故障从而排除故障。如，程序执行时显示器有位置显示变化而机床不动，应首先检查机床是否处于机床锁住状态；系统正在执行当前程序段 N 时，已经预读处理了 N＋1、N＋2、N＋3 程序段，发生程序段格式出错报警，这时应重点检查程序段 N＋2 和 N＋3。

 **技能要求**

数控车床水平的调整

操作准备

数控车床、框式水平仪、扳手。

操作步骤

步骤 1 放置垫铁

在机床主轴箱地脚处布置 4 副水平垫铁，在尾座地脚处布置 2 副水平垫铁（见图6—54）。

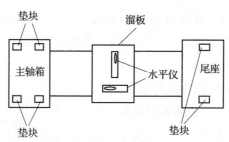

图6—54 数控车床水平校准

步骤 2 布置水平仪

在机床溜板上分别沿 X 轴、Z 轴方向放置一个水平仪。

步骤 3 校准水平

使用扳手调整水平垫铁，垫铁应尽量靠近地脚螺栓，以减小紧固地脚螺栓时，使已调整好的水平精度发生变化。对于普通数控机床，水平仪读数不超过 0.04 mm/1 000 mm；对于高精度的数控机床，水平仪读数不超过 0.02 mm/1 000 mm。

注意事项

1. 使用前，必须先将被测量面和水平仪的工作面擦洗干净，并进行零位检查。

2. 测量时必须待气泡完全静止后方可读数。

3. 读数时，应垂直观察，以免产生视差。

4. 使用完毕，应进行防锈处理，放置时，注意防震、防潮。

5. 放置垫铁时应来回反复调整，逐步锁紧地脚螺栓。